石油高等院校特色规划教材

采 气 工 程

（富媒体）

田 冷　杨胜来　主编

石油工业出版社

内 容 提 要

本书以采气工艺技术、气井生产分析及井场措施为主线，详细介绍了采气工程所涉及的基础知识、原理及相关工艺技术，着重介绍气藏开发过程中有关气井完井、采气管柱、气井测试、井筒气体、天然气处理等设计案例分析及实例计算，同时介绍了国内外采气工程的新技术。通过对本书的学习可以使学生掌握采气工艺的原理、计算方法及实际生产过程中遇到问题的解决方案。

本书可作为石油与天然气工程专业本科生的教材，也可供相关技术人员参考。

图书在版编目（CIP）数据

采气工程：富媒体/田冷，杨胜来主编. —北京：石油工业出版社，2023.2

石油高等院校特色规划教材

ISBN 978-7-5183-5853-3

Ⅰ.①采… Ⅱ.①田…②杨… Ⅲ.①采气-高等学校-教材 Ⅳ.①TE37

中国国家版本馆 CIP 数据核字（2023）第 003616 号

出版发行：石油工业出版社

（北京市朝阳区安华里 2 区 1 号楼　100011）

网　　址：www.petropub.com

编辑部：（010）64523733

图书营销中心：（010）64523633

经　销：全国新华书店

排　版：三河市聚拓图文制作有限公司

印　刷：北京中石油彩色印刷有限责任公司

2023 年 2 月第 1 版　　2023 年 2 月第 1 次印刷

787 毫米×1092 毫米　　开本：1/16　　印张：15

字数：384 千字

定价：38.00 元

（如发现印装质量问题，我社图书营销中心负责调换）

版权所有，翻印必究

前言

我国是世界上最早发现、开采和利用石油及天然气的国家之一。天然气深埋地下，需要人们通过各种手段将其从地下开采出来。科学地将天然气从气层开采到地面的过程称为采气。采气工程是指在人为的干预下，有目的地将天然气从深埋于地下的气层中经济、安全、有效地开采到地面，并输送到预定位置的一项工程。尽管天然气开采和石油开采有许多类似的地方，但天然气和石油，两者性质有很大的差别，因此天然气开采的技术方法有其自己的特点。2018 年以来我国天然气对外依存度开始超过 40%，2021 年达到 46%，严重影响国家能源安全，亟需加大国内天然气勘探开发力度。为适应天然气工程迅速发展、提高天然气工程专业技术队伍整体素质，作为肩负着发展我国油气工业重任的石油工程专业的学生，有必要系统地学习天然气开采技术。

本书以采气工艺技术、气井生产分析以及井场措施为主线，详细介绍了采气工程所涉及的基础知识、原理及相关工艺技术。全书包括九章，其中第一章对采气工程的概念及特点进行了简要介绍；第二章总体概括采气工程方案设计特点、前期准备、基本任务、主体工艺内容及程序；第三章详细阐述了气井完井方法、气层保护、油管柱与井下工具、射孔和气井的完井测试等内容；第四章主要介绍单相流气井、两相流气井、水平井及考虑不同完井方式的气井产能方程；第五章在介绍气井流入流出动态曲线的基础上，重点介绍气井系统分析和设计的基本理论方法——节点分析方法及合理工作制度的选择；第六章重点介绍控制临界流量采气工艺、优选管柱排水采气工艺、泡沫排水采气工艺、气举排水采气工艺、电潜泵排水采气工艺、机抽排水采气工艺等工艺原理及技术发展现状；第七章主要针对气田常用的集气工艺流程、气液分离、天然气流量计量等几个重要井场工艺作简要介绍；第八章主要针对气井水合物的预防、气井的防腐、气井的防砂等技术作简要介绍；第九章简要介绍负压采气技术、压裂新技术及人工智能在气田开发中的应用。

本书在编写上，吸收了国内外采气工程的新理论、新技术，力求理论与实际相结合，以介绍理论的实际应用为主，注重采气工程配套系列技术的科学性、完整性、适应性及可操作性。

本书由中国石油大学（北京）田冷教授及杨胜来教授共同编写完成。在本书编撰的过程中，中国石油大学（北京）顾岱鸿副教授、张红玲副教授、刘广峰副教授、田树宝老师及王建国老师提出宝贵的意见并给以大力的帮助。此外，博士研究生柴晓龙、蒋丽丽、黄灿，硕士研究生张梦园、王鸽、陈帅、王泽坤、黄文奎、周毓韬、董俊国等在技术调研、资料整理、插图绘制等方面付出了辛勤的劳动。

在本书编写过程中，参考了国内外学者丰富的研究成果，中国石化石油勘探开发研究院郑荣臣研究员及张红臣所长，中国石油大学（北京）刘慧卿教授、韩国庆教授及安永生副教授等在百忙之中对书稿进行了详细的审阅，在此表示衷心的感谢！

本书力求逻辑缜密、内容详尽、重点突出。但由于涉及内容丰富，涵盖领域广泛，加之编者知识和能力有限，本书还存在着不完善和疏漏之处，望读者提出宝贵意见，以便今后不断地完善。

田 冷

2022 年 9 月

目录

第一章 绪论 ... 1

第一节 采气工程概述 ... 1
第二节 国内采气工程的主要特点 ... 3
第三节 采气工程师的职责 ... 4
思考题 ... 5
参考文献 ... 5

第二章 采气工程方案设计 ... 6

第一节 采气工程方案设计的特点 ... 6
第二节 采气工程方案设计的前期准备 ... 7
第三节 采气工程方案设计的工艺内容 ... 9
第四节 采气工程方案的设计程序 ... 10
第五节 采气工程方案设计的应用实例 ... 18
思考题 ... 25
参考文献 ... 25

第三章 气井完井 ... 26

第一节 完井方法 ... 26
第二节 气层保护 ... 33
第三节 油管柱与井下工具 ... 45
第四节 射孔 ... 51
第五节 完井测试 ... 54
思考题 ... 59
参考文献 ... 59

第四章 气井产能方程 ... 60

第一节 单相流气井产能方程 ... 60

第二节 两相流气井产能方程 ... 69

第三节 水平井产能方程 ... 72

第四节 考虑不同完井方式的气井产能方程 ... 75

思考题 ... 78

参考文献 ... 78

第五章 气井生产系统分析与管理 ... 79

第一节 气井动态曲线 ... 79

第二节 生产系统节点分析 ... 81

第三节 气井合理产量的确定 ... 89

第四节 气井工作制度的选择 ... 92

第五节 气井分类开采 ... 97

思考题 ... 107

参考文献 ... 108

第六章 气井排水采气工艺 ... 109

第一节 气井出水与排水采气工艺概述 ... 109

第二节 控制临界流量采气工艺 ... 112

第三节 优选管柱排水采气工艺 ... 113

第四节 泡沫排水采气工艺 ... 124

第五节 气举排水采气工艺 ... 132

第六节 电潜泵排水采气工艺 ... 140

第七节 机抽排水采气工艺 ... 147

思考题 ... 158

参考文献 ... 158

第七章　气井井场工艺······160

第一节　天然气集气工艺流程······160
第二节　天然气气液分离······166
第三节　天然气流量的计量······175
第四节　气田开发的安全环保技术······185
思考题······195
参考文献······195

第八章　气井防水合物、防腐和防砂······196

第一节　气井水合物的生成与预防······196
第二节　天然气井的腐蚀与防护······201
第三节　天然气井的防砂······207
思考题······211
参考文献······211

第九章　采气工程新技术······212

第一节　负压采气技术······212
第二节　压裂新技术······215
第三节　人工智能在气井开发中的应用······220
思考题······231
参考文献······231

富媒体资源目录

序号	名称	页码
1	视频 1-1　天然气工业全流程	1
2	视频 3-1　固井技术原理	26
3	视频 3-2　气井射孔工艺	51
4	彩图 5-8　气井生产系统节点设置示意图	83
5	视频 6-1　智能柱塞排水采气简介	133
6	视频 7-1　天然气勘探开发、净化提纯、成品输送过程	160
7	视频 7-2　集气站三甘醇再生缓冲罐工作原理	166
8	视频 7-3　天然气卧式生产分离器工作原理	170
9	视频 7-4　各种流量计原理	175
10	视频 7-5　差压式流量计计量原理	178
11	视频 9-1　气井分层压裂	215

第一章 绪 论

"采气工程"是天然气工程技术中的一门重要学科，它在气藏工程研究的基础上，以气井生产系统分析为手段，着重研究不同类型天然气在井筒中的流动规律，并在科学合理利用气藏天然能量的原则下，采用最优化的采气工程方案与相应的配套系列工艺技术措施，把埋藏在地下的天然气资源以最经济、安全、有效的手段开采出来，从而实现气田长期高产、稳产，并获得最佳经济采收率。本章在介绍采气工程定义的基础上，对国内采气工程的特点作简要总结，然后通过对采气工程师主要职责的描述，使读者对采气工程学科有初步的了解及认识。

第一节 采气工程概述

一、采气工程的定义与任务

采气是天然气工业全流程（视频1-1）中重要的一步，采气工程是天然气开采工程中有关气田开发的完井投产作业、井下作业工艺技术、试井及生产测井工艺技术、增产挖潜措施、天然气生产、地面集输与处理等工艺技术和采气工程方案设计的总称，是天然气开采工程中一个占有主导地位的系统工程，对气田的高效益、高采收率开发具有举足轻重的作用。

视频1-1 天然气工业全流程

采气工程的任务主要是：
(1) 针对气藏的地质特征和储层特点，编制气田开发的采气工程方案，对气藏实施高效、高采收率的开发；
(2) 研究、发展适合气藏特点的采气工程工艺技术，形成配套技术；
(3) 对气井进行生产系统节点分析，优化采气工艺，提高气井的采气效率；
(4) 推广、应用各种新技术、新装备，解决气田开发的工程技术问题；
(5) 研究、制定、完善采气工程方面的相关标准、规程、规范，使采气工程技术、施工操作有章可循，实现标准化、规范化作业，确保安全生产。

二、采气工程的技术发展

中华人民共和国成立以来，采气工程技术取得了举世瞩目的迅速发展。20世纪60年代前，我国最大的天然气生产基地四川气田，还处于气井压力相对较高的开采初期和无水采气阶段。60—70年代，我国采气工程有了新的进步，它已经包含了气体稳定流动能量方程在气井生产系统分析中的应用和天然气脱硫、脱水等工艺技术，基本解决了常规解堵酸化的装备和工艺技术问题，但研究的对象气井生产大系统，仍然主要是一次开采的自喷采气、较为简单的单相流动规律和产层增产改造的常规工艺技术。70—90年代，针对天然气生产规模扩大、产水气田和产水气井、进入低压开采阶段的气藏、低压开采气井及年久待修的老井逐年增多，二次勘探井和开发补充井中遇到的低渗透层及区块也越来越多等新情况，为了实现老气田稳产，依靠科学技术进步，加快了采气工程配套工艺技术系列的研究，促进了采气工程系统的建立和采气工程工艺技术水平的长足进步。90年代至今，在采气增产工艺技术方面，针对低渗透储层改造，在常规解堵酸化的基础上发展了前置液压裂酸化、胶凝酸压裂酸化、降阻酸压裂酸化、泡沫酸压裂酸化、堵塞球压裂酸化、封隔器分层压裂酸化等六项压裂酸化工艺技术；针对产水气藏，发展了二次开采的排水工艺技术；针对低压天然气开采，发展了以高低压分输、天然气喷射器和压缩机增压输送的采、集、输配套工艺技术，从而形成了采气工艺增产的三大技术系列，在气田开发中发挥了重要的作用。在气井的生产方式方面，推广、应用了生产系统节点分析技术，摸索和总结了不同类型气藏的开采工艺模式；在气井维修和井下作业方面，上返补孔应用了以过油管传输为主的深穿透负压射孔技术，一井两层分采使用了以插管封隔器为主的完井井下工具，清砂应用了新冲砂工艺，排液应用了连续油管和液氮排液技术，提高了井下作业和修井的效率；在防腐蚀方面，逐步发展了含硫气田的一次性完井管柱和开采、防腐新技术。

在信息技术飞速发展的时代，新一波数字技术浪潮席卷全球。油气行业也处在数字化转型的重要时期，正在迈向以数字化、智能化为主要特征的第五次技术革命。

三、天然气勘探开发进展

随着勘探开发技术和采气工艺技术的进步，天然气探明储量和年产量逐年提高。2010—2019年，中国累计新增天然气探明地质储量 $74943\times10^8m^3$，每年新增天然气探明地质储量均超过 $5000\times10^8m^3$。新增天然气探明地质储量主要分布在鄂尔多斯盆地、四川盆地、塔里木盆地、东海陆架盆地、渤海湾盆地、松辽盆地、琼东南盆地、准噶尔盆地和柴达木盆地共9个盆地中，9个盆地新增天然气探明地质储量均大于 $1000\times10^8m^3$，合计 $72219\times10^8m^3$，占全国新增天然气探明地质储量的97.1%。2010—2019年，苏里格气田累计新增天然气探明地质储量 $11112\times10^8m^3$，安岳气田累计新增天然气探明地质储量 $11709\times10^8m^3$，克拉苏气田累计新增天然气探明地质储量 $6171\times10^8m^3$。

2021年是全面推进"十四五"天然气大发展的开局之年，"增储上产七年行动计划"继续推进。国内三大上游生产企业加大勘探开发力度，产能建设高效推进，常规气与非常规气并举，全国天然气产量快速增长。长庆油田全力推进苏里格气田 $300\times10^8m^3$ 上产，积极开展靖边、榆林等主力气田滚动挖潜，年产天然气 $465.23\times10^8m^3$，同比增长3.34%。西南油气田全力推进川南深层页岩气、川中致密气规模建设，加强安岳气田稳产上产，生产天然气 $354.1\times10^8m^3$，同比增长11.3%。塔里木油田年产天然气 $319\times10^8m^3$，同比增长3%。中石化西南石油局累产天然气首超 $80\times10^8m^3$，同比增长19.2%，创历史新高。华北石油局累产天然气 $50.57\times10^8m^3$，增量达 $3.8\times10^8m^3$。

我国天然气产业快速发展，天然气市场需求旺盛。2021年，中国能源对外依存度达72%，天然气对外依存度达46%，严重影响国家能源安全，亟需加大国内天然气勘探开发力度。采气工程的效率对于我国天然气能源格局的革新十分重要，提升采气工程的技术水平，从而有效地提高天然气能源的利用，能够促进我国天然气资源的发展。因此，认清采气工程技术体系，形成系统科学的工艺技术对实现天然气开发利用乃至国家战略能源安全都具有十分重要的意义。

第二节　国内采气工程的主要特点

我国采气工程存在地质和储层特征的特殊性、气藏产水危害的严重性、流体的高腐蚀性及天然气可爆性和高压危险性等特点。

一、地质和储层特征的特殊性

我国已发现的天然气气藏的地质和储层特征的特殊性，给采气工程技术带来了很大的困难。从勘探部门提供的资源评价结果看，古生界预测的天然气资源量约占62%，而世界天然气资源量中，古生界不到30%，因此我国天然气气藏地层较老，埋藏较深。依据 DZ/T 0217—2020《石油天然气储量估算规范》，埋深小于500m、500~2000m、2000~3500m、3500~4500m 和大于4500m，分别对应浅层、中浅层、中深层、深层和超深层。2010—2019年，中国新增天然气探明地质储量中，浅层、中浅层、中深层、深层和超深层新增储量分别占总新增储量的6.3%、3.2%、38.2%、17.8%和34.5%。美国有近70%的天然气资源埋藏在3000m以内，前苏联有60%的天然气储量埋藏在2000m以内。开发埋藏较深的气田必须要有水平较高的采气工程技术。依据 DZ/T0217—2020《石油天然气储量估算规范》，气藏渗透率小于0.1mD、0.1~1.0mD、1.0~10.0mD、10.0~100.0mD、100.0~500.0mD、大于500.0mD时，分别对应致密、特低渗、低渗、中渗、高渗和特高渗气藏。据统计，2010—2019年，中国新增天然气探明地质储量中，低渗气藏和致密气藏新增储量占比呈上升趋势，低渗气藏新增储量占比由2010年的1.5%升至2019年的16.5%，致密气藏新增储量占比由2010年的50.0%升至2019年的82.5%，反映了近年来中国新增天然气探明地质储量品质变差的趋势。低渗致密气藏的气层增产给我国天然气勘探开发及改造带来一定难度。对于不同类型的气藏，由于开发地层性质不同，所以在开采技术的选取过程中不能生搬硬套、简单借用，需要通过实践，发展一套有中国特点的采气工程技术。

二、气藏产水危害的严重性

采气工程与采油工程在开采方式上有较大的差异，油藏多以人工保持能量方式开采，开采速度和最终采收率相对较低。天然气多以消耗能量的衰竭方式开采，开采速度和最终采收率比油藏相对要高得多，一般纯气驱气藏的最终采收率可高达90%以上。但是，对产水气藏而言，开采工程技术的难度比气驱气藏或油藏大得多。气藏产水后，水气在渗流通道和自喷管柱内形成两相流动，增大了气藏和气井的能量损失，降低了气相渗透率，降低了气体的流动性，甚至形成了气藏死气区，从而使采气速度和一次开采的采收率大大降低，平均采收率仅为40%~60%。也就是说，有30%~50%的储量，需要依靠二次开采的排水采气工艺技术，并投入较大的工作量才能开采出来。有的水淹气井，虽经多种工艺措施排出大量地层水，但只要未能复产，就存在着无效投入的可能性。因此，采气工艺技术比采油工艺技术具有更大的风险性、艰巨性。

三、流体的高腐蚀性

气藏中相当一部分气井的地层水氯离子含量可高达40000~50000mg/L，而且所产的天然气中还可能含有高腐蚀性的硫化氢、二氧化碳等酸性气体。据统计，仅四川气田的硫化氢含量大于200mg/m^{3}的天然气储量就占探明储量的30%~80%，需脱硫处理后才能外输的气量占总产气量的64%左右。四川卧龙河气田硫化氢含量为5.0%~7.28%（体积分数），中坝气田为6.75%~13.3%，都属于硫化氢含量在5%以上的高含硫气田。华北油田赵兰庄特高含硫气藏，含硫高达92%。吉林油田万金塔气藏的万2-2井，二氧化碳和硫化氢合计含量高达99.77%。天然气藏中含有的硫化氢、二氧化碳酸性气体不仅可能严重危及人、畜的生命安全，而且会严重腐蚀气井的设备和管线，随时威胁气井的生产。四川威远气田几乎2~3年必须更换一次井下油管，川中磨溪气田雷一^{1}气藏及川东地区部分石炭系气藏也连续发现井下管串严重腐蚀的情况，从而给采气工程作业及配套装备提出了更为苛刻的要求。

四、天然气的可爆性和高压危险性

天然气气藏一般具有较高的压力，特别是一些深层天然气气藏，常常形成某些高压和超高压层段。

塔里木盆地库车坳陷克深区块白垩系巴什基奇克组的砂岩储层压力系数为1.7~2.0，四川气田的川西北和川东南存在着两个高压异常区，压力系数高达2.2，中原油田文东沙三中气藏压力系数在1.6以上。天然气又是一种易燃、易爆气体，其单位体积质量不到水的1%，密度小，具有很大的可压缩性和膨胀性，因此气井井口压力不仅远远高于具有相同井深和井底压力的油井井口压力，而且对气井的井下工艺作业的防火、防爆措施要求更为严格。井下修井作业也要求采用不压井修井工艺技术或采用吊灌的安全作业措施。由于气藏的压力系数很高，液柱压力一旦与之失去平衡，则其释放速度非常迅猛，将会造成强烈井喷，其喷势远比油井激烈，有些强烈井喷，顷刻即可将井架喷倒，引起熊熊大火，从而增加了采气工程作业的难度和危险性。

针对采气工程的主要特点，我国的广大采气工程学者不仅吸收了诸多国外先进的采气工艺，而且还将其进一步发展成具有我国天然气开采显著特色的采气工程技术。

第三节 采气工程师的职责

采气工程师是采气工程方案设计的决策人和实施人。因此，采气工程师必须至少具有两个方面的知识：一是具备油藏工程的基本知识；二是必须全面具备采气工程的技术知识。采气工程师只有以适应气藏地质特点和储层特性要求的气藏工程研究成果为基础，才能指导解决气田开发及开采中出现的各种新问题。只有针对气藏的地质特点和储层特性，以气藏工程研究成果为指导，才能充分了解气井生产系统现状，较好地预测气井生产系统未来的动态，编制好气田开发的采气工程方案，研究、发展适合于中国气藏特点的采气工程技术体系。

采气工程师主要肩负着三项重要任务：一是在具体气藏条件下，根据气藏工程总体部署方案的要求，解决好钻什么样的井及采取什么有效的气层保护方法、完井方法、套管程序、开采方式等问题，以确保把气藏的储量最大限度地控制和动用起来；二是从气井投入开采到枯竭的整个阶段，要以最经济、最有效的方式，在井筒建立合理的采气生产压差，以获得较长的无水采气期、带水生产自喷期和较高的采气效率，这也是采气工程技术的核心；三是要以最低的消耗完成产出天然气的采集和气水分离、净化回收。

思考题

1. 采气工程的主要任务是什么？
2. 我国采气工程地质和储层存在哪几个特点？
3. 采气工程师的主要任务是什么？

参 考 文 献

[1] 周立明，韩征，张道勇，等．中国新增石油和天然气探明地质储量特征［J］．新疆石油地质，2022，43（1）：115-121.
[2] 陈玉飞，贺伟，罗涛．裂缝水窜型出水气井的治水方法研究［J］．天然气工业，1999（4）：76-78.
[3] 张数球．四川地区含水气藏开采技术探讨［J］．石油钻探技术，1999（3）：39-41.
[4] 杨川东．四川有水气藏开采技术措施的应用初探．天然气工业，1990（2）：43-49，8.
[5] 张凤奇，王震亮，赵雪娇，等．库车坳陷迪那2气田异常高压成因机制及其与油气成藏的关系［J］．石油学报，2012，33（5）：739-747.
[6] 萧芦．2015—2020年中国天然气产量［J］．国际石油经济，2021，29（4）：106.
[7] 杨川东．采气工程［M］．北京：石油工业出版社，2001.
[8] 金忠臣，杨川东，张守良，等．采气工程［M］．北京：石油工业出版社，2004.
[9] 廖锐全，曾庆恒，杨玲．采气工程［M］．2版．北京：石油工业出版社，2012.
[10]《采气工程》编写组．采气工程［M］．北京：石油工业出版社，2017.

第二章 采气工程方案设计

采气工程方案设计是将各个单项工艺技术合理地组成系统的整体,并有效作用于气藏,使气藏的储量得到最大的控制和有效动用,以达到高效开发的预期目的。因此,采气工程方案设计是气藏开发总体建设方案设计的核心,是实现气藏开发总体方案和天然气生产指标的主要工程技术保证,在提高气藏采收率和经济效益中占有举足轻重的地位。

本章在总体概括方案设计特点、前期准备、基本任务、主体工艺内容及程序的基础上,应用气藏实例详细介绍采气工程方案设计的主要步骤及涵盖内容。

第一节 采气工程方案设计的特点

采气工程方案研究的主要对象在地下,其设计应从掌握气藏地质及生产特征入手,深入研究和总结气藏开发在应用采气工程技术方面已取得的成功经验,通过一系列导向技术的深入研究和先导性试验,提出确保气藏开发指标完成的先进采气工程配套技术设计方案。因此,采气工程方案设计具有如下明显特点。

一、综合性

采气工程方案设计是一项涉及学科广、专业内容多的综合性研究。采气工程方案设计不仅要研究影响各项工艺方案决策的技术因素,还要研究经济因素及综合因素,需要掌握各种工艺措施的技术发展方向、适应性和应用效果。

二、特殊性

由于不同储层的地质成因、岩性、物性、流体性质及驱动方式的显著差异,我国现今已知气藏的类型繁多,如可划分为气驱气藏、水驱气藏、凝析气藏、含硫气藏、低渗气藏等。每一类,甚至每一个气藏都有其自身的特性。因此,采气工程方案设计虽有规可循,但绝不可能是一成不变的。根据我国天然气地质特点,对不同类型气藏应实行不同的方案原则,每个采气工程方案设计都应该随着气藏类型和特征的显著差异而有所不同。应针对不同气藏的具体类型和特征,提出相应的采气工程方案措施和配套技术决策,以获得气藏的高效开发。

三、系统性

采气工程方案设计是以气藏工程为基础,与地面建设配套工程相联系的方案设计体系。因此采气工程方案设计的研究与优化是多目标和多因素的,它既要研究各单项工艺技术的先进性、可操作性,又要研究其配套后的整体应用效果及对气藏工程的适应性与对地面建设工程的设计要求,进而寻求采气工程方案整体效果的最优化,以确保气藏开发指标的实现。

四、超前性

采气工程方案设计是在气藏正式投入开发之前进行的，带有明显的超前性。为了确保方案设计的结果准确、可靠、满足开发指标的要求，必须尽可能地掌握各种信息资料，科学地预测影响气藏不同开发阶段稳产的主要矛盾，拟定近期和中远期科学技术研究课题。做好超前的科研攻关技术准备，储备必需的技术，才能使采气工程技术处于主动地位。

五、优化性

采气工程方案设计的实践证明，方案的优化就是最大的节约。采气工程不仅自身与气藏开发的总体效益密切相关，而且研究的专题也较复杂，每一专题都存在着利弊且相互制约，经济效益也不尽相同。需要进行多方案的全面分析对比和评价，才能优选出最优方案，以尽量避免决策失误，通过科学、合理的采气工程方案的实施和采气工程技术的进步来实现气藏开发总体效益的提高。

第二节 采气工程方案设计的前期准备

抓好采气工程方案设计的前期工作，是搞好方案设计编制的基础。采气工程方案设计的前期工作，主要有如下三个方面。

一、导向技术研究和先导性试验

所谓导向技术研究，就是针对气藏特点、不同开采阶段的主要矛盾、工艺技术的薄弱环节，把研究的重点放在能影响采气工艺技术发展方向的重大课题上，从宏观上加以控制和引导，使其能按照气藏开发的演变有针对性地发展工艺技术。四川气田先后开展了"采气工程方案的经济评价""不同类型气藏开采工艺模式研究""多产层分采工艺技术可行性研究""非常规气藏储层改造"等导向技术研究。在进行导向技术研究的基础上，以点带面，先突破、后推广，重点开展了"铁山21井两层分采""高含硫气田水达标处理""水力射流泵排水采气""排水采气""低渗透气藏高强度深穿透改造""页岩气藏大型水力压裂""致密砂岩气藏储层高强度体积压裂"等先导性试验，对有针对性地超前发展和提高采气工艺技术的配套能力、关联其与气田开发方案总体经济效益的关系，起到了先导性作用。

例如为了探索高强度体积压裂技术在川中秋林区块沙溪庙组致密砂岩储层的适应性，开展了三轮试验。第一轮试验的目的是论证改造工艺的适应性，在借鉴现有体积压裂思路的基础上进行压裂施工参数设计，以验证加砂模式的可行性；第二轮试验的目的是通过开展工艺攻关来提高单井产量，探索加砂强度的上限，并且考虑井眼轨迹、簇间距等影响气井产量的因素开展对比试验；第三轮试验的目的是降低储层改造的成本，探索保障改造效果的施工参数下限，并且开展不同单段段长、加砂强度的对比试验。2019—2021年，按照先导性试验方案设计，累计实施10口水平井，测试气产量合计达$263.86\times10^4\mathrm{m}^3/\mathrm{d}$，无阻流量合计达$582.03\times10^4\mathrm{m}^3/\mathrm{d}$。第一轮试验实施1口井，加砂强度为3.03t/m，测试气产量为$5.01\times10^4\mathrm{m}^3/\mathrm{d}$，无阻流量为$7.70\times10^4\mathrm{m}^3/\mathrm{d}$；第二轮试验实施6口井，最高加砂强度为6.86t/m，

井均测试气产量为 $19.77×10^4m^3/d$，井均无阻流量为 $41.28×10^4m^3/d$；第三轮实施 3 口井，最高加砂强度为 $5.23t/m$，井均测试气产量为 $46.75×10^4m^3/d$，井均无阻流量为 $108.89×10^4m^3/d$。

总体来看，高强度体积压裂技术在秋林区块沙溪庙组致密砂岩储层的三轮先导性试验，改造效果越来越好，压裂技术也趋于成熟。2020 年 6 月，秋林 207-5-H2 井采用高强度体积压裂技术，首次在四川盆地创造致密砂岩气井无阻流量超过 $200×10^4m^3/d$ 的纪录，说明该压裂技术应用于致密砂岩储层具有良好的前景。

二、采气工程技术现状调研

为了使采气工程方案与具体设计气藏的特征相适应，并为方案编制提供必要的基本数据和基础材料，方案编制前需要对设计气藏的试采和邻近气藏开采中出现的问题及采气工程的技术现状进行深入调查、研究。调查的重点主要有：

（1）调研气藏的类型、储层性质、地质特征、流体性质与油气水分布关系；

（2）调研气藏开发的主要指标、技术政策、开发过程中可能出现的主要矛盾、相应技术对策；

（3）调研气藏的气井试采情况、产能大小、气井稳产趋势及主要影响因素；

（4）调研气藏的采气工程现有技术水平，新工艺、新技术的应用前景和需配套研究的重点问题；

（5）国内外开发同类型气藏可供借鉴的有效工艺技术。

三、重点专题研究

采气工程方案设计必须以科研成果作支撑，只有高适性的配套工艺技术，才能使采气工程方案具备高水准。针对现状调查中掌握的对气藏开发效益有重要影响的工艺技术，搞好专题研究，并促使其尽快配套是有必要的。如为了编制好川东大天池构造带石炭系气藏的采气工方案设计，在现状调查基础上，针对气藏具体地质特征，重点开展了"完井套管强度计算""射孔工艺优化参数设计""气层改造优化设计""井下管柱受力分析""采气工艺方式优化设计""生产气井压力系统（节点）分析"等六个专题的研究。所形成的专题研究报告，是对"八五"以来四川气田采气工程系统经验的总结和深化，不仅对搞好大天池气藏采气工程方案设计有重要的指导作用，而且这些专题也是当前其他类似气藏进行采气工程方案设计时常开展的基本重点研究专题。

此外，为了提高采气工程方案设计的整体能力和水平，做好超前技术准备，当前还应该围绕其技术发展方向进一步重点加强以下七个方面的专题研究：

（1）深化对气藏特征的认识，促进采气工程和气藏工程更紧密结合的"气藏描述研究"；

（2）提高排水采气工艺优化设计水平的"产水气井流入动态曲线研究"；

（3）有利于气井生产系统优化决策的"多流体数学模型的机理和多相流动实验研究"；

（4）立足双高，实现少井高产的"一井多层开采工艺研究"；

（5）提高气井增产措施的"地应力场和裂缝分布规律研究"；

（6）提高设计科学性的"采气工程方案设计新方法和专家系统研究"；

（7）提高经济效益的"采气工艺技术经济界限研究"。

第三节　采气工程方案设计的工艺内容

采气工程方案设计的基本任务是针对气藏的地质特征和储层性质，在对气井生产系统节点分析和室内岩心实验的基础上，编制气藏开发的主体工艺方案，并配套形成生产体系，对气藏实施经济有效的开发。

一、采气工程方案设计的主体工艺内容

1. 完井工程及气层保护技术

根据气藏工程和采气工程的要求，选择新开发井的钻井方法和钻井液、完井方法、完井液及井身结构和套管程序；对固井质量提出技术标准、检测方法与要求；针对储层岩性、物性和流体性质，制定完井和开发全过程保护气层、防止伤害的具体措施。

2. 射孔设计

对于射孔完井，要采用节点分析技术优选射孔方法、射孔枪型和射孔参数，并对减少产层伤害的射孔新工艺提出建议。

3. 气井采气工艺方法与设计

根据不同类型气藏的开发地质特征和气藏工程方案，确定与之相适应的采气工艺技术方案和配套的工艺技术；优选自喷管柱、自喷之后的人工举升方式及必要的配套工艺技术及装备。

4. 增产措施设计

根据储层物性、岩性和产层所受伤害的类型与程度，优选与之相适应的压裂酸化增产工艺措施、施工工艺方式、施工参数和设备，以及防止施工中各种入井液对产层造成再次伤害的预防措施与技术要求。

5. 生产动态监测技术

根据气藏和采气工程的要求，确定气藏开发过程中以试井和生产测井为主要内容的生产动态和井下监测技术方案，并选择相应的设备和仪器、仪表。

6. 气井修井和井下作业技术

根据气藏开发地质特征和储层流体性质，对采气井生产过程中需进行修井和井下作业的主要工作量、所需队伍及装备进行预测，并提出相应的技术标准和质量要求。

7. 井下作业配套

按照有关定额标准，完善气藏井下作业队伍与设备配套。

8. 其他配套工艺技术

针对气井出现的产层出砂、管内水化物、管内结垢及硫化氢与二氧化碳腐蚀等问题，进行相应的机理研究，因地制宜地提出经济可行、技术可靠的解决方案和预防措施。

9. 经济分析

坚持以效益为中心的原则，对气藏投入开发生产中所发生的采气工程方案各项工艺技术

措施、装备和科研费用加以测算，在确保完成气藏开发指标的前提下，使整体方案的技术经济效果获得最优。

二、主体工艺分析论证

不同类型的气藏其主体工艺的内容显然是不相同的，同一气藏主体工艺的配套技术也会存在多个方案。只有经过充分的分析论证，才能科学地确定适应气藏特点的主体工艺技术。主体工艺分析论证的基本任务，在于把气藏开发的方针、政策和气藏工程设计方案部署，化为采气工程方案的各项工作指标，并根据气藏工程方案提供的开发方式，确定主体工艺及其配套工艺技术，这是提高采气工程整体治理水平和效益的基本保证。

为了完成上述任务，一般应根据气藏地质特征和气藏工程方案，把气藏产层渗流系统和气井生产系统作为一个完整的系统工程，抓住主体工艺的完井工程、采气工艺方式、增产措施、井下工艺、生产动态监测及经济评价等各个环节的主要工艺技术问题、不同设计方法和难点，并进行分类，建立多个备选方案，采用室内试验、数值模拟及经济评价相结合的研究方法，分别从生产可行性、经济合理性及综合适应性等不同方面对各种备选方案进行分析、评价、论证，从中筛选出适应气藏地质特征和经济可行的技术方案。

第四节　采气工程方案的设计程序

采气工程方案的设计程序主要是指设计的原则和依据、主体工艺方案的分析与设计、方案的经济分析及评价，并可按图2-1所示模式进行，现分述如下。

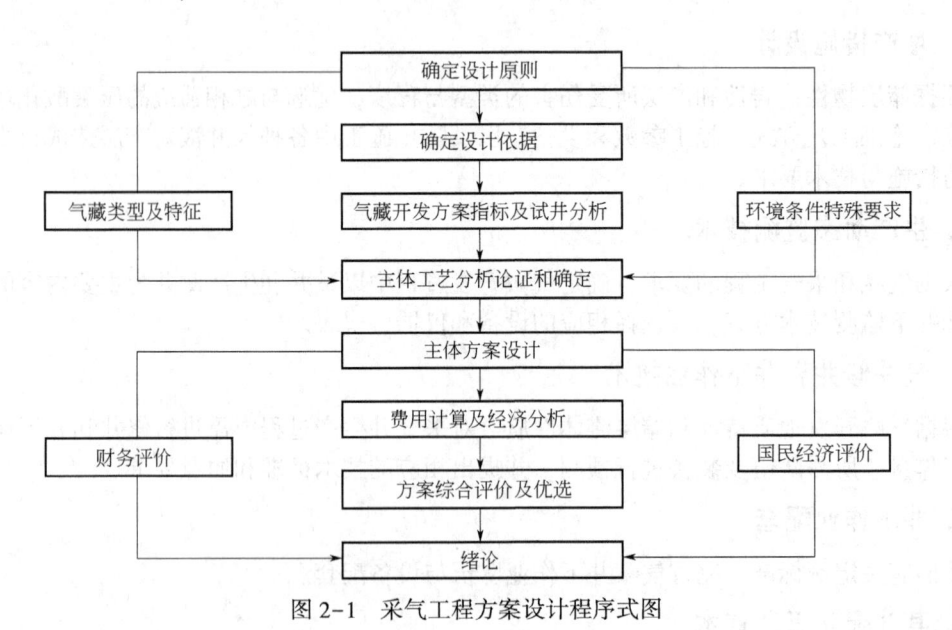

图2-1　采气工程方案设计程序式图

一、采气工程方案的设计原则

采气工程方案必须从气藏开发的总体目标出发，以气藏地质特征和气藏工程为依据，以提高经济效益为中心，进行整体设计，遵循以下基本原则：

(1) 设计方法必须具有科学性；
(2) 设计内容必须具有针对性和完整性；
(3) 必须加强敏感性分析研究，进行优化方案决策；
(4) 必须满足气藏工程和地面建设对方案提出的要求；
(5) 方案的实施必须具有良好的可操作性；
(6) 方案必须符合"少投入、高产出"的高效开发原则，具有显著的经济性。

二、采气工程方案的设计依据

1. 气藏类型及储层参数

(1) 气藏类型及特征：储层类型、压力系统等；
(2) 储层参数：孔隙度、渗透率、含水饱和度、天然气密度、硫化氢含量、二氧化碳含量、地层水性质、预测气水界面等。

2. 气藏开发方案

(1) 气藏开发方案要点。
① 开发方案要点与指标：开发单元、开发层系、产能规模、完井数、已获气井数、正钻井数、部署井数、总生产井数、采气速度、稳产年限及其指标；
② 试采结果分析：了解和掌握流体相态、气井产能、压力场与温度场特性，加深对气藏地质特征、开采工程主要矛盾及技术界限、经济政策的认识。
(2) 气井开发方式。根据气藏工程设计提供的开发方式，确定主体采气工艺的备选方案。
(3) 环境条件特殊要求。

三、主体工艺分析论证

依据气藏工程方案提供的开发方式和备选方案，经分析论证，初步确定主体采气工艺及其配套技术。

四、完井工程及气层保护技术

1. 完井工程设计

1) 设计原则

(1) 符合气藏特点，满足气藏开发的总体需要，保护气层，尽可能减少对气层的伤害；
(2) 有效地封隔气层和水层，防止各层之间的互相窜扰；
(3) 克服井塌或出砂的影响，保证气井长期稳定生产；
(4) 能进行压裂酸化等增产措施及便于修井作业；
(5) 尽量降低成本，经济效益好。

2) 设计方法

计算不同完井方式下的气井流入动态曲线。

3) 完井方法的评价与优选

气井完井除了裸眼完井、衬管完井、套管射孔完井、尾管射孔完井四种基本方法外，还有适应于特殊产层的一次性永久完井法，一井多层分采完井法，大斜度井、水平井完井法等完井新工艺。完井方法的选择应根据气藏类型、储层的岩性、物性、产层的伤害程度、增产措施工艺条件及生产井试采实践、可操作性和经济性等因素进行优化决策。如针对四川气田多产层优势，为实现"少井高产"，提高开发经济效益，发展和完善了一井两层分层完井工艺技术，不仅形成了 Y211、Y344、Y453 三套适应气藏、储层类型的分采管柱及工艺技术，而且还总结出了气井分采的五条原则：

(1) 分层储量估算较准确；
(2) 各层具有完整的测试资料；
(3) 层间距离大于 50m；
(4) 硫化氢、二氧化碳含量相对较低；
(5) 井身质量好。

2. 套管程序设计

1) 设计原则

对深井、超深井需下入多级套管柱，一般情况下，应根据气藏区域、构造的地质特征，完井、修井、增产作业等采气工程和配套工艺的要求，外挤、内压拉力与双轴向压力及气藏开采过程中地层压力变化的影响和经济、安全性等，选择合理的套管程序及尺寸。

气藏套管一般选用 3～5 层，常采用套管程序为 339.72mm×244.47mm×177.8mm×127mm 或 339.72mm×244.47mm×177.8mm。对提出的设计程序确定合理的套管尺寸及下入深度。

2) 完井套管柱的强度计算与校核

从开发方面着重考虑对生产套管提出设计方案。

在生产套管设计中，管内按全掏空和双轴应力来计算，以高压压裂酸化，封隔器坐封在施工层段套管顶部时，考虑膨胀效应和活塞效应产生的作用力对完井套管强度进行校核。

3. 固井设计

固井设计必须确保固井质量能适应采气工艺、增产措施及修井等井下作业的需要。设计的基本要素，包括以下几个方面：

(1) 采用前置液，包括清洗液和隔离液；
(2) 水泥返高到设计要求；
(3) 水泥浆密度符合要求，一般分两级注水泥，产层用快凝水泥，其他层段用缓凝水泥；
(4) 扶正套管，井口一般 2～3 根套管加一个；
(5) 适当缩短稠化时间：设计稠化时间为施工时间加 1～2h 安全余量；
(6) 提高抗压强度：一般加 30%～40%石英砂；
(7) 活动套管：施工中以旋转方式为主；
(8) 实行紊流顶替；
(9) 固井后用声波或变密度法检查固井质量，不合格者需采取补救措施。

4. 射孔设计

射孔是完井工程中重要的组成部分。它是在固井后，根据气井的录井和电测资料，重新打开目的层，沟通气层与井筒的一项工艺技术。为了实现气井高产，必须选择合理的射孔井段和有效的工艺技术。

1) 射孔完井参数的优化设计

(1) 气井射孔完井参数优化设计所需的基础资料：

① 气层伤害深度和伤害程度。根据取得的地层测试资料并结合本地区现场经验确定伤害深度和伤害程度。

② 孔眼压实厚度和压实程度。按试验数据一般取：孔眼压实程度0.2~0.25，压实厚度12~15mm。

③ 孔密、孔径、孔深。孔密取值范围为10~20孔/m；孔径、孔深的取值由选用弹型决定。

④ 其他数据，如井眼半径、渗透率等。

(2) 射孔参数优化设计方法：使用射孔优化设计软件，对影响气井射孔效果的弹型、孔密、相位角和布孔格式等因素进行敏感性计算，优选出该气藏使用的弹型、孔密、相位角、布孔格式等参数。

2) 射孔工艺方案选择

(1) 射孔方式的选择：一般有电缆输送射孔（正压射孔）、过油管射孔和油管传输射孔三种方式。为了保护气层，常用的是油管负压射孔方式。

(2) 射孔负压值的确定：射孔负压值的确定首先要考虑确保孔眼清洁的需要，同时又不引起地层大量出砂及套管挤毁，主要考虑地层渗透率、储层厚度、泥岩隔层的声波时差及套管的强度指标等。确定方法是用射孔优化设计软件进行负压射孔效果对比计算，选择表皮系数小的射孔方法和合理射孔压差；也可采用室内射孔岩心靶负压实验法、经验统计法和公式计算法。一般常采用经验统计法与公式计算法相结合。

(3) 射孔液的选用：射孔液必须与地层配伍，为无固相或低固相、小粒径液体；尽可能保持负压射孔，保护气层。若保持负压条件有困难，其液柱压力最好略大于地层压力的0.303~3.03MPa。

3) 射孔气井产能分析

(1) 分析方法：用射孔软件计算结果和相关曲线，分析射孔地层诸因素对射孔井产能的影响；

(2) 分析内容：

① 产能与表皮系数预测。运用射孔软件计算出射孔井的产能和表皮系数，并与实测产量和表皮系数作对比，分析其可靠性。

② PR（产率比，即给定完井方式的产能与相当裸眼完井的产能的比值）分别与孔深、孔密、孔径、相位角、布孔格式、伤害程度及压实程度的关系。

4) 推荐的射孔参数及工艺

(1) 射孔参数：弹型、孔密、相位角、布孔格式；

(2) 射孔工艺：射孔方式、选定的负压值范围及使用的射孔液，采用抽汲或混气水洗井的方式，使液面降到需要的位置，一般负压程度为1000~1500m。

5. 气层保护技术

气层保护技术是关系气田开发效果的重要环节。在钻井、完井、增产作业、采气、修井作业等开采全过程中，实现系统的有效保护气层，是减轻产层伤害、充分发挥产层潜能、提高气田开发效益的重要手段之一。

1) 气层伤害评价方法

气层伤害的评价方法有三类，包括矿场试井定量评价、室内岩心流动试验方法和毛细管曲线分析方法。一般采用前两种方法。其评价指标很多，以表皮系数和产率比最为常用。

2) 气层伤害评价依据

各种工作液的适应性评价，要以储层特征为依据，通过岩心试验分析其水敏、速敏、酸敏、碱敏、盐敏等伤害情况。

3) 钻井、完井过程中的伤害评价及保护措施

（1）伤害评价：钻井、完井过程对储层的伤害，由所采用的工艺措施和使用的钻井完井液两者共同作用造成，可从以下几方面进行评价分析：

① 钻井完井液的类型及对储层的伤害程度和深度情况；

② 采用的钻井压差与平衡钻井压差相比较；

③ 钻井完井液的浸泡时间及伤害情况；

④ 钻井液中的固相颗粒分布及伤害情况；

⑤ 加重剂等的使用及伤害情况。

（2）保护措施：根据上述评价分析，提出适应保护设计气藏的钻井完井方案，包括：

① 推荐采用优质的钻井完井液；

② 控制固相颗粒粒径范围和比例；

③ 选用合适的加重剂；

④ 选用合适的钻井液、完井液密度，控制钻井压差，尽量实现近平衡钻井，控制起下钻速度，减少钻井液的浸泡时间等；

⑤ 对存在水敏或酸敏、速敏等伤害的储层，应采用相应的工艺技术。

4) 射孔过程对储层的伤害评价及保护措施

（1）伤害评价：射孔过程对储层造成的伤害与射孔后的表皮效应和堵塞等有关，可归纳为以下几方面：

① 射孔参数的评价：孔径、孔深、孔密与伤害程度的关系；

② 射孔方法：正负压射孔方式对产层压碎、压实等的影响；

③ 射孔液：使用的射孔液与地层的配伍性、固相颗粒引起的堵塞等情况。

（2）保护措施：

① 最大限度地减少钻井伤害，防止形成深穿透伤害；

② 选用尽量能穿透伤害带的深穿透射孔和尽可能高的孔密；

③ 使用干净、优质射孔液，并避免二次伤害；

④ 推荐采用的射孔方式及负压值选用范围。

5) 增产措施、修井等作业过程中的伤害评价及保护措施

（1）伤害评价：

① 酸液及酸化施工工艺的伤害评价；

② 修井作业及修井液的伤害评价。

(2) 保护措施：
① 采用合适的酸化工艺；
② 选用低伤害的压裂液及添加剂；
③ 修井作业采用无固相或低固相、低伤害工作液及相应的施工工艺。

6) 生产过程中可能产生的伤害及保护措施

(1) 生产过程中可能产生的伤害，从以下几方面考虑：
① 大流量生产可能引起黏土及泥的运移、堵塞；
② 大压差生产可能引起地层压实及孔隙度急剧降低，产量下降；
③ 沥青等沉积引起油气相对渗透率下降，并有助于乳化液堵塞；
④ 气井含硫较高引起井下管串腐蚀、脏物堵塞，使气井产能明显下降。

(2) 保护措施：确保合适的采气速度和合理的生产压差，注重生产过程中的防腐、防垢等。

五、采气工艺方式选择

采气工艺方式选择的基本原则是少井、高产、经济、实用，其设计的依据是气藏地质研究、气藏工程设计及气田生产的地面条件。所选择的采气工艺方式应对气井的生产状况有较强的适应性，能够安全可靠地充分发挥气井的生产能力，减小井下作业工作量，并适应气田野外工作环境和动力供应条件。

1. 气井生产系统节点分析

气井生产系统节点分析，是把气井从气藏至分离器的各个生产环节作为一个完整的压力系统来考虑，就其各个部分在生产过程中的压力损耗进行综合分析，从而预测改变有关部分的主要参数及工作制度后气井产量的变化，优选生产系统中各个环节，为采气工艺及地面工程设计提供可靠的技术决策依据。根据气藏开发的实际需要，一般分析以下几项内容：(1) 油管尺寸分析；(2) 井口压力分析；(3) 地层压力分析。

2. 自喷采气方式的优选

1) 采气井口装置

根据地层最高压力和地层流体中硫化氢、二氧化碳的含量，选择采气井口装置型号、压力等级和尺寸系列，并要能满足进一步采取增产措施和后期修井等生产工艺的要求。

2) 油管尺寸敏感性分析

(1) 分析方法及目的：应用节点分析方法并取井口为计算节点，求出在一定井口压力下，各类气井采用不同油管时的产量，通过对比分析，优选出合适大小的油管。

(2) 计算的依据：计算中采用的基本参数有气体的密度 ρ_g、IPR 参数、井深、油管直径等。

(3) 结论：
① 对各类产能的井选出能满足设计部署配产的油管；
② 综合考虑经济性、井下作业及生产测试等工艺技术方面的要求，确定出选用的气井生产管柱的大小；
③ 采气管柱的强度校核与评价。

井下管柱在起下过程中主要承受轴向载荷,包括管柱在液体中的重量、起下时的惯性载荷及管柱与套管内壁之间的摩擦力。对封隔器管柱,需附加封隔器的解封或释放载荷。

3) 预防天然气水合物形成、硫化氢和二氧化碳气体的腐蚀

(1) 在天然气生产过程中,当温度低于天然气水合物生成温度时,就会在管道或节流装置中形成天然气水合物,严重时会堵塞油管,影响气井生产与测试作业。

为了预防天然气水合物形成,可采用以下方法:
① 采用投捞式井下油嘴节流,降低流动管线中的压力;
② 若发生了天然气水合物堵塞,可注入甲醇、乙醇、二甘醇等天然气水合物抑制剂。

(2) 对含硫化氢、二氧化碳的气井,酸性气体腐蚀井下管材,严重时会堵塞、损害套管,影响气井生产。为了保护套管,推荐采用封隔器封隔油套环空的含硫气井一次性完井管柱。在未下封隔器的井中定期加注缓蚀剂。

3. 后续采气工艺方式的选择

随着气田的不断开发,气井的产能、地层压力、井口压力的递减是不可避免的,气井还可能出水。因此,后续采气工艺技术可从以下几方面考虑:

(1) 定压降产、增压、高低压分输采气工艺。

(2) 堵水工艺技术:对异层水,可打水泥塞封堵产水;对同层水,可积极开展化学堵水的研究试验工作。

(3) 排水采气工艺技术:气田的排水采气工艺技术主要有泡沫排水、优选管柱、气举、机抽、电潜泵、射流泵等六套工艺技术。可用于单井或气藏排水采气各项工艺选择的基本原则是:工艺成熟,设备经济,对气藏(井)生产状况的变化有较好的适应性,能充分发挥气藏(井)的生产能力。工艺设计的依据、要点与综合评价因素,参见第六章气井排水采气工艺有关内容。

六、增产措施

针对低渗透气藏的地质、开发特征及气层不同伤害程度和类型,为改善产层流动条件,充分提高气井单井产能和开发效果,必须对气藏实施整体改造技术。

1. 设计原则

(1) 增产措施后产能最大;
(2) 获取最优的穿透深度;
(3) 注入参数最优;
(4) 确定出低伤害、低成本的工作液;
(5) 施工简便,费用少,经济性好。

2. 设计依据及基础资料

气层增产改造的设计要以该气层的孔隙度、渗透率、储层厚度等地质特征为依据,首先确认其可改造程度,进而分析低产、减产的原因,提出对整个气藏有针对性的总体改造措施。设计过程中所需的基础数据主要有地层温度、地层压力、地层闭合压力、孔径、杨氏模量、地层破裂压力等。

3. 增产措施解决的主要问题

（1）解除地层伤害，恢复气井产能；

（2）对有效厚度大的区域或气井，应强化改造，增大产能；

（3）对某些有代表性的区域或气井，进行可改造性试验，针对不同的问题，选定相应的改造方式进行优化设计和施工。

4. 优化设计过程及所用的主要数学模型

气层增产改造措施的优化设计过程，因不同目的所选定相应的改造工艺而有所不同，但总体上讲，一般包含以下几个方面：

（1）计算水力裂缝长度和酸蚀裂缝有效长度；

（2）计算不同泵注参数下的酸蚀裂缝导流能力；

（3）选用已成功用于该地层的胶凝酸、降阻酸、前置液等工作液，并确定其质量指标；

（4）优选泵注速度范围；

（5）确定最大施工压力；

（6）计算气层或单井施工费用；

（7）将优选结果作图，作为综合优化设计依据。

5. 优化设计结果与改造方案

储层按产能可分为三类，Ⅰ类、Ⅱ类为易采储集层，Ⅲ类为难采储集层。不同类型的储层改造，根据优化设计结果选用相应的工艺，设计出施工规模、增产倍比和费用等。

七、生产动态监测

1. 目的与任务

生产动态监测的目的与任务是：认识气藏的生产能力，了解生产动态和开发过程中地下油、气、水的变化规律，从而科学地选择气藏采气工艺技术和分析工艺技术措施效果。

2. 测试要求

根据气藏工程方案和采气工艺要求，编制具体的生产动态监测方案，并应在不动管柱及不压井的条件下实施。其测试资料合格率、全准率及仪表定期标定率应达100%。

3. 监测内容

1）气藏动态监测

（1）常规试井测温测压；

（2）全气藏试井及特殊试井；

（3）产出剖面监测；

（4）观察井监测；

（5）气水分析（PVF）；

（6）措施井对比测试。

2) 完井质量监测

(1) 水泥胶结质量监测；
(2) 射孔及套管质量监测；
(3) 井下技术状况监测。

八、井下作业配套

井下作业主要指新井投产、一井两层投产、措施作业；气井小修、大修作业；新工艺新技术试验及其他作业。

九、其他配套工艺技术

其他配套工艺技术主要指气井防砂、防垢、防腐等工艺技术。

十、经济分析

采气工程经济分析的基本原则，就是采用动态评价和静态评价的方法，结合气田开发生产实际，对采气工程有关的各项技术的投资、操作费用和采气生产成本等多项指标，进行综合分析与评价，并对影响采气工程方案经济指标的重要技术措施进行敏感性分析。它是气藏开发经济评价指标组成内容和优化方案的重要决策依据。

第五节　采气工程方案设计的应用实例

M气田T气藏的开发总体方案设计研究，包含了气藏工程、采气工程和地面建设工程三个系统工程的9个方案。本节将M气田T采气工程方案设计作为采气工程方案设计程序的一个应用实例。在工艺环节设计时只给出结果，对节点分析的设计方法不作详细介绍；对经济分析只介绍原则，不详细介绍经济分析的计算软件和计算过程；对多个方案的计算，只给出优化决策过程和决策方案的采气工程方案计算概算表。

一、采气工程方案的设计原则

(1) 以M气田T气藏地质和气藏工程方案为依据；
(2) 方案应体现经济、高效和高采收率的开发原则；
(3) 方案编制应符合石油行业标准 SY/T 6081—2012《采油工程方案设计编写规范》。

二、采气工程方案的设计依据

1. 气藏类型及储层参数

1) 气藏类型

气藏方案研究证实，M气田T气藏为受构造圈闭控制的具有统一水动力系统、受地层水影响不大的含硫、裂缝—孔隙型气驱气藏。

2) 储层参数

储层物性参数见表2-1。

表 2-1　T 储层物性参数

项目，%	区间值	算术平均值	面积加权平均值
孔隙度	3.71~18.72	8.45	7.26
渗透率，mD	0.02~1.82	0.43	0.259
含水饱和度，%	21.3~50.0	44	44
有效厚度，m	4.64~20.86	11.47	7.94

天然气相对密度：0.5647~0.5969；H_2S 体积含量：平均 1.8%（27g/m³）；CO_2 含量：微量；地层水性质：水型 $CaCl_2$，总矿化度 250g/L，Cl^- 含量 150000mg/L，地层水密度 1.2004g/cm³。

2. 气藏开发方案

1）开发方案要点

9 个开发方案的要点见表 2-2。

表 2-2　9 个开发方案的要点

方案	面积 km²	地质储量 10⁸m³	开发储量 10⁸m³	开采规模 10⁴m³/d	现产能井	调节井	新产能井	接替井	配总井	总井数	开发方案提要
1	121.25	202	143.8	130	64	5	7	0	71	76	只开发东部区
2	188.00	252	172.B	130	64	5	7	20	96	102	先开发东部区，西部分作为接替
3	121.25	202	143.8	130	64	5	7	0	71	76	只开发东部区，以增产措施延长稳产
4	121.25	202	143.8	130	64	5	7	0	71	76	只开发东部区，以增压措施延长稳产
5	121.00	202	143.8	130	64	5	7	0	71	76	开发东部区，以增产、增压措施延长增产
6	121.25	202	143.8	110	64	5	0	0	64	69	不再打井
7	188.00	252	172	165	64	5	35	0	99	105	气藏一次投产
8	188.00	252	172.0	165	64	5	35	0	99	105	气藏一次投产，以增产措施延长稳产
9	188.00	252	172.0	165	64	5	35	0	99	105	气藏一次投产，以增压措施延长稳产

气水界面确定数据见表 2-3。

表 2-3　气水界面确定数据

构造位置		北翼	东端	南翼	西端	32 井区
井号		98	104	69	80	19
气水界面	井深，m	2739.03	2746.9	2740	2738.08	2718.42
	海拔，m	-2431.2	2435.4	-2434.34	-2436.34	-2445
试油结果		气水井	气水井	气水井	气井	气井
评价			较可靠		较可靠	较可靠

2）试采结果分析

两年试井生产证实，试采井普遍见水，但出水甚微。气层的渗透率、孔隙度较低，41%的已钻获气井的产能为（2.5~4.0）×10^4m³/d，51%~59%的气井产能小于2.5×10^4m³/d，原始地层压力加权平均值为32.56MPa，压力梯度为0.1~0.2MPa/100m；静水压力系数平均值为1.3。

气藏低渗透性和高含硫特征，决定了采气工程的难度大，是气藏开发的主要矛盾之一。

三、主体工艺分析论证

依据气藏工程提供的开发方式，经分析论证本方案设计的主体方案由完井工程及开发全过程的气层保护、增产措施、采气工艺及其配套技术、气井生产动态监测、气藏防腐、井下作业配套、经济分析等七个部分组成，其配套技术在相应的方案设计部分给出，并针对气层低渗、含硫、低产能特点，开展"提高单井产能和开采新技术研究""井下管柱腐蚀调查与防腐方案"等导向技术研究和重点推广应用先导性试验已获显著成效的"水力深穿透新型射孔""定方位新型射孔""加砂压裂""硫气井一次性完井管柱"等新工艺新技术。

四、完井工程及气层保护气技术

1. 完井工程设计

1）完井方式

根据M气田T气藏的储渗特征和低渗、低产、产层增产改造工作量大等特点及砂岩地层裸眼生产的严重沉砂问题，推荐开发井采用套管或尾管射孔完井方式。

2）套管程序

可采用339.72mm×244.47mm×177.8mm与339.72mm×244.47mm×189.7mm两种套管程序。鉴于一次性完井和压裂酸化施工需要采用外径为88.9mm的外加厚油管程序，为有利于低渗透储层改造，推荐采用339.72mm×244.47mm×177.8mm套管程序、射孔完井。

3）完井套管柱的强度计算与校核

引用石油行业标准SY/T 5623—2009《地层压力预（监）测方法》进行套管柱强度计算与校核。

4）射孔工艺技术

（1）确定射孔方式。采用能减少产层伤害的油管传输负压射孔，油管传输射孔枪油管柱下入设计深度并装好井口、建立射孔负压值，由井口投棒引爆射孔枪进行射孔。射孔后再由井口投入ϕ58mm钢球，将丢枪接头销钉剪断，使射孔枪、销球落入丢枪口袋内，留下直径为ϕ62mm的油管柱，可进行增产。

（2）确定射孔参数。

（3）确定丢枪口袋长度。推荐孔眼压实程度取0.2~0.25，压实带厚度12~15mm，孔密10~20孔/m，负值选择范围5~8MPa，并采用轻伤害射孔液；丢枪口袋长度可用式(2-1)确定：

$$L = L_1 + L_2 \tag{2-1}$$

式中 L——丢枪口袋长度，m；

L_1——丢枪装置要求口袋长度，丢枪脱水器（0.6m）+筛管（0.5m）+引爆器（0.3m）+

枪身（20m）+枪尾（0.2m）= 21.6（m）；

L_2——正常完井要求的口袋长，一般可取正常油层套管口袋为 $L_2 = 25 \sim 30m$。

由 L_1 与 L_2，可取丢枪口袋长度 L 为 50m。

2. 气层保护钻井完井液

推荐采用磺化或聚磺钻井工作液体系，加重剂推荐用石灰石和钛铁矿粉，尽量避免使用重晶石；并选用合适的钻井液密度，控制钻井压差，尽量实现近平衡钻井。密度设计原则，以地质设计的地层压力为依据，以压稳为前提，在平衡钻井基础上附加 $0.75 \sim 0.1 g/cm^3$（0.3~5.0MPa）。

五、采气工艺方式选择

根据气藏工程方案和气井生产系统点分析，确定了采气工艺及其配套技术方案。

1. 生产管柱

1）生产管柱尺寸

气井生产系统节点分析表明对气藏采用外径 60.3mm 的油管均能满足气藏开发方案配产的要求。鉴于气藏水体不活跃，并考虑到井下作业及生产测试等工艺技术方面的要求，推荐采用外径为 73.0mm 的外加厚、抗硫油管，钢级 KO-80S、SM90S，一次性完井或采用外径为 88.9mm 的外加厚、抗硫油管柱，钢级 NT-80S。

2）生产管柱结构组合

为保护套管免受硫化氢损害同时进行气层增产改造，推荐采用先导性试验已获成功的带封隔器的含硫气井 Y344、Y453 一次性管柱，管柱结构如图 2-2 所示。

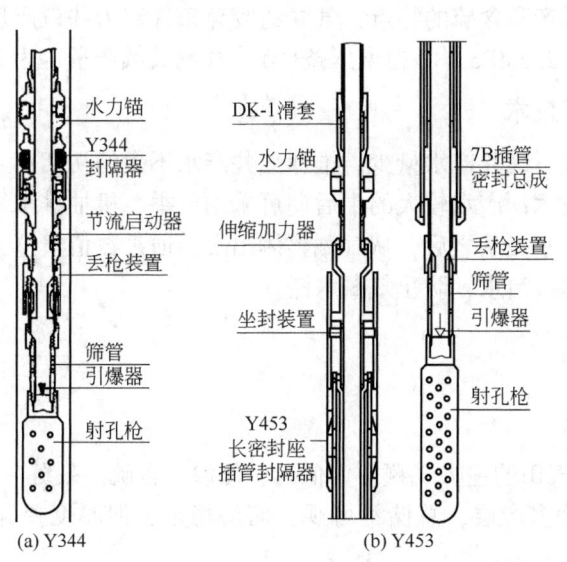

图 2-2 Y344 封隔器、Y453 插管封隔器一次性完井管柱结构示意图

3）人工井底

人工井底进入产层下界 50m，以存放射孔丢枪。

2. 采气井口

鉴于该气藏为高压含硫气藏，采气井口选用 KQ70 型防硫井口。

3. 气井生产制度

气井的生产制度推荐采用"内放外控"、有利于提高产能和治水的生产制度。

（1）对气藏内部构造高点、产量大于 $2.5 \times 10^4 m^3/d$ 的气井和增产措施有效井，可以适当放大压差生产，以提高气井单井产能；

（2）对产量小于 $2.5 \times 10^4 m^3/d$ 和位于气藏外围边部周围的气井，采用先定产后定压、控制生产压差、以防气井早期出水或高产水的生产制度。

4. 增压输气工艺

当气井生产井口压力低于集气干线输气压力时，第 4、8、9 方案推荐了采用增压输气工艺，其增压时间和增压井次见表 2-4。

表 2-4 各方案增压时间及井次

方案\年份	1996	1997	1998	1999	2000	2001	2002	2003	2004	2005	2006	2007	2008
4	1		1	5	11	20	23	7	2	2	1		
8	2	6	7	22	20	19	9	4					
9						9	17	23	12	5	3	1	1

5. 气藏气井废弃条件

根据气藏低渗、低产和含硫的特点，气井的废弃条件定为井口产量 $0.1 \times 10^4 m^3/d$，井口流动压力为 5.5MPa 和 2.5MPa（考虑增压条件）。气藏最低产量定为 $2 \times 10^4 m^3/d$。

6. 后续采气工艺技术

该气藏为底水气藏，气井产水量少。推荐气井产水不多的初期可采用优选管柱、含硫气井泡沫排水采气工艺技术；产水较大的中后期可采用气举、机抽排水采气工艺技术。气藏见水初期，在搞清了气—水关系之后，从气藏整体出发，通过数值模拟，制定出气藏的排水井井位和排水量，进行综合治水，防止气藏水淹。

六、增产措施

1. 气藏地层特征

（1）该气藏为 M 气田的主力气藏，为低孔、低渗、含硫、裂缝—孔隙型储层。

（2）纵向上表现为多产层，总储量可观，储层稳定，但厚度差异较大，平均单井自然产能低。

（3）钻井、固井、射孔作业对地层的伤害较重，也是该气藏大多数气井低产或少产的重要原因之一。

2. 增产措施目标

根据气藏的地质特征和低产或少产的原因分析，采气工程方案必须把储层改造增产措施列为提高单井产能、提高气藏开发经济效益的关键技术之一。对该气藏进行增产改造主要解决以下问题：

（1）先是对整个气藏的气井解除钻井、完井、射孔过程带来的伤害，恢复气井产能。

（2）对有效厚度大的区域，强化改造措施，推荐采用深穿透新型射孔工艺，并采用 SCYD-127 型深穿透射孔弹，以在解除表皮伤害的同时，对地层深度进行改造，发挥气藏的潜在产能，达到增加气井产量的目的。根据在该地区两年的先导性试验证实，深穿透射孔工艺可提高单井产能 15%~20% 以上。

（3）对个别有代表性的区域或气井，可作先导性改造。

气藏储层可分为三类，Ⅰ类、Ⅱ类为易采层，Ⅲ类为难采储层。其中对Ⅰ类储层，推荐选用能普遍解堵的常规酸、降阻酸酸化工艺；对Ⅱ类储层的改造，推荐选用先导性试验中施工 18 口井、平均单井增产 84% 以上的胶凝酸酸化工艺；对Ⅲ类储层的改造，推荐选用增产效果显著的前置液酸压、加砂压裂等工艺，进行高强度的深穿透改造。

3. 工艺措施两个"一次性"推荐建议

（1）推荐采用满足射孔、丢枪酸化、排液补心、生产动态测试、完井生产需要的 Y344、Y453 深井防硫一次性管柱；

（2）推荐采用同时达到解堵与改造目的一次性增产作业。

七、生产动态监测

1. 气藏动态监测

（1）常规试井。选择 20%~30% 有代表性的气井作为定点测试井，每半年测试一次地层压力、流动压力、井底温度、井温梯度等。

（2）全气藏试井及特殊试井。要求每年进行一次全气藏关井试井，或分区、分井轮流关井试井。单井每年进行一次稳定和不稳定试井，二者最好配合进行。若生产中出现异常情况，可根据需要随时进行其他特殊试井。气藏开采进入递减期后，2~3 年进行 1 次全气藏关井试井。单井试井具体情况在部分重点气井上不定期进行。

（3）产出剖面监测。每年对 15%~30% 的气井进行一次产出剖面测试。

（4）观察井监测。在构造的边、翼部选择 15%~30% 的井作为观察井，每半年测压、测产出剖面 1 次。

（5）气水分析。要求气藏 10% 以上的井每半年进行 1 次 PVT 取样分析。

2. 措施井对比测试

要求对重点措施井实行测试。对压裂酸化施工井，在施工前进行就地应力测试，措施前后进行产出剖面和压裂恢复曲线测试，以判断施工效果。

3. 完井质量检测

（1）水泥胶结质量。应在所有井完井投产前进行检测。选用声幅测井仪、变密度测井仪或水泥评价测井仪测试。

（2）射孔及套管质量。一般不作测试，根据需要可对个别井进行检查。

4. 井下技术情况监测

此项测试需压井和动管柱，因此应在区域内选择 1~2 口有代表性的气井作为固定点，进行时间推移测试。每 3~5 年试测 1 次。

八、气藏的防腐

由于气藏含硫化氢、二氧化碳，加上气井产少量高矿化度的地层水，在三者综合作用下，气藏井下管柱的腐蚀十分严重。气藏防腐工作是一个系统工程，涉及钻、试、采、油建各个环节，因此必须进行综合治理。

（1）加强防腐的技术管理工作，按规定、按时、按量，均匀连续地对井下管柱、输气管线注入缓蚀剂。

（2）排除井底积液。对新钻井、试油井和旧井大修井，宜采用小油管，生产井宜适当提高采气速度，有利于排出井下积液，也可对生产井定时大压差放喷排出积液。

（3）对站场地面流程设备定时清洗保养，对管线按时清管，清除积液，防止盐水在设备和管线中长期沉积。

（4）开展针对同时存在硫化氢、二氧化碳和高矿化度地层水的腐蚀环境的防腐综合研究，包括防腐缓蚀剂的筛选、试验、推广工作，防腐材料的选择，采输工艺和设备的配套。

九、井下作业配套

井下作业队伍及装备配套，参照石油行业标准 SY/T 5176—2014《井下作业劳动定额》和其他有关标准执行。

十、经济分析

1. 费用计算

M 气田 T 气藏采气工程方案设计的计算期为 24 年。分别对 9 个方案的气层保护费用、试油工程费用、增产措施费用、采气工艺方式及工程费用、生产气井动态监测费用、井下作业费用进行计算，将所得结果分别列入方案 1 至方案 9 的 M 气田 T 气藏开发建设方案费用概算表，并提供气藏开发整体方案作为经济评价的依据之一。

2. 经济评价

采用四川气田开发建设项目经济评价软件对 M 气田 T 气藏 9 个开发方案的项目全部投资、自有资金的内部收益率、净现值、盈亏平衡点、投资回收期、借款偿还期、投资利润率、投资利税率、各年资产负债率、流动比率、速动比率、平均成本、最低价格等指标分别进行了计算和多因素的敏感性分析、国民经济盈利能力分析和比选。分析表明，本项目盈亏平衡点（生产能力利用率）为 61.01%，即本项目天然气产量只要达到设计生产能力的 61.01%、年产量达到 $2.617 \times 10^8 \mathrm{m}^3$ 时，企业就能实现盈利平衡，超过此产量即有盈利；9 个方案的全部投资经济内部收益率为 29.99%，大于社会折现率 12%，全部投资净现值 76844 万元大于零，表明国家为该项目投资后，除了得到符合社会折现率的社会盈利外，还可以获得 76844 万元的超额社会盈利，国民经济浮价是好的，本工程项目可行。9 个方案的比选结果见各开发方案经济评价指标汇总表（表 2-5）。

表 2-5　各开发方案经济评价指标汇总表

方案	方案 1	方案 2	方案 3	方案 4	方案 5	方案 6	方案 7	方案 8	方案 9
内部收益，%	7.81	7.89	8.3	7.97	8.16	6.63	7.68	8.34	7.81
财务净现值（12%），万元	−17603	−13626	−10686	−11425	−11632	−14212	−17132	−13695	−17603

注：所有指标均为全部投资所得税后计算值。

3. 方案比选与决策

相应采气工程方案费用概算，按财务内部收益率排序，选出最优方案。

思考题

1. 采气工程方案设计的基本任务是什么？
2. 采气工程方案的主体工艺主要包括哪几部分内容？
3. 完井工程设计原则有哪些？
4. 生产动态监测的内容有哪些？

参 考 文 献

[1] 李育光. 压裂酸化施工工艺优化设计 [J]. 钻采工艺，1995，14 (1)：53-55.
[2] 曾时田，吴柳生，高碧桦. 四川地区平衡钻井及井控技术研究 [J]. 天然气工业，1986，6 (2)：49-61.
[3] 胡鉴周，李昌元. 磨溪气田一次性管柱试油完井工艺技术 [J]. 天然气工业，1993，13 (4)：59-64.
[4] Koku C U. Natural Gas Prodution Engineering [M]. Hoboken：John Wiley & Sons, Inc, 1984.
[5] 叶登胜，尹丛彬，蒋海，等. 四川盆地南部页岩气藏大型水力压裂作业先导性试验 [J]. 天然气工业，2011，31 (4)：48-50，126.
[6] 郑有成，韩旭，曾冀，等. 川中地区秋林区块沙溪庙组致密砂岩气藏储层高强度体积压裂之路 [J]. 天然气工业，2021，41 (2)：92-99.
[7] 李颖川，钟海全. 采油工程：富媒体 [M]. 3 版. 北京：石油工业出版社，2021.
[8] 金忠臣，杨川东，张守良，等. 采气工程 [M]. 北京：石油工业出版社，2004.
[9] 李士伦. 天然气工程 [M]. 2 版. 北京：石油工业出版社，2008.
[10] 杨川东. 采气工程 [M]. 北京：石油工业出版社，2001.
[11] 廖锐全，曾庆恒，杨玲. 采气工程 [M]. 2 版. 北京：石油工业出版社，2012.
[12] 《采气工程》编写组. 采气工程 [M]. 北京：石油工业出版社，2017.

第三章 气井完井

气井完井工程是指从钻开生产层和探井目的层开始,到气井投入生产为止的全过程,它既是钻井工程的最后一道工序,又是采气工程的开始,对钻井工程和采气工程起着承前启后的重要作用。气井完井工程直接关系着气井的质量,是气井生产的基础。气井是气层流体流向地面的人工通道,在采气工程中起着输送天然气和控制地层的作用,对地层进行各种研究及进行压井、人工举升、增产改造、生产测试等许多井下作业都将通过气井来完成,气井完井质量不好或不相适应,天然气的生产将无从谈起。气井完井方法的选择及完井质量的好坏,直接关系到探井能否反映井下情况、气井能否长期稳定的生产、气田开发方案能否正确执行和气田或气井的最终经济效益的好坏。因此,本章详细阐述了气井完井方法、气层保护、油管柱与井下工具、射孔和气井的完井测试等内容。

第一节 完井方法

在钻出的井眼内下入套管,并在套管与井眼之间注入水泥浆,使套管与井壁固结在一起的工艺过程,叫固井(视频3-1)。固井后需要完成的重要一项工作即完井作业,气井完井是指钻开生产层、固井、沟通生产层,直至投产的整个过程。为了满足有效地开发各种不同性质油气层的需要,目前已有多种类型的气井完井方法。气井完井方法的选择取决于气层的地质情况、钻井技术的水平和采气工艺技术的需要。气井完井方法选择是否得当、完井质量是否良好,都制约、影响着气井的整个生产过程,甚至气井的寿命。

视频3-1
固井技术原理

气田的气井数对相似规模的油田的油井数而言,要少得多。气井完井的成败对气田开发的影响比油井对油田的影响大得多。气田的探井,一旦获得工业气流,将转为生产井。因此对气田的探井或生产井都必须认真按天然气生产的特点选择正确的完井方法。

相较于油井,由于天然气的密度比原油的密度低得多,随着勘探工作的深入发展,气井深度越来越深。故一般而言,气井的井底压力与井口压力要远高于油井。天然气中常常含有硫化氢、二氧化碳等酸性气体,对井下管柱与井口装置有严重的腐蚀,尤其是硫化氢对管材造成的氢脆,会造成井内油管的断裂、落井,对套管头和井口装置的破坏,有时会酿成严重事故,故气井完井技术要求高、难度也大。

一、气井完井主控因素筛选

从采气的角度出发,一口井最理想的完井方法应该满足气层和井底之间具有最大的渗流面积,使气流的渗流阻力和气层所受的伤害最小;能有效地分隔油、气、水层,防止气井出水和各产层间的相互干扰;能有效地控制气层出砂,防止井壁坍塌、确保气井修井成本低;能长期稳定生产;能具备进行人工举升、压裂酸化等增产措施及便于修井的条件。一口井的完井方法要同时满足以上条件是十分困难的。因此,应根据气层的地质特点,并参照本地区的实际经验，慎重地选择最适宜的完井方法，具体说来，选择气井完井方法时应主要考虑以下因素。

（1）应考虑产层的结构。对碳酸盐岩地层来讲应注意产层的坚韧程度、产层倾角、夹层中泥土或页岩的情况、产层的裂缝、节理的发育情况，判断气井在生产过程中是否会发生坍塌、掉块、页岩或黏土膨胀等问题。如产层为松软砂层，应该考虑气井在生产过程中是否会严重出砂。还要了解气井生产中后期出水的可能性，黏土或页岩容易因水的浸泡发生膨胀形成产层坍塌。

（2）应观察地区气井或邻井的产层压力，井口压力、天然气中硫化氢和二氧化碳的含量是否对气井井下套管、油管柱有氢脆及严重电化学腐蚀的可能性。对于酸性气体，应采用带封隔器的一次性管柱，以保证油套环空能充填防腐液。

（3）邻井或气田上的气井中后期产水的可能性及气井生产后期进行排水采气和修井的可能性。

（4）气田的生产井或邻井气井完成后，投产和增产措施的施工压力与生产套管允许应力的关系。

（5）气田上已有气井的产气量水平，用以确定气井完成时的油套管尺寸。由于气井经一段时期生产后，修井之前的压井工作更易发生井漏，伤害产层，气井井下作业时易于发生井喷，因而气井完成一般是一次管柱，并采用节点分析方法，优选油管直径。油管直径确定后，再根据采气工艺的特点选定套管直径。

（6）有多个产气层的气井在生产时是否要求分层开采。

（7）是否采用了如大斜度井、水平井等新工艺。

根据以上因素确定完井方法，如果确实为较为单一的产层，产层井深也仅为中深井或浅井，可采用较为简单的裸眼完井或衬管完井。地区经验已证实其复杂性，就应选择更为合适的完井方法。单纯从节约资金出发，选择较单一或适应性较差的完井方法的做法，是不可取的。适应性的完井方法，一次性投入高一些，却可以延长免修期。完井方法一定要着眼于气井的寿命和长期稳采，与建井成本相比，气井的寿命对经济效益而言是更为重要的因素。

二、完井方法的主要分类

目前国内外采用的完井方法很多，从我国的地质和采气工艺的特点出发，最常采用的气井完井方法有裸眼完井、衬管完井、套管射孔完井和尾管射孔完井等四种方法。接下来将主要介绍这四种完井方法，并详细阐述各自特点。

1. 裸眼完井

裸眼完井是指气井产层井段不下任何管柱，使产层处于充分裸露状态的完井方法。这种完井方法的优点是完井投产后不易漏掉产层，气井完善系数高，完井周期短，费用少。但是这种完井方法适应程度极低，易于产生井下坍塌、堵塞，甚至埋掉和部分埋掉产层，增产措施效率低，酸化效果差；气井中后期的排水采气由于修井工作的困难而难于进行；甚至在气井生产过程中会导致井下出砂等许多困扰，使气井早期衰亡。

裸眼完井可分为先期裸眼完井（图3-1）和后期裸眼完井（图3-2），其中先期裸眼完井是钻头钻至气层顶界后，下技术套管注水泥固井，之后用能通过技术套管的钻头揭开气层到达设计井深的完井方式；后期裸眼完井是直接钻至设计井深，然后下技术套管到油层顶部，注水泥完井的方式。

2. 衬管完井

与裸眼完井不同，衬管完井（图3-3）在裸眼井段下入一段衬管。衬管下过产层，并在生产套管中超覆一部分长度。针对各产层井段，在衬管相应部位用长割缝或钻孔，使气层的气体从孔眼或缝中流入井底。这种完井方法具有裸眼完井的优点，还能防止在生产过程中井下出砂的困扰，但裸眼完井具有的局限性在该方法中依然存在。

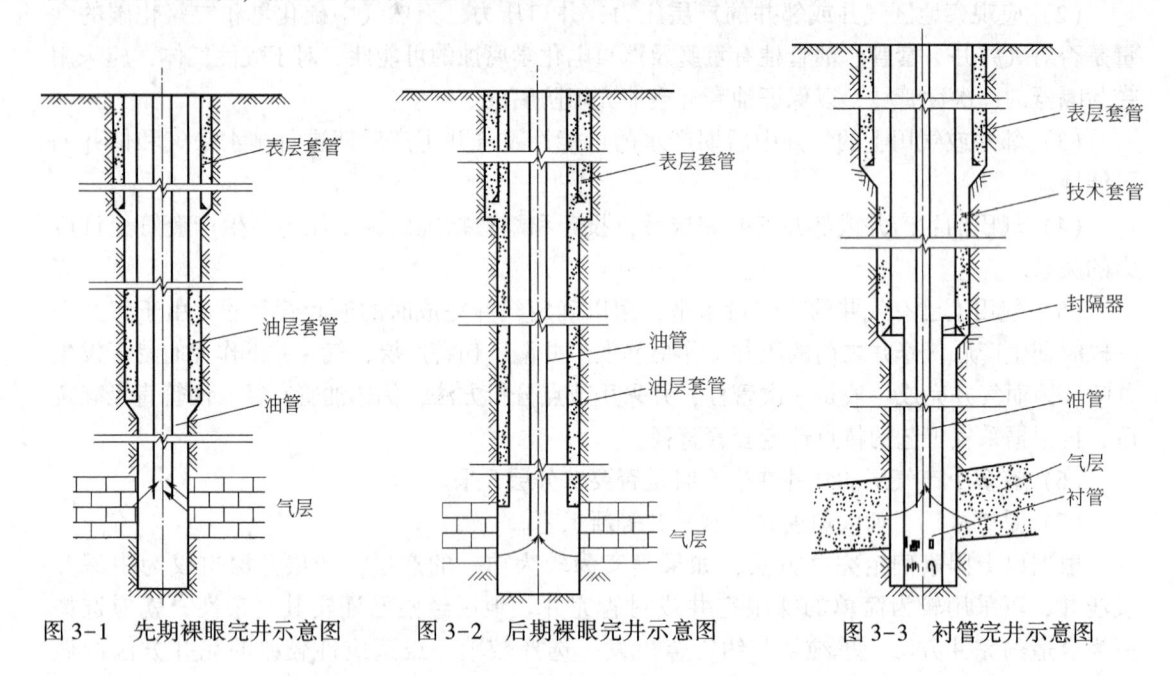

图3-1　先期裸眼完井示意图　　图3-2　后期裸眼完井示意图　　图3-3　衬管完井示意图

衬管完井时，衬管在井内应用衬管悬挂器把衬管悬挂在生产套管内壁，使衬管在井内呈吊伸状态，避免衬管受到曲挠。衬管是从地面用钻具送到井底的，脱手装置应灵活好用，脱手时应有明确征象，以免返工。采用衬管完井的气井，生产初期应采用较低的定产量，使管外砂粒在环空构成良好的、具有渗滤性的砂桥。对于过于疏松的砂层，或疏松砂层中产层倾角较大的产层，禁止采用衬管完井方法。

随着钻采工程技术的发展、超高压气井的出现和增多，采用裸眼或衬管完井的气井已越来越少，甚至趋于淘汰。但是对于产层情况较为单一、产层岩性较为坚韧的中等深度的气井，这两种完井方法仍具有一定生命力。

3. 套管射孔完井

套管射孔完井（图3-4）是目前国内外最为广泛采用的一种完井方法。其特点是在钻达预计产层深度之后，下入生产套管，注水泥固井，然后再下入射孔枪对准产层射穿套管、水泥环。这种完井方法使裸眼和衬管完成方法的缺陷都得到克服，并适用于有边底水气层及需要分层开采的多产层气层，是一种较为理想的完井方法。

套管射孔完井的关键是固井质量必须得到保证，产层评价的测井技术必须过关，射孔深度必须可靠，射孔的炮弹能达到规定的穿透能力。由于钻井工程、固井技术、测井及解释技术、射孔技术等各个方面的进展，套管射孔完井方法在我国气田得到了普遍推广应用。

4. 尾管射孔完井

尾管射孔完井方法（图 3-5），从产层部位的套管结构及孔眼打开的方法来讲，与套管射孔完井方法完全相同，不同之处是管子顶部只延伸到生产套管内一部分，称为超覆长度。最终井径或管子尺寸比生产套管小一级。除了必须解决如前所述套管射孔完井的关键技术外，还应考虑到尾管井段管外环空的间隙，在固井时是否会形成水泥浆的窜槽，解决途径是尾管采用无接箍平扣直接连接和井下扩眼技术。

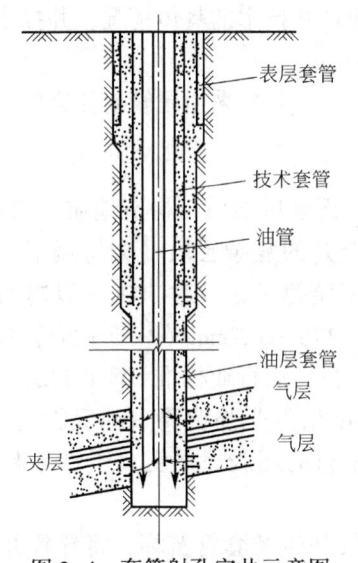

图 3-4　套管射孔完井示意图　　　图 3-5　尾管完井井示意图

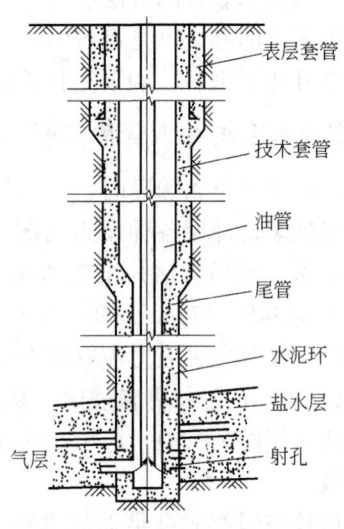

尾管射孔完井时，应采用尾管悬挂器把尾管悬挂在生产套管内壁，使尾管在井下处于吊伸状态，以防止尾管曲绕而靠于井壁，受到损坏，这对固井质量也起到保证作用。

尾管射孔完井后，尾管是否需要回接到地面主要取决于套管的抗压强度和天然气中含硫化氢的情况。例如 178mm（7in）尾管的生产套管尺寸为 245mm（9⅝in），其抗内压强度较低。如果天然气中含有的硫化氢足以造成氢脆和电化学腐蚀，在 245mm 生产套管里下封隔器的完井方法也难以保护套管。这是因为如果封隔器稍有渗漏，环空既充满防腐保护液，井口又承受高压。此时生产套管承受的是两种压力之和，更易受到破坏，此时应将尾管回接到地面，或改尾管射孔完井为套管射孔完井。

三、气井完井方法有关问题的探讨

1. 先期完井

如前所述的完井方法，如果在钻开产层之前，先下入生产套管，而后钻开产层，即先期完井。采用先期完井有两种情况。一是由于产层的特殊性，产层存在着较大的裂缝和溶洞，钻穿产层时极易发生喷漏，造成事故。早年对此常采用堵漏压井恢复钻井和完井的做法，这种方法极易伤害甚至严重伤害产层，完井之后又难于得到工业气流。针对产层特点，采用先期完井，用低密度钻井液钻开产层，钻进过程中，遇显示就测试，遇井喷就完钻。四川气田就曾用此种钻开气层的方法进行气井完井，其中相当一部分是高产气井。但是一般来讲对产层都用裸眼完成，因而给生产后期带来较多的后遗症，尤其是气层产水之后和井下坍塌沉砂给气井生产带来了许多困难。此时产层压力一般比水柱压力低得多，修井工作也难于进行。随着钻井井控技术、不压井起下钻技术的进步，先期完井方法已采用得较少了。但是在钻井技术还没有达到此种水平的地区，对这种地层采用先期裸眼（或衬管）完井，也不失为一种可行的方法。先期完井的另一种情况是由于产层以上的一些井段有喷、漏、塌、卡或高压水层，采用常规方法不易奏效，需下入技术套管才易于正常钻进，于是采用了以技术套管为生产套管打开产层的先期完井方法；也有由于产层深度过大、裸眼井段过长，给钻井工作带来困难，需先下入技术套管的方法。当然由于当地钻井技术的具体情况，井控水平较低，采用先期完井以策安全的办法也是可行的。

先期完井钻开产层之后，如果固井质量能保证，一般应采用尾管射孔完成。

2. 套管设计程序与井下管串问题

在确定套管程序和下入深度时，一般都是先分析区域地质、构造地质、邻近井的工程、地质资料，尽可能掌握地层各种压力情况，再将全井的复杂层段（如垮塌层、煤层、易斜井段等）分类划段，然后从钻井工艺和成本的角度统筹考虑。对3000m以内的中、深井套管程序，一般采用245—178mm（9—7in）或245—178—127mm（9—7—5in）结构。

套管程序设计及其各种应力应取的安全系数，在石油行业标准SY/T 5724—2008《套管柱结构与强度设计》中已有明确规定。从采气角度出发是强调要重视套管抗内压的能力。在计算抗内压所采用的公式中，应力是选用不同钢材的屈服点强度，还要考虑1.1~1.4的抗内压安全系数。

对套管的抗外挤强度应有足够的重视，如果气井生产套管挤坏，将导致井下事故的发生，后果是严重的。四川气田对气井生产套管采取了水泥返至地面加固的慎重作法，很大程度上有利于增加气井生产套管抗外挤和内压的能力。

3. 含硫气井的一次性完井管柱

带封隔器的一次性完井管柱，可以封闭油套环空，不仅对套管起保护作用，而且能降低完井费用，缩短作业周期，有利于减轻对气层的伤害，与定型井下工具容易配套等。如四川 M 气田研究试验了两种类型带封隔器的一次性丢枪试油完井管柱（图3-6），带封隔器的 Y344 一次性完井管柱结构适用于固井质量好、具备丢枪条件抗硫套管完成井，Y241 一次性完井管柱可用于固井质量差，或抗内压强度较低、具备丢枪条件的套管完成井。

现以具有代表性的 Y344 管柱为例，对其井下管柱结构与试油完井的工艺程序介绍如下。

Y344 管柱由四川石油管理局研制的以 Y344 封隔器为主的酸化系统、油管传输射孔系统、射孔枪脱手系统组成。

其结构组合为：油管柱+水力锚+Y344 封隔器+射孔枪脱手器+筛管+引爆器+射孔枪。

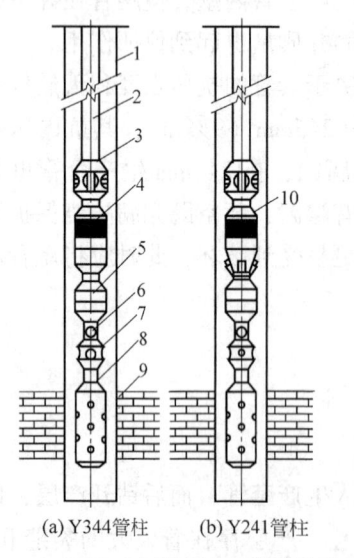

图3-6 M气田一次性试油完井管柱示意图
1—套管；2—油管；3—水力锚；4—Y344封隔器；5—射孔枪脱手器；6—筛管短节；7—引爆器；8—射孔枪；9—气层；10—Y241封隔器

(a) Y344管柱　(b) Y241管柱

试油完井工艺流程如图 3-7 所示，其程序为：

（1）射孔。射孔前，管柱一次下入井内，气举降液面至 1000m 左右，投棒撞击，引爆射孔。

（2）丢枪酸化。酸化施工时，投丢枪堵心丢射孔枪于井底口袋内，同时酸液通过射孔枪脱手器侧孔的节流作用，坐封封隔器，完成酸化施工。

（3）排液捕心。开井排残酸液，丢枪堵心被混液气流带至采气井口，井口捕心器抓住堵心，关闭总门，取出捕心器和捕心。

（4）动态测试。生产动态测井仪通过射孔枪脱手器，下到生产层段，进行生产动态测井。

（5）完井。具备投产条件，该管柱就作为生产管柱使用，气井投入生产。

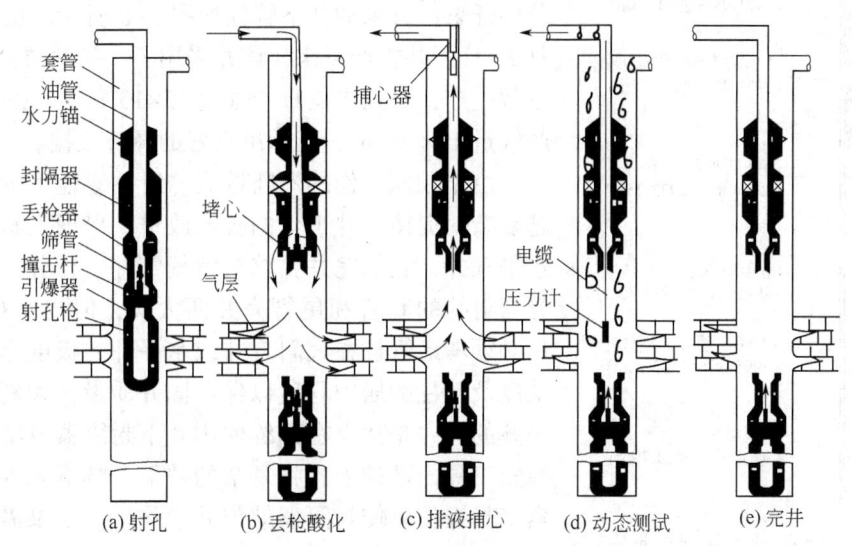

图 3-7 M 气田一次性完井管柱试油工艺流程图
(a) 射孔　(b) 丢枪酸化　(c) 排液捕心　(d) 动态测试　(e) 完井

若不具备投产条件，需要进行低渗透改造，则重复（2）~（5）工艺过程。此时投的堵心结构稍有不同，其节流孔为 $\phi30mm$ 的直孔。

塔里木油田针对塔中地区易喷易漏缝洞型碳酸盐岩储层，尝试开展了完井一体化配套技术研究，进行了射孔—酸化—测试—封堵及完井投产一体化工艺技术探讨。

目前试油—封堵及完井一体化管柱在 GM 地区开展了多次现场试验。其中试油—封堵一体化管柱在 MX203 井、MX204 井等多口井进行了成功应用，平均压井起钻时间小于 3 天，压井钻井液无漏失，单层转层周期节约 5 天以上。

试油—完井投产一体化管柱在 GM 地区开展了 5 口井现场试验，其中滑套封堵在 GS9 井灯二段现场试验，该井测试产量 $104.37 \times 10^4 m^3/d$，测试后压井丢手封隔器成功，但滑套关闭不严，采用原管柱回插，因井斜大（45°），回插困难，后压井起钻。投球暂堵现场试验 4 口井，均获成功，平均单层节约试油周期 7 天，如 MX39 井灯四段采用该工艺成功实现了射孔—酸化—测试—封堵完井作业，将该井的预计试油完井周期从 45 天缩短到 2 天，测试后封堵一次成功。

4. 分层开采的完井方法与大斜度井的完井方法

随着钻井工艺的进步，一口井钻速不同，产层的压力及渗透率往往有显著的不同，甚至

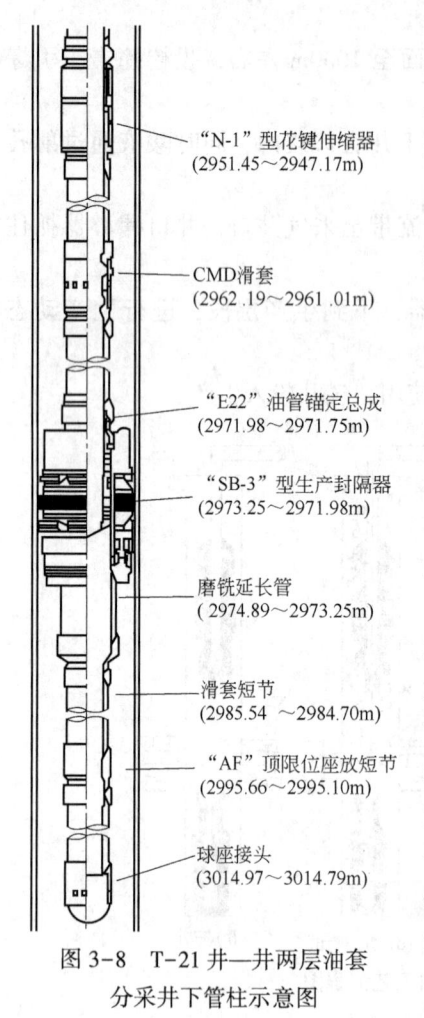

产层流体性质也有很大的差异，对这种具有多产层的气井，可以采用分层开采的完井方法。这种完井方法与高压含硫气井都要求有成熟的使用插管生产封隔器类似的井下作业技术，还要有使用钢丝作业改变井下滑套开关的技术，使井下产层之间层获得封隔，而且按照人们的意志去开启或关闭井下滑套达到分层采气的目的。如T21井于1994年11月28日完钻，完钻井深3361.0m，177.8mm套管下至井深3359.92m，开采层位为长兴和飞仙关。飞仙关T_1f_{3-1}层井段深度2867.20～2917.50m，长兴P_2ch层井段深度3019.00～3261.00m。对本井实施分层开采，分采的井下管柱如图3-8所示。至1995年7月28日开井投产以来，该井采用了一井两层分采的工艺正常生产，长兴层位日产气量$15×10^4m^3$；飞仙关层位日产气量$10×10^4m^3$，显示出良好的经济效益。

由于勘探工作的不断进展，所钻遇地下的产层越来越复杂，促使钻井工作的技术改进，出现大斜度气井或水平气井，它们完井要求与常规气井一样分为裸眼、衬管与射孔的套管和尾管完井两大类，但技术难度较大，还必须考虑管柱在大斜度井或水平井的极度倾斜度处的柔度及管柱的居中程度以保证固井质量，大斜度井与水平井的完井是建立在熟练使用井下封隔器及滑套开关和绳索工具的基础上，将复杂的井下工具下入井后，用绳索工具操作以使封隔器就位并起作用。如果需要注入水泥，有时将取出井下工具及部分油管，注水泥永久固定通道。这些完井的特殊工具均已在市场有出售，但从事操作的队伍应有相当深厚的现场工艺的基础。

图 3-8 T-21井—井两层油套分采井下管柱示意图

"N-1"型花键伸缩器 (2951.45～2947.17m)
CMD滑套 (2962.19～2961.01m)
"E22"油管锚定总成 (2971.98～2971.75m)
"SB-3"型生产封隔器 (2973.25～2971.98m)
磨铣延长管 (2974.89～2973.25m)
滑套短节 (2985.54～2984.70m)
"AF"顶限位座放短节 (2995.66～2995.10m)
球座接头 (3014.97～3014.79m)

5. 气井生产井段的井径与最终井深

气井产气井段最终井径的确定包括决定井径以定套管程序和产气井段的管柱的内径两个问题，应考虑能满足气井气流的渗滤面。此井段所下的管柱（尾管、筛管、套管）的内径有足够尺寸保证气田中后期修井工作能顺利进行。为了保证封隔器、排水采气、安全阀等工具下入直径最低，可将工具下在尾管、衬管头以上的生产套管中，如果是射孔完井那就必须考虑到保证具有上述三者的最低孔径的必要尺寸。

气井的最终井深，应保证容下射孔丢枪。一般人工井底应以超过产层下界30～50m为宜，以确保射孔后枪身能掉于产层深度以下。

6. 气井的地层压力与天然气中含硫化氢、二氧化碳问题

如果气井的井深大于3000m，气井地层的压力梯度大于静水柱的压力梯度，这时气井井口的压力即呈现超高压，加上天然气中含有足以形成应力腐蚀的酸性气体，对这类气井需在井下下入防硫封隔器装置，其下带有井下安全阀，封隔器以上的套管环空注入优质防腐缓蚀液，井口采用抗硫井口及坚实的套管头等系列措施以确保气井安全。这种气井使用的套管与

油管都应使用防硫钢材,油管螺纹用有气密封性的特殊扣型,在井口套管阀门上还要有及时释放压力的安全阀以防止生产套管的崩裂。

在气井生产过程中,还要注意井口的稳定和刚度。气流通过井口节流调节阀以及增产措施进行时,井口产生的振动都可使井口装置受到损害。要特别重视气井生产过程中和实施增产措施时对井口的固定。值得注意的是井口装置的各级套管头的作用之一就是增加井口装置的刚度,有时却由于人们的忽视而没有采用,如果因此而造成事故,后果将是严重的。

7. 气井生产过程中的出砂问题

非射孔完井的碳酸盐岩产层的气井,生产过程中有时会出现井下坍塌或掉块,较少出砂,砂岩产层尤其是疏松砂岩产层常伴随天然气的产出而携带出一些细砂。由于在生产过程中,气流的流速比油的流速大得多,气井出砂的危害性要严重得多。由于高压气流夹带砂粒产出,具有较强的冲蚀能力,很易将井内油管刺裂甚至刺断。在气井试采中,如产生出砂问题,要注意控制或降低产气量以减少气流速度,不要突然关井或开井,否则会导致沉砂掩埋产层把气层憋死的严重后果,尤其禁止从环空生产,因为这样极易造成生产套管内壁和井口阀门的冲蚀和损坏。

这种出砂井的防砂完井方法有砾石填充完井法、衬管砂砾完井法和防砂油管等,油田已具有成功的经验,感兴趣的读者可参阅有关书籍。

四、气井的完井质量与评价

完井质量是气井正常生产的保证,气井完井质量得不到保证,后果是相当严重的,甚至会影响气井的正常、稳定生产及气田天然气生产计划的完成。影响完井质量的因素,主要有以下几个方面:

(1) 钻井液相对密度的确定是否适当,钻井液在产层浸泡时间是否过长,完井后首次压力恢复曲线解释的气层伤害是否严重,是否影响或降低了气井产能,有没有进行解堵性措施的必要。

(2) 固井质量是否良好:要采用声幅、声波等测井方法判定固井质量,如果固井质量问题严重,必须采取相应的补救措施。

(3) 经过首次关井测压的考验,气井井口装置在气井关井压力最高的情况下是否密封良好,不漏不刺,任何漏失都要及时整改,尤其是不可控制部分的漏失更应及时整改。

(4) 应通过获得的地层压力资料评价本井钻井液密度是否适当,以供本区今后设计参考。

以上这些问题都要在后评估中得到解决,认真处理从而确保获得质量合格的气井。

气井完井后,应按洗井、放喷、投产等工艺,使气井产层井段处于良好状态,不得使钻井液或污水长期留于井内造成产层伤害。

第二节 气层保护

气层伤害是指气藏在钻井、完井、修井和开采等作业中,各种因素包括各种物理、化学、热动力学的作用,引起地层绝对渗透率和相对渗透率的降低,从而使井底附近气藏受到伤害,影响油气生产能力。

保护气层防止地层伤害的技术贯穿于气藏勘探开发全过程中。在勘探过程中，地层伤害会影响或推迟新产层或新气田的发现；在开发过程中，地层伤害会降低气井产量和气藏的采收率，影响整个气田的开发效益。因此保护油气层技术已经越来越引起石油界的高度重视。国外从20世纪50年代开始研究油气层保护技术，到80年代已发展到相当的水平和一定的规模。其理论的研究已进入比较成熟的阶段，但其应用技术尚处于发展完善的阶段。我国在保护油气层方面的工作起步虽晚，但由于各方面的重视，发展速度较快。我国在华北、辽河、中原、长庆、四川等油气田，从地层、钻井、完井等方面开展系统研究，并选择试验区进行了保护油气层技术的现场试验，其攻关成果已在实践中被广泛使用。从研究和实践结果来看，保护气层，减少钻井、完井、开采和修井中对气层的伤害是非常重要的。针对具体的气藏，由于其各种条件的不同及相应的钻井、完井、开采工艺技术的差异，所采取减少气层伤害的措施也是不同的，其衡量的标准也是以提高开发效果和效益为主要指标。对有些碳酸盐岩气藏，有较好的裂缝和孔隙组合，有一定的地层压力，尽管钻井中会造成对气层的伤害，但完井后经过酸化处理可以恢复和提高气井产量，应结合具体情况采取具体措施，以达到经济高效开发；而有些砂岩和生物灰岩的气藏，钻井、完井中的有些类型对气层的伤害，在解除伤害时措施难度大、投资多，因此必须注意钻井过程中减少对气层的伤害，以减少完井后措施难度和资金投入。本节重点就以气藏的保护技术进行阐述。

一、气层伤害机理研究和伤害原因分析

气层在未钻开之前，储层及其组成矿物和固有流体基本上处于物理、化学平衡和热力学平衡状态，在打开气层过程中，外来固体和液体进入井身和地层，使地层孔隙压力发生变化，储层的原有平衡状态发生了破坏，在不同程度上引起了固体—固体、固体—流体、流体—流体之间的物理、化学、生物作用的变化，造成了毛管水锁、黏土水化、固相堵塞和岩石结构变化等各种形式不同程度的堵塞。

在分析和研究气层伤害因素时，使用扫描电镜（SEM）、能谱（EDX）分析、俄歇电子能谱（AES）分析、CT扫描分析、中子照相、离子色谱分析等分析手段，以及模拟气层地下条件（压力、温度）的动态试验仪等测试手段。

为了使研究更具针对性，首先在研究储层特征及流体成分的基础上建立未经伤害的地层模型。杨川东在研究四川气藏伤害时，就建立了具有代表性的两种未经伤害的地层模型：石炭系气藏和三叠系嘉陵江组二段气藏模型。这些模型的核心是研究渗透率及其孔隙结构之间的关系。通过大量的取样和试验，建立了基本关系式，确定了孔隙结构和渗透率之间的关系。对于川东石炭系储层，建立了人工裂缝宽度（W_f）与克氏渗透率（K_∞^f）关系图版（图3-9）、基质孔隙中值喉道宽度（W_{50}）与克氏渗透率关系图版（图3-10）及基质孔隙喉道排驱压力（p_d）与克氏渗透率关系图版（图3-11）。

同样，依据嘉陵江组二段的特点，也建立了与石炭系相类似的图版。

气层伤害的主要机理有如下几个方面。

1. 固相微粒堵塞

这种堵塞主要包括三个方面：一是外来液本身携带的固相颗粒入侵，堵塞孔道；二是外来液侵入气层后造成储层环境的pH值或离子浓度变化，使储层中部分黏土矿物发生颗粒运移分散而堵塞孔道；三是矿物组分中的非水敏性矿物也有可能随外来液的流入而降低渗透

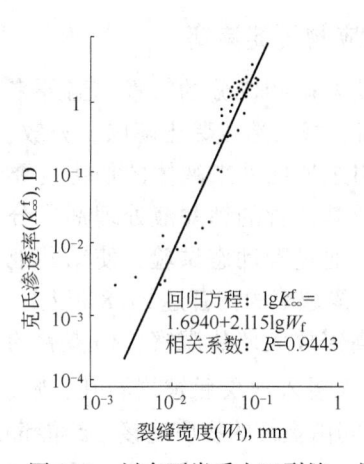

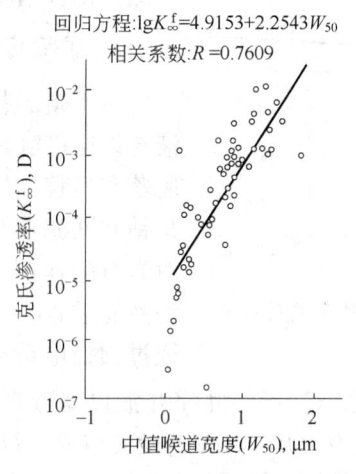

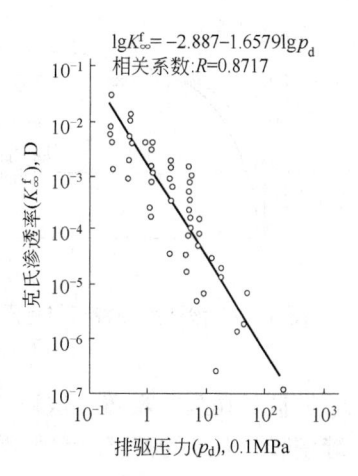

图 3-9　川东石炭系人工裂缝宽度与克氏渗透率关系图版

图 3-10　川东石炭系基质孔隙中值喉道宽度与克氏渗透率关系图版

图 3-11　川东石炭系基质孔隙吼道排驱压力与克氏渗透率关系图版

率。从四川川东地区碳酸盐岩地层的情况来看，主要堵塞原因是第一种。钻井完井液中的固相微粒来自配钻井液的黏土、加重剂以及钻井过程中产生的岩石碎屑。这些微粒直径不同，而且随着其流动所处位置不同而变化。试验表明：微粒对储集岩的伤害程度取决于微粒直径与孔隙喉道的匹配状态，并遵循 1/7~1/3 的实验定律。当微粒直径大于孔径的 1/3 时，微粒在岩石表面堵塞，形成外滤饼；当粒径介于 1/7~1/3 孔径时，微粒会侵入岩石并搭桥形成内滤饼；当粒径小于 1/7 孔径时，微粒则可侵入地层深部并在孔隙内自由移动。石炭系储集岩铸体薄片经扫描电镜及能谱系统分析说明，以孔隙为主的试验岩柱，固相微粒一般仅伤害岩石表层孔隙，而对于裂缝为主的试验岩柱，由于微粒被裂缝捕捉，可造成永久性伤害。

影响固相微粒伤害的主要影响因素如下：

（1）在相同压差下，微粒直径越小，对气层的伤害越严重（图 3-12）。

（2）微粒直径相同，不同压差对岩心伤害也不同，其差异不明显，但压差越大，造成的不可恢复的伤害也就越大（图 3-13），就此推断近平衡钻井工艺技术是减轻伤害的有效措施。

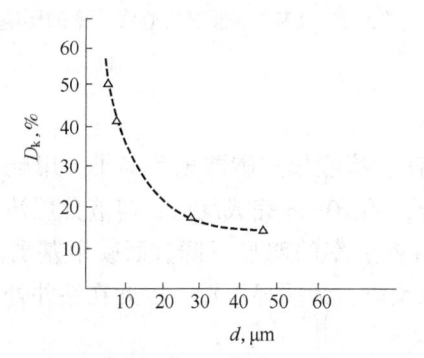

图 3-12　微粒直径与渗透率伤害率关系曲线

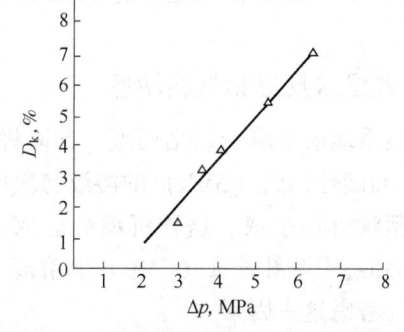

图 3-13　渗透率伤害率与压差关系曲线

（3）在微粒直径和压差不变的条件下，微粒对裂缝岩心的伤害基本上与克氏渗透率相关。微粒对岩心的伤害，随克氏渗透率增加而迅速增加，但克氏渗透率超过一定值后，随其

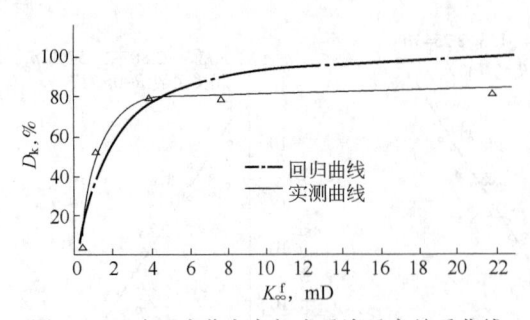

图 3-14 渗透率伤害率与克氏渗透率关系曲线

增加，伤害幅度变化较小（图 3-14）。

2. 矿物反应物沉淀堵塞

由于碳酸盐岩矿物成分的特性，当外来液与地层接触时，极易造成黏土膨胀、分散、脱落和运移。川东地区外来液体的伤害主要是钻井液滤液及其内含的钻井液处理剂成分对岩石的作用。通过静动态试验，使钻井液滤液通过岩心，渗透率的伤害达 27.8% 以上。通过扫描电镜高倍放大照片观察，伤害后的岩块被"泥膜"覆盖，这种"泥膜"指钻井完井液以滤液形式侵入地层后被岩石孔、喉、缝壁吸附而成的薄膜。它主要是由 100~500Å 的微粒组成，粒间由更细的物质连接，经能谱定量和俄歇电子能谱分析，元素组成与滤饼接近，由于白云石基底成分干扰，镁含量特别大，而硅、铝含量却低于滤饼。同时，"泥膜"上有新生针状物生成，它主要分布在孔口周围，引起地层渗透率的降低。这种针状矿物不溶水而溶解于 10% 的盐酸。这就是完井酸化有效的原因之一。同时不同类型不同浓度的处理剂滤液对岩心的伤害也是不同的。用磺甲基酚醛树脂（SMP）和磺化褐煤（SMC）分别做岩心伤害试验，结果也证明了这一点（图 3-15、图 3-16）。

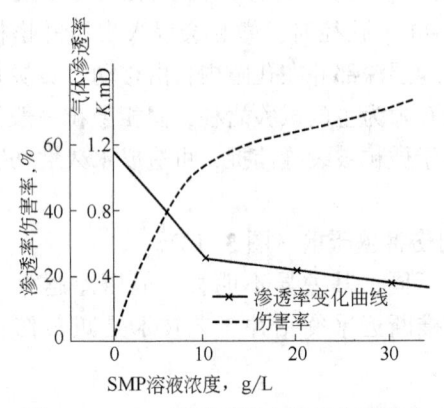

图 3-15 SMP 溶液对岩心渗透率的影响

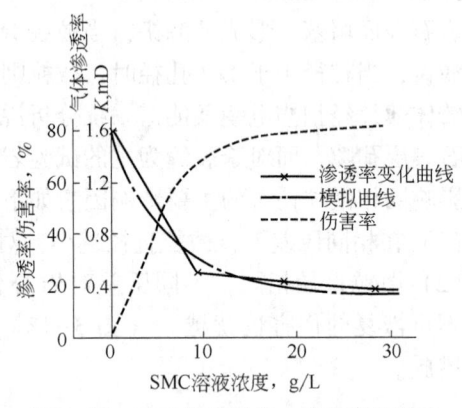

图 3-16 SMC 溶液对岩心渗透率的影响

3. 地层水反应物沉淀堵塞

石炭系地层水属于氯化钙型，含有钾、钠、镁、硫酸根和碳酸根等离子，用磺化褐煤（SMC）和磺化烤胶（SMK）的溶液与地层水反应，约 10min 完成反应，溶液分层清楚，下层均有絮状沉淀生成。这种沉淀会造成含水岩石渗透率的明显下降。而磺甲基酚醛树脂（SMP）和羟甲基纤维素（CMC）的溶液与地层水反应，无明显沉淀。因此在钻井处理剂的选择上要考虑这一因素。

4. 岩心水敏伤害

前面曾谈到碳酸盐岩中黏土矿物含量极低，且常呈分散状态，从水敏伤害的概念来说，主要是指岩石中黏土矿物水化膨胀、分散和运移所造成的伤害，而不包括水进入岩石后其他原因引起的渗透率下降。试验结果和资料研究分析表明石炭系岩心基本不存在水敏伤害。但是这个认识并不能得出一个碳酸盐岩储层不存在水敏伤害的结论，具体储层也应具体分析。

5. 岩心速敏伤害

岩石孔道中常有一些固相微粒沉着（称地层微粒），它没被岩石胶结物粘连在固定位置上。当岩石中的流体流速增大到一定程度时，微粒可能随流体而运动，当遇到狭窄喉道时，微粒运动受阻，逐渐堆积，形成堵塞，造成渗透率下降，这就是速敏伤害。从试验结果来看，由于碳酸盐岩比较致密，胶结较好，呈游离状态的微粒相对砂岩就少得多，且碳酸盐岩黏土矿物含量很低（2%以下），由于微粒运移所引起的岩石敏感性十分微弱，可以认为无明显的速敏伤害，这就是一般的结论，落实到每一具体的岩心也就必须再做试验，即使同一层在进行酸化后情况也发生了变化。以磨溪气田雷—1 气藏为例，岩层是白云岩，但含石膏量有的达10%，因此对石炭系岩心关于速敏的研究结果不能简单套用。

6. 岩心酸敏伤害

酸液进入地层后与地层中的酸敏性矿物发生反应，产生沉淀或释放微粒，使地层渗透率下降的现象，通称酸敏。根据川东石炭系地层分析资料，由于岩石中含有少量绿泥石和微量黄铁矿等酸敏性矿物，因此使用盐酸（HCl）进行试验研究。从试验结果来看：不同配方的酸液对不同的储层均存在不同程度的酸敏。虽然酸化产生沉淀物或其溶解作用使部分微粒脱落堵塞地层而产生酸敏，但酸化处理溶解或解除地层的堵塞物又使地层孔隙喉道扩大或疏通。若酸敏占主导地位，则造成地层伤害；若酸化措施是主导作用，则改善了地层的渗透情况。实验数据表明酸化措施使岩心渗透率成百倍增加，而酸敏使岩心渗透率伤害达46.6%～61.8%。

二、钻井完井过程中气层的伤害及保护技术

钻井、完井的每项作业都与气层的伤害和保护紧密相关，而且各种工艺可造成多类型伤害交替，甚至具有重叠恶化的后果。因此，在充分认识气藏特征、了解伤害机理的基础上，分析每种工艺对气层造成伤害的情况，采取相适应的保护技术，把对气层的伤害降低到最低限度。

1. 钻井过程中对气层的伤害及保护技术

钻井过程的伤害主要是钻井完井液和固井液引起的。其伤害程度不仅与钻井液和固井液的成分性能有关，而且与工艺操作条件有关（包括井身结构、完井方法和固井方式等）。

1）钻井完井液对气层的伤害

钻井完井液对气层的伤害主要有三个方面：

（1）固相微粒。在正压差作用下，比岩石孔喉直径小的固体微粒进入地层造成堵塞，导致渗透率下降。不溶于酸的固相微粒形成的堵塞，使完井后酸处理也难以解除，使渗透率明显下降。固体微粒形成致密的外滤饼和内滤饼，使固相微粒不再侵入，某种程度上减轻了伤害。

（2）滤液。在正压差作用下滤液进入地层，改变原始含水饱和度，使相对渗透率降低。

一般说来，天然气运移、聚集临界宽度为 $4\times10^{-2}\mu m$，滤液侵入后易造成水锁效应和贾敏效应，导致渗透率下降。滤液侵入地层与矿物反应形成"泥膜"和针状物堵塞孔喉。由于石炭系黏土含量少于0.45%，且多以伊利石为主，由滤液引起的黏土膨胀因素造成的伤害相对较小。

（3）处理剂。碱性处理剂进入地层与地层水不配伍形成沉淀造成堵塞，如SMC、SMK处理剂溶液。表面活性剂进入地层，引起孔隙表面润湿反转而使天然气相对渗透率下降。

2) 保护气层的钻井完井液

针对气层伤害机理研究和钻井完井液影响因素分析，研制和试验石灰石粉酸溶桥塞暂堵技术有效控制伤害半径；以阴离子表面活性剂降低滤液表面张力，改善地层润湿性，减少贾敏反应、水锁效应；避免使用SMC、SMK等对地层有伤害的处理剂，以获得低失水、滤饼薄而致密、侵入地层滤液少、密度适当的钻井完井液。

（1）近平衡钻井技术。在机理研究中，钻井过程中的压差是影响伤害程度的主要因素之一。因此在保证井下安全前提下，尽量减少对地层的正压差，以川东石炭系气藏为例，其地层压力当量钻井液密度在 $1.3g/cm^3$ 左右，所使用的钻井液密度附加系数控制在增加 $0.07\sim0.15g/cm^3$ 范围之内。与此同时，做好二次井控工作。其主要技术措施如下：

① 优化井身结构及完井方法。川东地区在钻达石炭系之前要钻遇长兴段，有些地区其地层压力远远高于石炭系地层压力（例如多垮塌层），因此一般采用178mm套管下至石炭系顶部，封隔上部高压复杂层，采用127mm尾管射孔完井。避免了多个压力系统存在一个裸眼内，为实施平衡钻井创造了条件，同时也满足了完井后酸化和开发生产的需要。

② 合理调节钻井完井液密度。川东石炭系气藏严格按 $0.07\sim0.15g/cm^3$ 的附加值控制钻井完井液密度是实施近平衡钻井技术的核心。在钻井操作过程中，既要严格执行钻井工程设计，又要根据地层压力异常情况，及时、合理地调节钻井完井液密度，以实现近平衡钻井。

（2）选择相适应的钻井完井液。针对川东石炭系地层的特点，确定了两种配液方案。第一种为酸溶钻井完井液配方，第二种为改性钻井完井液配方。这是针对不同情况而使用的两种钻井液体系。第一种是从钻开始就按照保护气层的需要而配制的。第二种是针对已经配有钻井液开钻的井，在钻开气层前，对原钻井液进行改性处理以达到减少伤害气层的目的。近年来，第二种改性钻井液在上述基本方案的基础上，又加了滤饼改善剂、大分子聚合物、无机盐等处理剂，使性能更提高了一步，同时相应地降低了钻井完井液的成本。这两套钻井液都通过实践证明达到了减少地层伤害的目的。

3) 水泥浆及其滤液对气层的伤害

在固井过程中，水泥浆一进入气层，便会在裂缝和孔隙环内形成水泥石，堵死天然气通道，其后果有时比钻井完井液还要严重。

（1）水泥浆侵入气层的条件，主要是井筒液柱压力大于气层压力。压差越大，水泥浆就越易侵入气层。一般说来，渗透性越好，水泥浆在压差作用下也越易侵入气层，造成伤害。

（2）水泥浆在高温、高压的作用下会产生滤液（失水）。这些滤液进入地层也会造成伤害，其作用与钻井完井液滤液所造成的伤害类似，但其程度与后果有所差别。

4) 保护气层的固井技术

根据水泥浆及其滤液的伤害分析，采用以下技术来达到固井期间保护气层的目的。

（1）平衡压力固井工艺。

其原则是在下套管注替水泥浆过程中，始终使井内静液柱压力加下套管的激动压力，或液柱压力加上注替水泥浆时的环空流动阻力之和略大于气层压力而必须小于地层的破裂压力；在水泥浆候凝期间，水泥浆失重的液柱压力加上关井憋压的补充压力之和略大于气层压力，而小于气层破裂压力。在整个固井期间，保证地层流体不窜到井内，而水泥浆又不会漏入地层。为此要注意做到：

① 合理确定水泥浆密度。其密度主要根据气层压力来确定，但由于地质情况复杂，对气层压力和破裂压力都不能准确地掌握，一般根据现场经验，参照钻进时密度来确定。水泥浆密度可以与钻井液密度一致，或略高 $0.05\sim0.1\text{g/cm}^3$。而若使用微珠低密水泥可以比钻井液密度低 $0.1\sim0.2\text{g/cm}^3$。

② 确定适当的套管下放速度。为避免下放套管的速度过快产生过大的激动压力憋漏地层。应按式(3-1)计算控制套管下放速度：

$$v_d = \frac{2q_a v_b}{q_a + 2q_o} \tag{3-1}$$

式中　v_d——套管下放速度，m/s；

　　　v_b——钻杆与井眼环空返速，m/s；

　　　q_a——套管与井眼环形容积，L/m；

　　　q_o——套管外容积，L/m。

③ 确定正确的注替排量。按照流变学计算出的紊流注替排量一般偏大。容易产生较大的环空流动阻力而把地层憋漏。一般采用钻井时的排量作为固井施工的注替排量。尽管达不到紊流的注替效果，但不会形成憋漏地层的严重后果，也要考虑所下套管与井眼间隙所形成的环行阻力进行具体计算，并结合地区的经验来具体确定。

④ 考虑水泥浆失重时的压力平衡。对于多产层的气井，为平衡各层的地层压力，又避免在候凝期间憋压过大，造成井漏，采用多凝注水泥浆工艺，减少水泥浆失重产生的压降值。

（2）控制水泥浆失水。

水泥浆在井内高压作用下会产生大量的滤液，而且使水泥急剧形成水滤饼，堵塞套管与井眼之间的环形空间，造成注水泥施工失败。控制水泥浆失水，主要是在水泥浆中加入降失水剂。

（3）改善水泥浆的流动性。

加入降失水剂等高分子、长链化合物，使水泥浆的流动性变差。因此为改善水泥浆的流动性，以降低注替时水泥浆的流动阻力，可在水泥浆中加入减阻剂。

（4）利用井壁已形成的滤饼屏蔽物。

在钻开气层过程中，钻井液会在井壁形成滤饼，它可以阻止水泥浆进入气层。因此在下套管前，在保证套管能下到设计井深的前提下，对气层井段一般不进行划分，以免破坏井壁上已形成的滤饼。

2. 完井过程中对气层的伤害和保护技术

当固井后，气藏的成功开发不仅取决于前面完好的钻井和完井作业，还取决于射孔技术和投产措施的设计和实施。

1) 射孔过程对气层的伤害和保护技术

射孔效果取决于多种因素的影响，在射穿套管、水泥环进入地层的过程中，由于射孔枪，射孔条件和参数的差异都会对气层造成不同的伤害。

（1）射孔过程对气层的伤害。

聚能射孔弹的成形药柱爆炸后，产生高温高压冲击波，使套管变形，水泥环、岩石崩溃而破碎，加上燃烧后铜片等杂物，都有可能伤害气层。

① 射孔压差对气层的伤害。如果采用正压差射孔，射开气层的瞬间，压井液就会进入气层通道，同时产生压实效应，使已经射开的孔道被固相沉淀等所形成的堵塞进一步压实。

② 射孔液对气层的伤害。射孔液中的固相颗粒，以及射孔液的滤液都会造成气层渗透率的下降。

③ 射孔弹和射孔参数不合理使气层打开程度不完善。质量较差的射孔弹射孔时会造成"杵堵"效应，影响孔眼的通过能力。射孔的孔密、孔深、孔径、相位及射孔弹的功率都会影响气层的打开程度。

（2）保护气层的射孔技术。

针对射孔过程对气层的伤害，射孔技术研究的目的主要是在可控制的负压差条件下射孔，采用大直径的高效能射孔枪，针对碳酸盐岩地层特点采用多相位、大孔密的射孔参数。针对这一要求，采取以下设备：

① 能满足负压射孔的起爆装置，如压差式、压力延时、油压、环压和机械投棒等原理的起爆装置。

② 不受井液影响，能满足射孔枪运载的射孔枪。主要在密封上能满足承受高压、管材材质抗硫化氢蚀的要求。

③ 穿透能力强的射孔弹。根据井温选择不同炸药，同时改变成型罩的材料以减少射孔所产生杵堵。

④ 有较高的敏感度和爆炸威力的导爆索和传爆管，以确保高引爆性能和克服连接处间隙造成的熄火和断爆问题。

⑤ 有优化组合的符合气层特性的射孔设计。根据气层参数，确定负压值、孔密、相位，从而选择射孔材料和辅助装置（包括压力开孔阀、释放装置和尾声弹等）。

2) 投产措施对气层的伤害和保护技术

碳酸盐岩储层的气藏，在完钻射孔后，有相当一部分井测试产量都较低，普遍都要经过各种增产作业，以恢复和增加气井的产能，从而达到投产的目的，这时将压裂酸化作为投产措施。在投产的过程中，各种工艺措施如有不当也会造成对气层的伤害。

（1）投产措施对气层的伤害。

对裸眼或射孔完成的气井，其投产过程中的伤害主要由以下因素造成：

① 完井液的性能不符合要求，特别是在正压条件下，完井液或完井液滤液进入地层孔隙喉道造成与钻井液进入气层相类似的伤害和影响。

② 投产措施所用的工作液（包括前置液、酸液、压裂液等）与地层不配伍或配伍不好，都会造成酸蚀裂缝或人工裂缝与地层孔隙的堵塞，影响增产效果甚至根本不增产。例如，川中磨溪气田雷一[1]气藏是粒屑溶孔白云岩，含石膏最高达10%，需要能抑制石膏沉淀的酸液配方。

③ 投产措施工作液性能和施工技术不合要求，也会造成地层渗透率下降。压裂或酸化后，返排不及时或工作液解黏较慢，以及排液过程中突然关井，都会造成酸蚀的地层固体颗粒堵塞地层，或较高黏度的工作液难以从裂缝中排出，造成裂缝实际的导流能力大大下降，影响措施效果。

④ 对部分酸敏严重的地层，在酸化作业后，其酸化的改善渗透率作用抵不上酸敏影响造成的伤害，也影响了酸化的增产效果。

（2）保护气层的投产措施。

这里主要谈针对碳酸盐岩地层的酸化作业应注意减少对气层的伤害所采取的措施。

① 通过室内试验确定合理的工作液（含压井液、前置液、压裂液、酸液、顶替液等）配方，包括考虑与地层及流体的化学配伍性、物理的润湿性和生物的作用。例如考虑防止夹石膏储层的石膏颗粒沉淀、地层铁组分（赤铁矿、磷铁矿、菱铁矿、黄铁矿和绿泥石等）发生反应的铁沉淀，含硫化氢气在气井酸化时，酸液与硫化物接触产生络合物沉淀等，以及施工所需加的具有降阻、助排、增稠、降黏等作用的化学添加剂等。

② 从根本上改变酸基工作液的性能和施工方法，以适应气层的具体特征，不仅解堵投产，而且要在此基础上达到增产的目的。为此四川气田研究了两种方法，第一种是胶凝酸酸化工艺，在盐酸里（浓度20%）加入盐酸胶凝剂、表面活性剂、缓蚀剂等配制成胶凝酸。其黏度在常温下可达 30~35mPa·s，这种酸面容比低，反应速度低，加上有降低酸液滤失的作用，大大提高了酸蚀裂缝长度。第二种是泡沫酸酸化工艺。在盐酸里（浓度15%~28%）加入起泡剂、稳泡剂等添加剂，然后与氮气在地面泡沫器中充分混合，形成稳定泡沫，即为泡沫酸，这种酸氮气成分占60%~85%，酸液成分为15%~40%，其黏度在常温下也达 10mPa·s 以上，还有滤失低、管内流动摩阻小等特点，特别是由于液相比例低，排液容易，所以酸化处理效果更好。

③ 重视排液，这是提高酸化效果的重要环节之一。由于碳酸盐岩一般是致密的低渗透低孔储层，排液往往是主要的矛盾。除了在酸液中加入助排剂外，还要采用加快排液的各种方法。例如，在施工中加入部分液氮以助排，在施工后利用液氮来加快排液速度，同时考虑气井尽快投产，使其在生产过程中将残酸排出。气井生产过程有时就是解堵过程，有的气井生产半年后仍然发现有残酸的排出。

三、气层伤害的现场检测技术

从目前技术发展情况来看，现场检测技术较多，有钻杆测试、电阻率测井、井史分析、生产史分析、邻井动态对比、节点系统分析、生产效率剖面分析、生产测井和不稳定试井分析等方法，应用不稳定试井技术来检测碳酸盐岩气层伤害是最常用的方法，就是从分析大量实测压力恢复曲线入手，确定有关地层参数的求取方法，以定量确定气层伤害程度和伤害范围，为采取工艺技术提供科学的依据。四川气田检测技术研究和应用除了川东气田的石炭系、嘉五^1—嘉四^3 气藏之外，还在川中磨溪气田雷一^1 气藏进行了应用。因此下面重点以这些气藏为对象来叙述气层伤害的检测技术。

1. 评价气层伤害的研究现状

关于油气层伤害的评价，早在1949年美国 M. 马斯盖特（Muskat）在研究打开油层时就注意到这个问题。当时用稳定试井方法确定了产率比，以此来表示油井伤害程度。同年，法国 A. F. van Everdingen 提出了表皮效应的概念。1953 年苏联 B. H. 舒洛夫提出了附加渗流阻力的概念，按程度和性质不完善来表达水动力学的不完善井，他的测定是通过电模拟实验得到的。不稳定试井分析可供矿场使用的方法，初步统计有 15 种之多，而且也是目前最活跃的研究领域。国内由于勘探开发技术的进步及大量低渗透乃至致密气田的开发，气层的伤害评价及保护技术越来越受到重视，并形成了从储层特征的潜在因素分析到室内评价及矿场评价的评价预测体系。目前所有的现场技术虽可识别可能存在的地层伤害，但不易确切地指出伤害发生在哪个作业阶段和确定气井各作业中造成伤害的相对大小，室内岩心分析技术不仅有助于解释各种作业潜在的伤害或已发生的伤害，而且能辨别伤害的程度、机理和解除伤害的途径。

目前室内岩心分析程序一般分三步进行：第一步进行岩石特性评价，找出岩石中含有敏感性矿物及由此而隐藏的潜在危害；第二步进行敏感程序评价，即针对潜在危害引入外来流体，模拟各种接触条件，测定岩石在不同条件下的敏感度；第三步进行措施筛选试验，即根据敏感度分析，结合工程需要进行系列测定，筛选出防止气层伤害的措施。

2. 气层伤害的现场评价方法

根据四川气田的实践，目前主要使用以下五种方法进行评价。

1) 表皮系数 (S)

把井底周围气层受伤害以后气井产能下降的现象称为表皮效应。用表皮系数作为定量指标来评价气层伤害大小。一般用 M. F. 霍金斯（Hawkins）的表达式：

$$S = \left(\frac{K_e}{K_s} - 1\right)\ln\left(\frac{r_s}{r_w}\right) \tag{3-2}$$

式中　S——表皮系数；

K_e——气层原始渗透率，D；

K_s——气层受伤害地带渗透率，D；

r_s——气层受伤害地带半径，m；

r_w——井眼半径，m。

现场检测出的表皮系数常常是钻井、完井等各方面引起的综合表皮系数。至于是哪种因素引起的，要对实际井层作具体分析后才能得出结论。

2) 附加压力损失 (Δp_s)

附加压力损失指在同一产量条件下，气井受伤害后的生产压差减去气井未伤害时的生产压差所得值。关于附加压力损失值的计算公式，因试井解释方法不同而异，一般情况下都用式(3-3)：

$$\Delta p_s = 0.8687 mS \tag{3-3}$$

式中　Δp_s——附加压力损失，MPa；

m——单对数曲线径向流直线段斜率值，MPa/周期。

3) 伤害比 (DR)

这是从气井的渗透率来定义的。渗透率值也是从试井解释计算而得到的，通常采用麦金利法计算渗透率值。伤害比的计算公式如下：

$$DR = \frac{K_{wb}}{K_f} \tag{3-4}$$

式中　DR——伤害比；
　　　K_{wb}——近井地带被伤害区渗透率，D；
　　　K_f——未被伤害区渗透率，D；

4）流动效率（FE）

流动效率也是对比气层伤害的计算指标之一。它表示在流动时，因伤害而造成压力损失的比例，其计算式如下：

$$FE = \frac{p_r^2 - p_{wf}^2 - \Delta p_s^2}{p_r^2 - p_{wf}^2} \tag{3-5}$$

式中　FE——流动效率；
　　　p_r——气层的平均压力，MPa；
　　　p_{wf}——井底的流动压力，MPa；
　　　Δp_s——附加压力损失，MPa。

5）平均伤害半径（r_s）

平均伤害半径主要用来判别伤害区的大小，一般难以计算准确。通常用 B.C. 克莱特（Cratt）和 M.F. 赫金（Hawkin）的公式导出：

$$r_s = r_w \times \exp\left(\frac{S}{\frac{K_f}{K_s} - 1}\right) \tag{3-6}$$

式中　r_s——平均伤害半径，m。

3. 气井伤害的评价标准

根据四川气田多年的实践，和大量试井资料的处理、解释和分析，得出一个经验性的评价伤害指标和标准（表3-1）。

表3-1　评价气层伤害指标及标准表

介质类型	评价标准		代表符号	评价标准		
				伤害	未伤害	激化
均质介质	1	表皮系数	S	>0	=0	<0
	2	流动效率	FE	<1	=1	>1
	3	伤害比	DR	<0	=1	>1
	4	附加压力损失	Δp_s	>0	=0	<0
	5	平均伤害半径	r_w	>r_w	=r_w	<r_w
双重介质		表皮系数	S	>-3	=-3	<-3
		流动效率	FE	<1.2	=1.2	>1.2

这里值得提出的是裂缝发育的气层，由于存在对局部穿透及横切井间的裂隙，不仅能在井底产生附加压力降，而且还能渗透进地层内一段距离，与无限小表皮效应产生压力降相反，这种压降是不稳定的，只有在生产一段时间后才稳定下来，这就是假表皮效应。与局部有关的假表皮系数总是正的，而与裂隙或裂缝有关的假表皮系数则是负的。因此表中将双重介质的判别标准单列。

4. 伤害程度的判别标准

为了正确选择伤害后的工艺措施，要对伤害程度进行分类和判别。通常应用流动效率来判别气井的伤害程度。根据四川气田的实践和经验，按表3-2标准进行判别。

表3-2 气层伤害程度判别标准表

判别指标\伤害程度	流动效率 FE	产能损失 $Q_损$，% $Q_损=(1-FE)\times100\%$	损害程度分级
严重伤害	<0.2	>80	Ⅳ
较严重伤害	≥0.2~<0.5	≤80~>50	Ⅲ
中等伤害	≥0.5~<0.8	≤50~>20	Ⅱ
轻度伤害	≥0.8~<1.0	≤80~>0	Ⅰ
无伤害	≥1.0	0	

四、应用与实例

以四川碳酸盐岩储层为例，介绍上述气层保护技术在现场中的一系列应用。

1. 保护气层的钻井技术应用

在钻井阶段，在未采用保护气层的钻井技术前，根据试验结果和滤失计算，孔隙型地层伤害深度一般为0.3~0.6m，固相颗粒粒径2~3cm。裂缝型地层的伤害深度一般为1~5cm。采用近平衡钻井和相应的配套技术，可有效地控制钻井液伤害半径。主要的做法有：

（1）优化井身结构和完井方法，避免多个压力系统同时存在一个裸眼中，为平衡钻井创造条件。

（2）严格控制钻井液密度，对试验的川东石炭系气藏按0.07~0.15g/cm³附加值控制。

（3）选择了两种适用于川东石炭系的钻井液配方，第一种为酸溶液性钻井液配方，是按照保护气藏的需要配制的；第二种为改性钻井液配方，即对原钻井液进行改性处理，可以达到防止伤害气层的目的。

（4）研究结果表明，直径10μm以下的颗粒，对川东石炭系气藏伤害最严重，所以应严格控制固相颗粒的直径。

2. 保护气层的固井技术的应用

采用平衡压力固井，既可保证固井质量，又可达到保护气层的目的。主要从以下几个方面入手：

（1）根据现场实践，钻井液密度可参照钻井时的钻井液密度确定。加重钻井液或不加重钻井液的密度与钻井液密度一致，或略高于0.05~0.1g/cm³；微珠低密度水泥可比钻井液低0.1~0.2g/cm³。

（2）应按公式计算套管下放速度，避免产生激动压力。

（3）根据四川地区井身结构的要求，水泥浆替注排量一般采用钻井时的排量，虽然没有达到紊流的泵注效果，但不会超压、憋激地层。

（4）应尽量采用多凝注水泥浆工艺，以减少水泥失水时的压力降值。为控制水泥浆的失水，通过加入失水剂，可使失水量由原来的1000mL（7.0MPa，95℃，30min）降至

100mL（7.0MPa，95℃，30min）。在水泥浆中加入降阻剂，使水泥浆在 15~140℃ 的温度条件下，流性指数接近于牛顿流体，塑性黏度一般在 15~20mPa·s 之间。

在保证套管能下到设计井深的前提下，对产层段一般不进行扩眼、划眼，利用井壁已形成的滤饼，阻止水泥浆进入地层。

3. 保护气层的完井技术的应用

（1）根据产层特性，设计合理的负压值进行射孔，既要避免完井液进入产层，又要减少射孔引起的压实、地层破碎而产生新的伤害。

（2）选用压差式、压力延时、油压、环压及投棒等不同的引爆方式，使射孔满足负压射孔的条件。

（3）针对完井阶段中工作液漏失导致固相和液相大量侵入储层，从而诱发固相堵塞伤害的问题，可选用物理颗粒暂堵技术，通过架桥、填充和变形材料相结合，在井壁和近井带裂缝中形成暂堵带，阻止钻井完井液中的固相和液相侵入储层，从而起到保护储层的目的。

4. 保护气层的增产技术应用

在酸化施工过程中，由于设计及处理不当，可能造成严重的油气层伤害，最常见的油气层伤害主要有：酸化后二次产物的沉淀，酸液与气层岩石、流体的不配伍及气层润湿性的改变，毛管力的产生，酸化后疏松颗粒及微粒的脱落运移堵塞、产生乳化等。具体保护气层技术如下：

（1）正确选择酸液。通常选择盐酸作为主要的酸液，应用中浓度盐酸（28%）优于稀盐酸（15%），浓酸的溶解力大，可产生大量 CO_2，有助于措施后的快速返排；浓酸溶解同样的岩石矿物所需用量少，因而施工时间短，滤入储层的残酸液少，可减小伤害；此外，浓酸变为残酸后的黏度更大，对减少滤失及悬浮酸化中产生的微粒一起返排均有好处。因此，在缓蚀及酸液与储层流体配伍问题很好解决时，可采用高浓度盐酸。

（2）优选酸液添加剂。采用盐酸直接酸压的主要问题是滤失，酸化初期缝壁很快形成溶蚀孔，可能导致有效作用距离过短，达不到解堵的目的。因此，在伤害半径很大时，也可考虑采用前置液交替酸压技术及泡沫酸、胶化酸、乳化酸酸压技术，或在酸液中加入有效降滤剂。

（3）优选施工参数。酸液浓度通常应结合室内试验、现场经验及酸压模拟计算综合确定。

（4）保证施工中质量。酸化前洗井，把地面管线、井筒内的残渣、锈垢等清洗干净；配酸用水要清洁；配酸池、储酸罐、运酸罐等最好用一定的稀盐酸冲洗后，用清水冲净；严格按设计配方配酸；酸液配好后，应尽快施工，若因特殊原因放置过久，应取酸样分析，确保酸液性能不变方能施工；有条件的应采用精细过滤技术，让酸液经过 2mm 和 10mm 筛网并联过滤，消除酸液中固相颗粒的影响。

第三节　油管柱与井下工具

气井完井质量的好坏直接影响到气井的生产能力和寿命，甚至关系到气田是否得到合理开发。

除了合理选择完井方法和保护气层外，选择和应用合适的油管柱与井下工具，是气井完井的又一重要工作。因为油管柱是井底到地面的流动通道，如果通道不通或变形，将直接影响到气井产量和各种开发技术措施。

完井油管柱除了油管外，还有各种各样的井下工具，以满足各种完井方式和采气工艺的要求。不同的完井工艺有不同的油管柱，如注塞、射孔、替喷、洗井、酸化、压裂、分层开采等完井作业，都有各自满足工艺要求的井下工具与油管柱。

一般来说，油管柱质量主要取决于井下工具的质量。井下工具所处的工作环境比较恶劣，如井底温度高、压差大、含有各种腐蚀介质、通径较小、活动频繁等。特别是气井，流通的介质是天然气，其密封性要求一般大于油井。在完井作业中，往往由于井下工具的失败，造成整个工程的失败，其损失之大是可想而知的。

如果天然气中含硫化氢和二氧化碳，由于酸性气体对钢材造成氢脆和电化学腐蚀，因此对产酸性气体的气井，应该采用永久生产封隔器完井油管柱，它可以防止套管内壁和油管外壁接触酸性气体，从而免遭腐蚀。油管内壁采用内涂层、内衬玻璃钢及缓蚀剂等措施，就可防止酸性气体腐蚀。

一、油管柱

不同的完井工艺，有不同的完井管柱。对于气井来讲，其完井油管柱分四大类：替喷投产油管柱、压裂酸化油管柱、分层酸化油管柱和生产封隔器完井油管柱。

1. 油管柱的选用原则

（1）油管柱既要满足完井作业要求，又要满足气井开采的需要。

（2）油管柱要尽量简单适用，可下可不下的井下工具尽量不下。

（3）油管柱应满足节点分析要求，避免局部过大压力损失。

（4）油管柱应考虑硫化氢、二氧化碳和地层水的影响。

（5）油管柱应考虑套管质量，特别是深井和超深井。因为深井、超深井的钻井和完井作业，套管偏磨很厉害，大大降低了套管抗压强度，此时为保护套管，最好采用生产封隔器完井油管柱。

2. 常用油管柱

1）替喷投产油管柱

这类管柱比较简单，也是气井完井中大量使用的一种油管柱，由油管、筛管和油管鞋等组成。油管管径与壁厚的选择，主要取决于气井今后生产的气量，以及能否满足完井作业的要求。一般说来，日产气量达 $30×10^4 m^3$ 的气井，可选择 75.9mm 油管；日产 $30×10^4 m^3$ 以下的气井，可选择 62mm 油管；日产低于 $1×10^4 m^3$ 的气井，可选择 60.3mm 油管。油管管径的选择，除考虑气产量外，还要满足完井作业强度的要求。比如 4000m 进行酸化的深井，可采用 75.9mm 和 62mm 的复合油管柱，其长度的选择，一般以相等剩余拉力来考虑。

油管材质的选择，除了考虑是否要抗硫化氢和二氧化碳外，还要考虑油管的抗拉、抗挤和抗内压强度的要求。

替喷投产油管柱，下入深度一般都放在气层顶界以上 10~15m，主要考虑的是要满足投产以后的生产动态测井。

油管鞋上下端的内外侧均需倒角,主要目的是方便油管柱的起下和满足油管内今后生产测井仪器的起下。

这种管柱还可以与油管传输射孔装置配合,先射孔,后替喷投产。射孔产油气后一般要求去掉油管传输射孔装置,以方便今后生产测井。

常用油管柱的受力情况,不同的管柱、不同的井下工具,受力情况不同,比较复杂。光油管替喷状态下的几种受力计算如下:

(1) 复合油管相等剩余拉力计算。深井油管柱一般均采用复合油管。复合油管的长度,一般均以相等剩余拉力来确定,计算公式如下:

$$L_1 = \frac{G_1 - G_2}{Q_1} \tag{3-7}$$

$$L_2 = L - L_1 \tag{3-8}$$

式中　L_1——上部大管径油管长度,m;

　　　L_2——下部小管径油管长度,m;

　　　L——复合油管柱总长度,m;

　　　G_1——大管径油管最小连接强度,kg;

　　　G_2——小管径油管最小连接强度,kg;

　　　Q_1——大管径油管单位长度重量,kg/m。

(2) 套管允许最大掏空深度计算。如图3-17所示,以套管薄弱点A处内外压力平衡建立计算公式,然后推导出套管允许最大掏空深度 H。

$$10.2\frac{p_k}{K} + \frac{\rho_0 g(H_2-H)}{10} = \frac{\rho_1 g H_1}{10} + \frac{\rho_1 g(H_2-H_1)}{10} \tag{3-9}$$

$$H = \frac{1}{\rho_0 g}\left[102\frac{p_k}{K} - H_1(\rho_1 g - \rho_2 g) - H_2(\rho_2 g - \rho_0 g)\right] \tag{3-10}$$

式中　H——套管允许最大掏空深度,m;

　　　H_1——套管外水泥返高井深,m;

　　　H_2——套管薄弱点井深,m;

　　　ρ_0——套管内最大掏空深度以下液体密度,g/cm³;

　　　ρ_1——套管外水泥返高以上液体密度,g/cm³;

　　　ρ_2——套管水泥返高井段液体密度,一般可采用固井时钻井液密度或地层水密度,g/cm³;

　　　g——重力加速度,取 9.8m/s²;

　　　p_k——套管薄弱处的套管抗挤强度,MPa;

　　　K——套管抗挤安全系数。

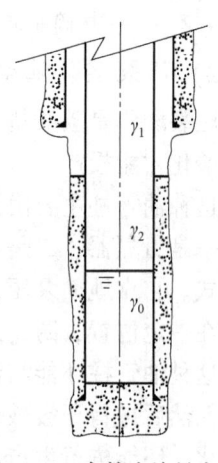

图3-17　套管允许最大掏空深度计算示意图

(3) 井筒为纯气柱时,井口最小控制压力计算。在放喷测试过程中,由于井筒内为纯气柱或者接近纯气柱,井筒内压力较低,此时应考虑套管被挤毁的问题。井口保持一定阈压可防止套管挤扁。计算的基础是:套管薄弱处需要的内撑压力再加上薄弱处套管的抗外挤强度,应大于或等于套管外挤力。

套管外挤力一般以套管薄弱处以上固井时钻井液液柱压力为最危险的状态。

$$p_{外挤} = \frac{\rho_2 g H_2}{102} \tag{3-11}$$

式中　$p_{外挤}$——套管薄弱处的外挤压力，MPa；
　　　H_2——套管薄弱处的井深，m；
　　　ρ_2——套管固井时钻井液密度或者地层水的密度，g/cm³。

套管薄弱处需要的内撑压力应是：

$$p_{内} = p_{外挤} - p_{抗外} \tag{3-12}$$

式中　$p_{内}$——套管薄弱处需要的内撑压力，MPa；
　　　$p_{抗外}$——套管薄弱处的抗外挤压力，MPa，此压力应考虑安全系数1.2。

还可用下式计算：

$$p_{内} = p_{井口} \, e^S \tag{3-13}$$

$$S_{近似} = 12.51 H_2 \gamma \tag{3-14}$$

$$S_{精确} = \frac{0.03415 H_2 \gamma}{T_{cp} Z_{cp}} \tag{3-15}$$

式中　$p_{井口}$——井筒为纯气柱时的最小控制压力，MPa；
　　　e——自然对数底2.718；
　　　γ——天然气相对密度；
　　　H_2——套管薄弱处深度，m；
　　　T_{cp}——井筒平均温度，K；
　　　Z_{cp}——井筒平均天然气偏差系数。

2）压裂酸化油管柱

压裂酸化是碳酸盐岩气井投产和增产的重要措施。除大产量气井外，其余气井均要进行压裂酸化才能投产。这类油管柱也是使用较普遍的。

这种油管柱主要由井下工具、筛管、油管鞋及油管组成（图3-18）。井下工具一般有三种，一是封隔器，二是水力锚，三是封隔器的启动接头。封隔器的种类，用得最多的是水力压缩式。它靠地面泵压，启动接头产生压差，从而坐封封隔器。水力锚的作用主要是将封隔器定在一定位置，防止封隔器上下滑动，确保封隔器胶筒正常工作。

这种油管柱还能与油管传输射孔配套，即丢枪接头和射孔枪放在筛管以下。先射孔，后丢枪，然后进行压裂酸化，最后进行投产和生产动态测井。这种油管柱，既能射孔，又能压裂酸化，还能进行生产测井。对于中深井和非含气井，比较适用。缺点是不能长久保护套管；封隔器受压差控制，开泵坐封，停泵解封；若天然气含硫化氢和二氧化碳，则油套管均会被腐蚀；另外，换油管柱与工具，必须压井才能进行，会对地层造成伤害。

3）分层酸化油管柱

如果气田是多产层，可进行分层酸化，合层开采。一般以同时开采两层较常用。其管柱由油管和井下工具组成（图3-19）。井下工具包括封隔器、水力锚和转层接头。这种油管柱要求提前射孔。封隔器的类型有机械卡瓦式、液压卡瓦式、水力压缩式。产层上部一般下水力压缩式封隔器，产层下部一般下机械卡瓦式封隔器或液压卡瓦式封隔器。首先投球，启动封隔器和水力锚，对下层进行注酸。然后投球，打开转层器，堵住下层，对上层进行注酸。最后，开井放喷排液，上下层同时投产。这里值得一提的是，在上下层之间应下一个平衡器。

在泵注酸液酸化下层时，通过平衡孔，它会自动保持封隔器上下一定的压差，减小压窜上下层间水泥环和封隔器的可能性，同时避免清水对上部产层的伤害。

4) 生产封隔器完井油管柱

生产封隔器完井油管柱，是一种保护套管免遭硫化氢、二氧化碳腐蚀和不承受高压的一种油管柱，分永久式和可取式两种（图3-20）。作业程序是：下入射孔枪和封隔器的插管座→坐封→丢手→起油管→下插管→引爆射孔枪→丢掉射孔枪。

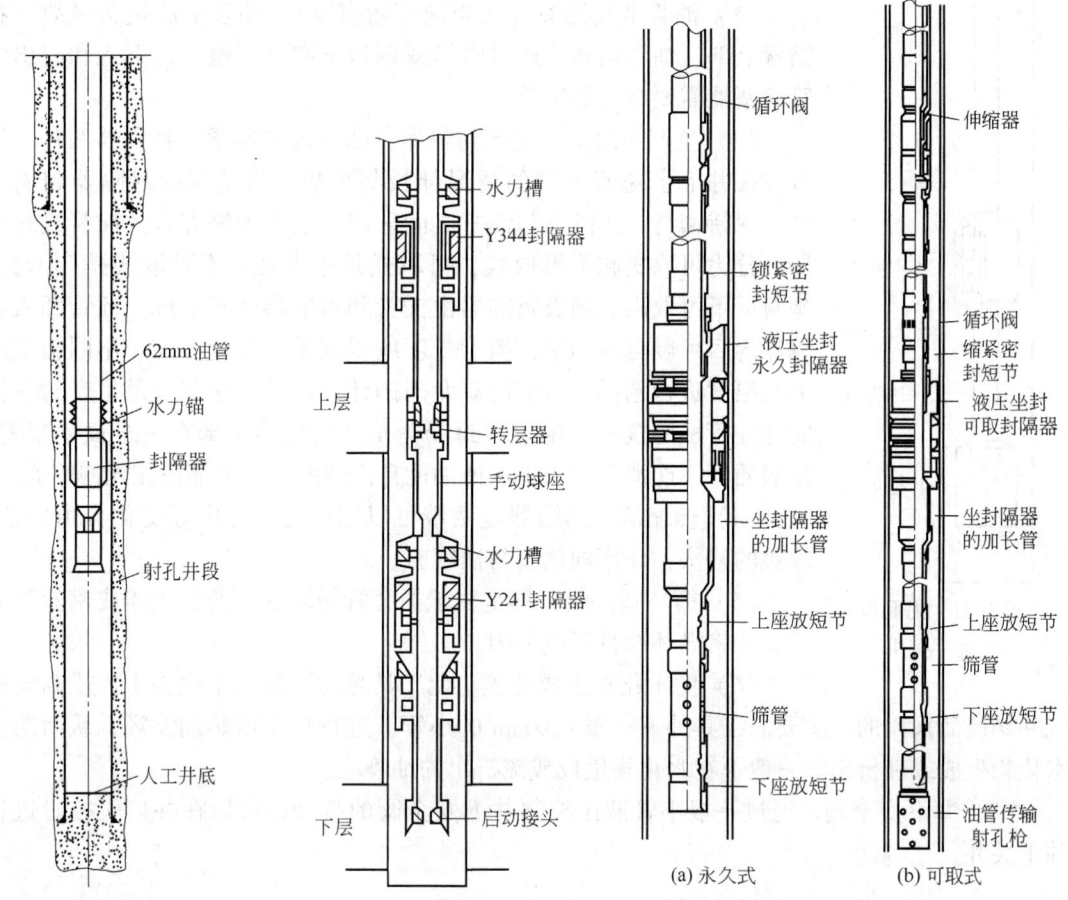

图3-18 压裂酸化油管柱　图3-19 两层酸化合采井下管柱　图3-20 生产封隔器完井管柱示意图

这种油管柱的优点是：

(1) 生产封隔器以上套管，由于不接触天然气，可防止承受高压，这对超高压气井的意义较大。生产封隔器以上套管不用下高强度厚壁套管，从而节约大量完井费用。

(2) 生产封隔器以上套管不会接触含硫化氢和二氧化碳的气体，从而可防止套管被硫化氢、二氧化碳腐蚀。

(3) 下入油管堵塞器于坐放接头上，打开循环阀可以压井，起下油管或更换油管，从而防止压井液对产层的伤害。

(4) 个别套管破损或螺纹刺漏的井，采用生产封隔器完井管柱，它既是油管又是套管，可以将死井修复成活井。

二、井下工具

这里重点介绍生产封隔器完井的井下工具。

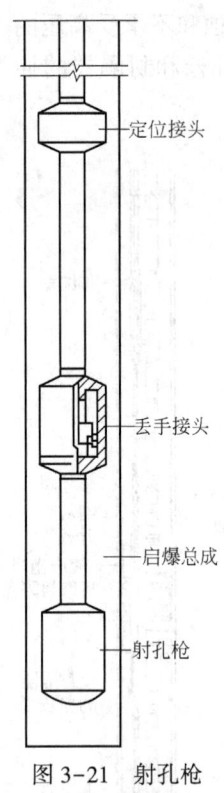

（1）油管传输射孔装置。这种装置由射孔枪、启爆总成、丢手接头和定位接头组成（图3-21）。射孔枪和射孔弹根据射孔设计优选。引爆方式一般采用投棒式，既简单又可靠。射孔后一般均要憋掉丢手接头，将射孔枪丢入井底。

（2）油管坐放接头（又叫油管堵塞座）。油管坐放接头一般下在筛管上部。油管堵塞器通过电缆或钢丝下在堵塞座上，下入和起出油管堵塞器需要专门的工具。

（3）生产封隔器。生产封隔器分插入式和锁紧式封隔器两种。油管柱在井下会随着不同的情况伸长与缩短。为了保证封隔器胶筒不动，保持密封，封隔器与油管之间采用了插入伸缩方式。插管式封隔器又分为可取式和不可取式，可取式是单卡瓦；不可取式是双卡瓦，坐封后不可取出。插管封隔器由插管和封隔器外座组成。插管插入封隔器内后可以自由伸缩，插管长度应根据不同作业类型、不同施工压力与温度进行选择。目前已有专门的计算软件。这部分是生产封隔器完井油管柱的核心。锁紧式封隔器是在封隔器上部有一个锁紧装置，使短插管不能滑动。为了保证油能自由伸缩，其上部往往配伸缩器。

（4）伸缩器。伸缩器是两端可以随压力、温度等变化自由伸长、缩短的接头，作用同插管与插管座。

（5）循环阀。此工具是用于油套管循环的。通过电缆或钢丝下入工具，将循环阀打开或关闭。

（6）防水化物生成装置。此工具是为了防止水化物生成或高含硫气井结硫而采用的。主要靠工具外下一根$\phi 32mm$的小管，进行热水或热油循环，从而防止水化物生成或硫析出。一般下在水化物生成或硫析出的油管段。

（7）井下安全阀。通过一根小管液压控制井下安全阀的打开，可以在井口失控时进行井下关井。

图3-21 射孔枪与丢手接头

三、含硫气井油管柱的特殊要求

由于天然气中普遍含有硫化氢和二氧化碳气体，因此对油管柱有一些特殊要求。这些特殊要求包括：

（1）含硫化氢和二氧化碳的气井，最好采用永久生产封隔器完井油管柱。因为封隔器完井后，酸性气体不会接触套管，可以防止套管被腐蚀；同时油管外壁也可以防止腐蚀。

（2）凡含硫化氢和二氧化碳的气井，井下油套管的材质及井下工具与配件应选择抗硫化氢腐蚀的材质，否则油套管会氢脆裂管。

（3）井口防喷管线与采气井口装置，对含硫气井来讲，也应采取防硫措施。一是选用钢材应热处理，洛氏硬度小于22；二是选用抗硫材质；三是管线不能焊接、冷作；四是可采用超声波探伤。

（4）若含硫气井产地层水，则油套管腐蚀更厉害。特别是井下积液排不出来的情况。

因此，应加泡沫助排剂排水，或者换小油管排水。

（5）加液体防腐缓蚀剂，可以有效减缓二氧化碳、硫化氢和氯离子对油套管的电化学腐蚀。

（6）油管内壁为防止二氧化碳、硫化氢和氯离子的电化学腐蚀，推荐选用内涂层或内衬玻璃钢油管。

第四节 射 孔

气井的射孔（视频3-2）是完井工程中重要的组成部分。它是在气井完井后，根据气井的录井和电测资料，重新打开目的层，沟通气层与井筒的一项工艺技术。为了使气井高产与稳产，有必要选择最合理的射孔井段及有效的射孔工艺技术。

视频3-2 气井射孔工艺

一、射孔工具与工艺

1. 射孔弹与射孔枪

1）射孔弹

目前气井采用的聚能喷射式射孔弹，是一种制造简单、操作可靠、功率大、射入深、能适应各种射孔工艺需要的射孔弹。其结构如图3-22所示。

在钻井和完井过程中，大部分地层都受到钻井液和固井液的伤害，严重影响气井产能。对射孔的要求，就是要提高射孔穿透深度，不但要射穿套管和水泥环，而且要射穿地层的伤害带，使气井能达到理想的产能状态。

因此，我国各油田积极借鉴国外射孔先进技术，并根据国内实际情况，抓住主攻方向，积极研制出了各种系列的深穿透射孔弹。

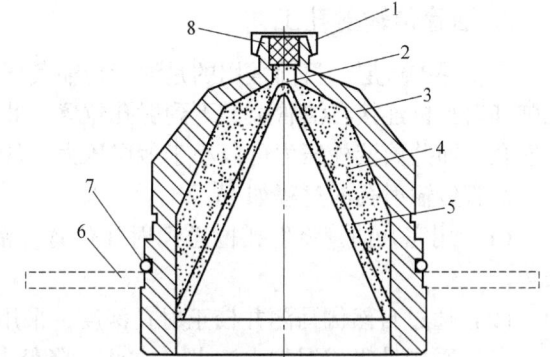

图3-22 聚能喷射式射孔弹结构图
1—卡簧；2—起爆器；3—弹壳；4—主炸药；5—炸药型罩；6—弹架；7—卡环；8—导爆索

目前在气井中使用的油管传输射孔弹有四种系列，即 SYD-73 型、SYD-89 型、SYD-102 型和 SYD-127 型。这四种射孔弹，分别适用于不同尺寸的套管射孔，其性能参数见表3-3。

表3-3 SYD系列射孔弹性能表

射孔弹型号	API、PR43混凝土靶 穿透，mm	API、PR43混凝土靶 孔径，mm	适用套管尺寸，mm	耐温条件，℃/48h
SYD-73	≥350	≥10	127~140	150
SYD-89	≥400	≥10	140~178	150
SYD-102	≥500	≥10	178	150
SYD-127	≥700	≥10	178	150

2) 射孔枪

射孔弹装在射孔枪上，通过电引爆或撞击引爆方式引爆射孔弹。与射孔弹配套，目前也有四种射孔枪，即SYD-73型、SYD-89型、SYD-102型和SYD-127型。各种射孔枪的参数见表3-4。

表3-4 SYD系列射孔枪参数表

枪型	最大外径，mm	相位，(°)	孔密，孔/m	适用套管尺寸，mm
SYD-73	73	60/90	12/16/20	127~140
SYD-89	89	60/90	12/16/20	140~178
SYD-102	102	60/90	12/6	178
SYD-127	127	60/90	12/6	178

2. 电缆射孔工艺

目前常用两种射孔方法，即电缆射孔和油管传输射孔。这里首先介绍电缆射孔工艺。

射孔前电缆应经自然伽马仪校深定位，然后用电缆将射孔枪和射孔弹送入井筒射孔位置，通电引爆射孔弹，最后起出电缆。

此种工艺，通常分为两种方法：一种是电缆下在空套管内射孔；另一种是电缆通过油管射孔。由于射孔弹要通过油管，射孔弹必然较小，穿透距离有限，所以目前用得较少。

3. 油管传输射孔工艺

为了保护气层，目前常用的是油管传输负压射孔。此种工艺的主要优点有两个：一是射孔弹和射孔枪连接在油管上，下到射孔位置。此法射孔还可用于斜井和水平井。二是可以负压射孔，即井筒液柱压力可以小于地层压力，从而防止储层受到伤害。

油管传输射孔的过程如下：

（1）用完井油管将射孔枪送到射孔位置。油管柱上一般要下丢手接头、筛管、定位接头等。

（2）通过自然伽马测井校正射孔深度，采用油管顶部加油管短节调节，装好井口。

（3）采用抽汲或混气水洗井的方法，降低井筒液面，使液面降到需要的位置，一般负压程度为降液1000~1500m。

（4）从采气井口上端投入冲击棒，冲击棒落到射孔枪上部的引爆位置，然后引爆射孔枪。

（5）根据需要向油管内投球，球到丢手接头处憋压，将射孔枪以下部分全部憋掉，落到井底，光油管即可投入生产。若射孔排液后无工业气流，则不投球，压井取出射孔枪检查。

二、射孔设计

射孔是完井作业中的重要环节，如果射孔措施不当，不但有射不穿套管与产层伤害带的危险，射孔作业还会对产层造成新的伤害，比如射孔液的漏失、射孔弹膜的杆堵等。从20世纪50年代开始，人们就着手研究射孔对储层的伤害和使射孔井产能最高的参数优化课题。

1. 射孔层段的选择

对所开采的层位全部打开，这样才能提高完善系数和让所有的产层都发挥产能。但是，对于碳酸盐岩储层的气井，存在着一个射孔层段的选择问题。一般都是根据电测资料来确定射孔层段的。这里需要强调的是，凡钻井中有井漏、气侵、井涌显示，而电测解释是气层的，均需打开。钻进中有显示，而电测解释为水层的，则射孔一定要仔细研究。气水异层的，一定要避开水层。气水同层的，则根据区域情况，酌情决定射孔井段。

2. 射孔参数对气井产能的影响

天然气是通过射孔孔眼从储层流到井底的。因此，确定射孔井的产能就必须考虑以下射孔参数：孔眼的大小与深度、孔眼的密度、孔眼的几何空间分布等。斯伦贝谢公司经过实验研究，列出了不同完井类型的射孔几何因素先后次序（表3-5）。

表 3-5　不同完井类型射孔因素影响顺序表

射孔因素＼完井类型	防砂完井（未固结）	自喷完井（固结）	增产措施（固结）	改善伤害
有效射孔密度	2	1	1	2
射孔孔径	1	4	2	4
射孔相位	3	3	3	3
穿透深度	4	2	4	1

由表3-5可知，对于要进行压裂酸化改造的井，有效射孔密度和射孔孔径是主要考虑因素，要尽可能地提高孔密和孔径；对于地层需改善伤害情况，而又漏失钻井液的井，穿透深度和有效射孔密度就是主要因素。

3. 射孔方案优化

过去碳酸盐岩储层的气井大多采用10孔/m的孔密。现在通过研究发现提高孔密很有必要。当然，提高孔密也有一个限度，那就是不能破坏生产套管和固井质量，同时若孔密过大，射孔弹较小，会导致射孔枪穿透深度较小。因此，这几个因素是互相影响的。为了提高射孔效率，就需要优化设计。目前各油气田都有了优化设计软件，可根据完井的类型和储层特性优选出各种射孔参数，达成优化射孔设计。

三、特殊射孔工艺

1. 过油管射孔工艺

过油管射孔就是射孔弹通过油管，下出油管鞋，再对套管射孔。当然，由于特殊需要，也有射孔弹在通过油管时，停在油管内，对油管进行射孔的。

过油管射孔工艺的最大好处是油管已下入井内，射孔后即排液投产，射孔弹电点火，比较安全可靠。

这一工艺的最大缺点是射孔弹受油管内径的限制，射孔弹不能太大。一般都是采用SYD-73型射孔弹。因此，射孔弹的穿透深度有限。如果是两层套管，往往有射不穿的危险。因此，目前这一工艺在气井中用得较少。但最近，国内又开始研究深穿透的油管射孔弹，射孔效果不错。

2. 封隔器完井的射孔工艺

目前国外气井完井，凡是酸性介质的气井均采用封隔器完井方法。封隔器完井时，其封隔器以下管柱就要采用油管传输射孔工艺。封隔器的完井管柱，凡要射孔的，一般均在封隔器以下安装筛管、丢手接头、减震器、引爆装置及射孔枪等。在下封隔器时，就将射孔装置预先下入射孔位置，自然伽马定位后，再坐封，起出电缆或坐封油管，最后再下入生产油管，投棒、点火、引爆射孔枪，射孔后，根据需要，再投球到丢手接头，将射孔枪丢入井底。

油管传输射孔与MFE（多流测试器）联作这一工艺技术是国外20世纪80年代才发展起来的一项综合性工艺技术。它充分发挥了负压射孔的优越性，同时，又提供了最好的地层评价机会，对气田合理开发、完井、增产措施都有重要意义。这项工艺技术所下的井下管柱，通常采用"旁通传压"引爆式。

油管内液垫压力经筛管加到封隔器下部的套管内，一般液垫压力应低于地层压力一定数值，产生一定的负压。负压多少，完全可以人为确定，以液垫高度来实现。这里应注意到，油管和封隔器以上环空是互不连通的。封隔器以上环空液体是满的，而油管内液体并不是满的。

起爆时，对套管环空加压，压力经旁通接头、旁通管、配合接头，进入压力起爆器。起爆压力仅取决于环空压力，而与油管内的液垫高度无关，也就是说与油管、套管的压差无关。因此，引爆的成功率很高。

起爆器与封隔器的距离可以任意设置，一般为50~100m。这样长的油管可以有效缓解射孔时引起的冲击力，不仅保护了封隔器的坐封，也保护了MFE中的压力计等精密仪器。

这一工艺技术的优点如下：

（1）一次性起下管柱，既可射孔，又可取到试气资料，可降低试气成本，缩短试气周期，加快气田勘探开发步伐。

（2）该技术能实现负压射孔，减少了压井液对地层的伤害，在此时取到的测试资料，能真实地反映地层本来面目。因此，地层评价资料解释符合率更高。

这一工艺也有一定的局限性。因为油管传输射孔与MFE联作后，必须压井取出MFE工具，这样就会对气层造成新的伤害。因此，对于有较高产量的自喷井，不宜使用该工艺。

3. 激光射孔工艺

激光射孔为国外的一项新技术，它将地面激光发射器发生的高功率相干光束通过光缆导向，沿着井轴到达预定射孔深度，而后通过此处的激光接收器将光束横向折射到射孔位置，光束连续聚焦在折射光束轴的聚焦点上形成射孔孔眼，孔径为9~25mm。当激光射孔器的能量足够大时，可使孔道更加深远地向地层延伸。

第五节 完井测试

一、完井测试的目的与特点

1. 完井测试的目的

对开发气井，完井作业的最后一道工序，就是对气井进行完井测试。完井测试，有点类似试油作业中的测试工作，都是测试一个回压下的气水稳定产量。通过测试稳定的产气量，可以确定生产能力而进行定产，也是进行增产措施、建设采气场站和集输管线的重要参考资料。由于碳酸盐岩气藏的非均质性，在同一个气田上，所钻的井不一定都能获得天然气成为气井。因此，对于气井测试出它的生产能力是非常重要的。

2. 完井测试的特点

完井测试的最大特点是由于完井测试尚未建设集输管线，因此，测试时间一般都比较短。通常采取测试一个回压下的产量，也就是"一点法试井"。

对于个别重点气藏，为了掌握气藏更多的生产参数，要进行稳定试井，就需要更换不同的孔板，测试不同回压下的气产量，然后再进行资料处理，求得气井的生产能力和无阻流量等，也就是"稳定试井"。

二、完井测试流程及主要装备

1. 完井测试流程

根据现场实践，完井测试流程主要有三种。

1) 常压气井测试流程

用得最多的是这种测试流程。它主要由采气井口、放喷管线、气水分离器、临界速度流量计和放喷出口的燃烧筒组成。

这种测试流程适用于不产水或产少量凝析水的气井。因为临界速度流量计测试要求必须是干气，不能含有水，因此，要安装旋风分离器进行脱水后，才能进行测试。

2) 气水井测试流程

若测试的是气水井，则要应用气水井测试流程。本流程基本上同第一种，主要区别在于测试流程中加重力式分离器，井口降压要大一些，分离后的天然气用临界速度流量计测试，水用计量罐测试。

3) 高压气井的测试流程

对于高压或超高压气井，测试中井口压力降低较多，所产生的大压差会导致管线和分离器结冰。因此，需要一套降压保温装置。为了使降压不致太大，一般采用三级降压保温装置，通过热水或蒸气在管线上的热交换，防止测试管线水化物凝结。

2. 完井测试的主要装备

测试主要装备有采气井口装置、井口降压阀、气水分离器与安全阀、临界速度流量计或垫圈流量计及燃烧筒等。

(1) 采气井口装置。目前采气井口装置主要采用两种形式的井口装置：一是 KQ-40、KQ-60 型等楔形阀井口装置；二是 KQ-70、KQ-100 型平板阀井口装置。前者用得较为普遍。

(2) 井口降压阀。这是将井口高压降低到低压的关键装置。一般都采用采气井口的角式节流阀来实现调节。对于超高压气井，也有用三级降压保温装置来代替的。

(3) 气水分离器（或油、气、水三相分离器）。两相或三相分离器都是利用旋风或重力的作用，使油气水分离。分离器分立式和卧式两种。为了防止分离器爆炸，分离器必须安装安全阀。

(4) 测试流量计。完井测试流量所用的流量计分两种：一种为临界速度流量计，通常用于日产气量大于 8000m^3 的气井；另一种为垫圈流量计，通常用于日产气量小于 8000m^3

的气井。

（5）燃烧筒。完井放喷测试过程中，通常都将测试后的气体烧掉，因此放喷试管口常接一个燃烧筒口。目前，燃烧筒分为两种：一种是以排除残酸、防止残酸污染为主要目的的排酸筒；另一种是测试用高空燃烧筒。两种都可以烧掉测试的气体，但功能略有区别。前者燃烧筒内部结构以旋风为主，加上挡板，可防止残酸飞扬性污染，其结构简单、价格低廉。后者将火口从地面改在高空，放喷时气液混合物分级降压，气体膨胀，气体分离，可以增加分离效果，回收残酸；同时火焰又在高空燃烧，不会烧坏地面植被，有效地防止了污染。

三、完井测试方法及流量计算

1. 临界速度流量计

1）原理及结构

临界速度流量计原理是根据天然气流过孔板，上流压力 p_1 大于下流压力 p_2 约一倍，即 $p_2 \leqslant 0.546 p_1$ 时，达到临界气流。

在临界气流时，流束断面最小处，天然气的流速等于在该处温度下天然气中的声速。此时，增加上流压力，流束断面最小的速度并不增加，只增加气体的密度和流量，故利用上流压力即可算出流量。

临界速度流量计结构如图 3-23 所示。

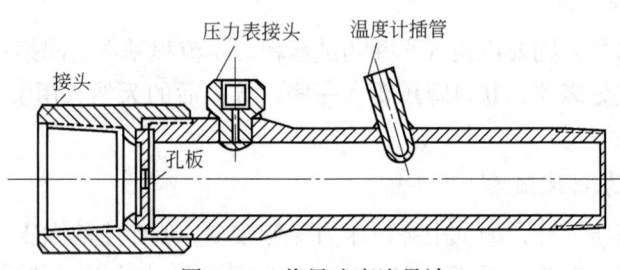

图 3-23 临界速度流量计

2）安装要求及计算公式

（1）孔板的安装。孔板安装方向非常重要，不能反装，用"小进大出"，即喇叭口朝下流方向。

（2）放喷测试管线的安装。临界速度流量计要求安装在比较平直的测试管线上。流量计下流不宜接较长的管线，一般 2~3 根油管即可。否则，流量计下流一定要增接一个下流压力表，以计算下流压力 p_2，确定气流是否达到临界速度。

（3）流量计公式：

$$Q = \frac{1870 d^2 p_1}{\sqrt{\gamma Z T}} \tag{3-16}$$

式中　Q——气体流量，m^3/d；

　　　d——孔板直径，mm；

　　　p_1——上流压力，MPa；

T——上流温度，K；

γ——天然气的相对密度；

Z——在 p_1、T 条件下的天然气偏差系数，当 p_1 小于 0.8MPa（绝）时，可取 $Z=1$。

当气流未能达到临界状态时，即 $p_2>0.546p_1$ 时，气体流量可用式(3-17)计算：

$$Q = 3.12 d^2 \sqrt{\frac{(p_1-p_2)\times(0.546p_2+0.45)p_1}{qZT}} \tag{3-17}$$

式中　p_2——下流压力，MPa；

3) 计算实例

某井用 60mm 临界速度流量计测试，孔板直径 25mm，上流压力 6.06MPa，下流压力 0.5MPa，上流温度 282K，天然气相对密度 0.567，临界压力 4.73MPa，临界温度 191.7K，求天然气流量。

解：因为 $p_1=6.06>0.8$（MPa），故要考虑 Z；因为 $0.546p_1=0.546\times6.06=3.309$（MPa）$>p_2$，故用 (3-16) 式计算。

(1) 求 Z 值。

求对比压力：$p_r = \dfrac{6.06}{4.73} = 1.28$

求对比温度：$T_r = \dfrac{282}{191.7} = 1.47$

查天然气压缩系数图，得 $Z=0.868$。

(2) 求 Q。

由式(3-16)得：

$$Q = \frac{1870 d^2 p_1}{\sqrt{\gamma ZT}} = \frac{1870\times 25^2\times 6.06}{\sqrt{0.567\times 0.868\times 282}} = 60.1\times 10^4 (\mathrm{m^3/d})$$

2. 垫圈流量计

1) 原理及结构

垫圈流量计是根据气体流经孔板所形成压差的变化来测量流量的。下流通大气，其压力为一个大气压，上流测出的压力即为上、下流的压差。气体流经孔板时，流速大大增加，部分压能转化为动能，所以在孔板前后形成压差。压差越大，流经孔板的流量就越大，利用压差即可算出流量。

现场一般利用临界速度流量计进行改装后进行测试，改装要求是下流管线不能太长，一般 2~3 根油管，直接通大气。在上流压力表处，换成 U 形管计算上流压力。

2) 计算公式

当压差为汞柱时：

$$Q = 10.64 d^2 \sqrt{\frac{H}{\gamma V}} \tag{3-18}$$

当压差为水柱时：

$$Q = 2.89 d^2 \sqrt{\frac{H}{\gamma V}} \tag{3-19}$$

式中 Q——气体流量，m^3/d；
　　d——孔板直径，mm；
　　H——U 形管中汞柱压差，mm；
　　γ——天然气的相对密度；
　　V——气流温度，K。

四、完井测试中应注意的问题

1. 完井测试的回压控制

回压控制主要是指井口套压的控制。如果井口回压过低，流量计测试的产量就很大，反之亦然。因此，判断一口井的产能大小，不能光看测试产能的大小，还要看在多大回压下的产量。回压控制原则如下：

（1）对纯气井测试，套管回压控制应为气井关井套压的 80%~90%。
（2）对于气水同产井测试，套管回压控制在气井关井压力的 60%。
（3）对于气井措施前后的测试，为对比处理效果，套压应尽可能控制在同一水平。

2. 稳定时间

测试过程中，计算产量的数值必须取稳定一段时间最后一点的数据。对 $30\times10^4 m^3/d$ 以上高产气井，为了减少天然气的浪费，稳定时间可定为 4h 左右；对 $(10\sim30)\times10^4 m^3/d$ 的气井，一般可稳定 6h 以上；$10\times10^4 m^3/d$ 以下的气井，应稳定 8h 以上。当然，测试稳定时间不是绝对的。但稳定时间太短，往往造成假象，不能真实地反映地层的生产能力。

3. 测试安全问题

测试管线和设备在测试过程中都处于高压状态，并且管内又是可燃性气体，因此，测试过程中特别要注意安全。一般情况下应注意以下问题：

（1）测试管线和设备必须固定可靠，并按有关规定试压合格；地脚螺栓和水泥坑大小必须按有关标准执行。
（2）如果天然气含硫化氢，则放喷测试管线和设备都必须满足防硫化氢的要求，包括材质要求和加工工艺要求。
（3）井口减压节流，往往造成管线结冰。水化物结冰可堵死测试管线、分离器管线，使管线容易爆破，后果非常危险。因此，测试中应安装降压保温装置，防止冰堵。
（4）放喷测试管线口点火时必须注意安全。一般应用长竿点火，人站在风向上端，否则点火时会发生人身烧伤事故。

五、一点法试井求无阻流量

为了估算气井的绝对无阻流量，减少放空测试气量，可以采用一点法试井（即测试一点）来求无阻流量。一点法试井所用的经验曲线（图 3-24）是

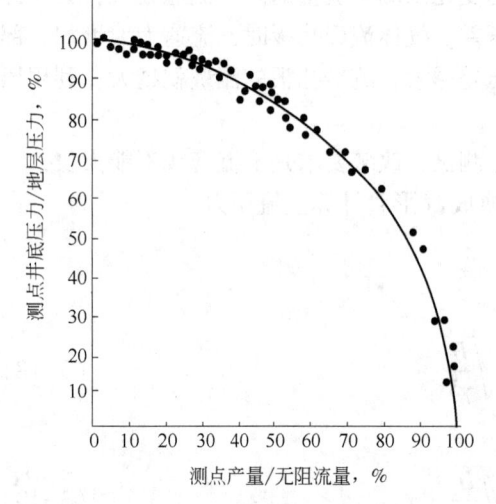

图 3-24　气井试井经验曲线

根据四川地区某些气田多次试井资料作出的。对高、中渗透性的纯气井，当其测试点的井底压力与地层压力之比（矿场也常用井口测试套压与井口关井套压之比）在80%~90%时，使用此经验曲线误差在10%以内。气水同产井、低渗透井不宜用此经验曲线求绝对无阻流量。

计算方法为：先求得测点井底压力与地层压力之比，然后用测试产量来除，即为该点的绝对无阻流量。

思考题

1. 常用的完井方法有哪些？分别简述各类完井方法的适用条件及优缺点。
2. 简述气层伤害机理和伤害原因。
3. 简述完井油管柱的选用原则及各类油管柱的优缺点。
4. 生产封隔器完井的井下工具有哪些？
5. 简述油管传输射孔的过程。

参 考 文 献

[1] 曾时田，吴柳生，高碧桦．四川地区平衡钻井及井控技术研究［J］．天然气工业，1986，6（2）：49-61.
[2] 胡鉴周，李昌元．磨溪气田一次性管柱试油完井工艺技术［J］．天然气工业，1993，13（4）：59-64.
[3] 四川石油管理局．天然气工程手册［M］．北京：石油工业出版社，1982.
[4] 朱恩灵．试油工艺技术［M］．北京：石油工业出版社，1985.
[5] 李克向．保护油气层钻井完井技术［M］．北京：石油工业出版社，1993.
[6] 王天宇．压裂液对储层的损害及其保护技术［J］．化学工程与装备，2020（4）：104-105.
[7] 郭建明，夏宏南．完井工程［M］．北京：石油工业出版社，2015.
[8] 李颖川，钟海全．采油工程：富媒体［M］．3版．北京：石油工业出版社，2021.
[9] 金忠臣，杨川东，张守良，等．采气工程［M］．北京：石油工业出版社，2004.
[10] 杨川东．采气工程［M］．北京：石油工业出版社，2001.
[11] 廖锐全，曾庆恒，杨玲．采气工程［M］．2版．北京：石油工业出版社，2012.
[12] 廖作才，熊海灵．保护油气层技术［M］．北京：石油工业出版社，2012.

第四章 气井产能方程

气井产能为一定井底回压下气井的产气量。在气田开发过程中，准确预测气井的产能和分析气井的动态，是科学开发气田的基础。在气田开发理论研究与生产实践中，气井产能方程是预测气井产能、分析气井动态、了解气层特性的最常用和最主要的手段。气井的流动状态、流动方向、完井方式不同，气井的产能不同。本章主要介绍单相流气井、两相流气井、水平井及考虑不同完井方式的气井产能方程。

第一节 单相流气井产能方程

一、达西流动产能方程

如图4-1所示，设想一水平、等厚、均质的气层，气体平面径向流入井底。如用混合单位制，则服从达西定律气体平面径向流的基本微分表达式如下：

$$q_r = \frac{K(2\pi rh)}{\mu} \frac{dp}{dr} \quad (4-1)$$

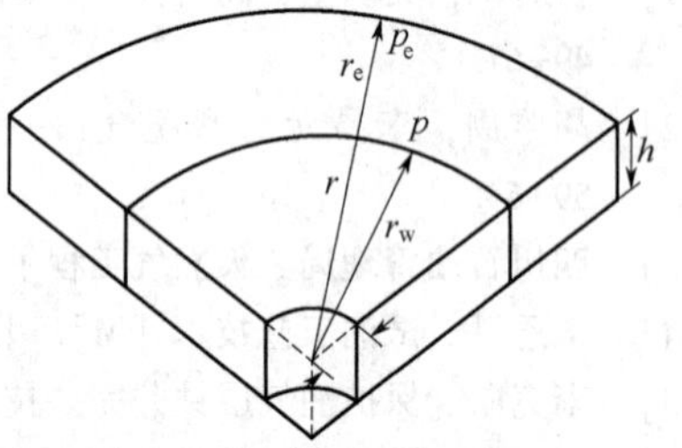

式中 q_r——在半径 r 处的气体体积流量，cm^3/d；
K——气层有效渗透率，D；
μ——气体黏度，$mPa \cdot s$；
h——气层有效厚度，cm；
r——距井轴的任意半径，cm；
p——压力，kPa。

图4-1 平面径向流模型

根据连续性方程 $\rho q = \rho_1 q_1 = \rho_2 q_2 =$ 常数、偏差系数气体状态方程 $\rho = \frac{pM}{ZRT}$，可将半径 r 处的流量 q_r 折算为标准状态下的流量 q_{sc}：

$$q_r = q_{sc} B_g = q_{sc} \frac{p_{sc}}{Z_{sc} T_{sc}} \frac{ZT}{p} \quad (4-2)$$

将式(4-1)代入式(4-2)，分离变量、积分、整理可得气体稳定流动的达西产能方程(气体平面径向流产能方程)：

$$q_{sc} = \frac{774.6 Kh (p_e^2 - p_{wf}^2)}{T\bar{\mu}\bar{Z}\ln\frac{r_e}{r_w}} \quad (4-3)$$

或

$$p_e^2 - p_{wf}^2 = \frac{1.291 \times 10^{-3} q_{sc} T\bar{\mu}\bar{Z}}{Kh} \ln\frac{r_e}{r_w} \quad (4-4)$$

式中 q_{sc}——标准状态下产气量，m^3/d；
B_g——气体体积系数；

$\bar{\mu}$——气体平均黏度，mPa·s；
$\bar{Z}$——气体平均偏差系数；
T——气层温度，K；
r_w——井底半径，m；
r_e——气层泄流半径，m；
p_e、p_{wf}——气层压力、井底流压，MPa。

[例 4-1] 某气井参数如下：$h = 9.144$m，$p_e = 31.889$MPa，$p_{wf} = 16.548$MPa，$T = 395.6$K，$\bar{\mu} = 0.027$mPa·s，$K = 1.5 \times 10^{-3} \mu m^2$，$\bar{Z} = 0.89$，$r_e = 167.64$m，$r_w = 0.1015$m。假设气井流动符合稳定达西流动条件，求气井产气量。

解：由式(4-3)可得：

$$q_{sc} = \frac{774.6Kh}{T\bar{\mu}\bar{Z}\ln\frac{r_e}{r_w}}(p_e^2 - p_{wf}^2)$$

$$= \frac{774.6 \times 1.5 \times 9.144}{395.6 \times 0.027 \times 0.89 \times \ln\frac{167.64}{0.1015}} \times (31.889^2 - 16.548^2) = 10.21 \times 10^4 (m^3/d)$$

以上方程都把整个气层视为均质储层，从外边界到井底的渗透率没有任何变化。实际上，钻井过程中的钻井液污染会使井底附近气层的渗透性变坏，当气体流入井底时，经过该地段就要多消耗一些压力；反之，一次成功的解堵酸化有可能使井底附近气层的渗透性变好，当气体流入井底时，经过该地段就可以少消耗一些压力。如果以井底附近渗透率没有任何变化时的压力分布曲线作基线，那么井底受污染相当于引起一个正的附加压降，井底渗透性变好相当于引起一个负的附加压降，如图4-2所示。

从图4-2可以看出，无论是钻井液污染对井底附近岩层渗透性造成的伤害，或者是酸化对它的改善，都局限于井壁附近很小范围，这种现象被称为表皮效应，可用表皮系数 S 来进行量化。

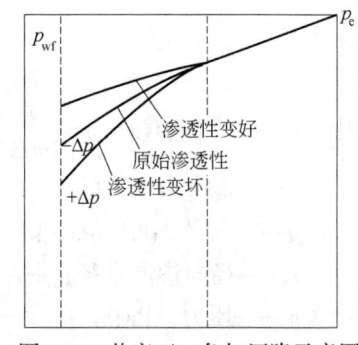

图4-2 井底正、负加压降示意图

哈金斯（Hawhins）将表皮系数表示为

$$S = \left(\frac{K}{K_a} - 1\right)\ln\frac{r_a}{r_w} \tag{4-5}$$

式中 K——原始气层渗透率，mD；
K_a——变化后的气层渗透率，mD；
r_a——污染带半径，m。

当 $K = K_a$ 时，$S = 0$；$K > K_a$，S 为正值；$K < K_a$，S 为负值。

将表皮效应产生的压降合并到总压降中，则稳定流动达西产能方程为

$$q_{sc} = \frac{774.6Kh}{T\bar{\mu}\bar{Z}\left(\ln\frac{r_e}{r_w} + S\right)}(p_e^2 - p_{wf}^2) \tag{4-6}$$

$$p_e^2 - p_{wf}^2 = \frac{1.291 \times 10^{-3} q_{sc} T \bar{\mu} \bar{Z}}{Kh}\left(\ln\frac{r_e}{r_w} + S\right) \tag{4-7}$$

由以上方程可见，当产气量一定时，正的表皮系数 S 可使生产压差增大，负的表皮系数 S 可使生产压差减小；当生产压差一定时，正的表皮系数 S 可使产气量减小，负的表皮系数 S 可使产气量增大。通过气井试井，了解表皮系数 S 的变化，及时采取措施，这对气井稳产和增产极为重要。

二、非达西流动产能方程

达西定律是用黏滞性流体进行实验得出的，相当于管流中的层流流动。气体流入井的过程中，垂直于流动方向的流通断面越接近井轴越小，渗流速度也越大。井轴周围的高速流动相当于紊流流动，称为非达西流动。这种情况下达西流动产能方程已不再适用，必须寻求其特有的流动规律。Forchheimer 通过实验，提出以下面的二次方程描述非达西流动：

$$-\frac{dp}{dl} = \frac{\mu u}{K} + \beta \rho u^2 \tag{4-8}$$

对于平面径向流：

$$\frac{dp}{dr} = \frac{\mu u}{K} + \beta \rho u^2 \tag{4-9}$$

其中

$$\beta = \frac{7.644 \times 10^{10}}{K^{1.5}} \tag{4-10}$$

式中　u——渗流速度，$u = \frac{q}{2\pi rh}$，m/s；

　　　K——渗透率，mD；

　　　μ——气体黏度，Pa·s；

　　　r——径向渗流半径，cm；

　　　p——压力，Pa；

　　　ρ——流体密度，kg/m³；

　　　l——线性渗流距离，m；

　　　β——描述孔隙介质紊流影响的系数，称为速度系数，m^{-1}。

在式(4-9)中，总的压力梯度 $\frac{dp}{dr}$ 由两部分组成，方程右端第一项代表达西流动部分，第二项代表非达西流动部分。由于气体和液体（油、水）相比，二者的黏度、密度差异较大，在同样的总压力梯度下，气体流速要比液体流速至少大一个数量级，第二项大于第一项并非罕见之事。因此，在气流入井过程中，井底周围出现非达西流动是气体突出的渗流特性，需做出定量估计。

如前文所述，气体越近井轴，流速越高，所以非达西流动产生的附加压降也主要发生在井壁附近。类似前面处理表皮效应的思路，引入一个与流量有关的表皮系数描述它，称为流量相关表皮系数，并用符号 Dq_{sc} 表示。将式(4-9)中的第二项即非达西流动部分的压降用符号 dp_{nD} 表示，则有

$$dp_{nD} = \beta \rho u^2 dr \tag{4-11}$$

在式(4-11)中，如将压力单位由 atm 换为 MPa，并对其积分($r_w \to r_e$，$p_f \to p_e$)，推导可得：

$$q_{sc} = \frac{774.6Kh(p_e^2 - p_{wf}^2)}{T\bar{\mu}\bar{Z}\left(\ln\frac{r_e}{r_w} + S + Dq_{sc}\right)} \quad (4-12)$$

$$p_e^2 - p_{wf}^2 = \frac{1.291 \times 10^{-3} q_{sc} T\bar{\mu}\bar{Z}}{Kh}\left(\ln\frac{r_e}{r_w} + S + Dq_{sc}\right) \quad (4-13)$$

如前所述，式中 S 和 Dq_{sc} 都表示表皮系数，前者反映井底附近渗透性变化的影响，后者反映井底流量变化的影响。两者物理意义虽然不同，但都发生在井底附近。在同一条井底附近的压力分布曲线上，实际上也难以区分出这两个参数。因此，常将 S 和 Dq_{sc} 合并在一起，写成

$$S' = S + Dq_{sc} \quad (4-14)$$

式中　S'——视表皮系数。

引入视表皮系数的概念，式(4-12)和式(4-13)可以写成

$$q_{sc} = \frac{774.6Kh(p_e^2 - p_{wf}^2)}{T\bar{\mu}\bar{\mu}\left(\ln\frac{r_e}{r_w} + S'\right)} \quad (4-15)$$

$$p_e^2 - p_{wf}^2 = \frac{1.291 \times 10^{-3} q_{sc} T\bar{\mu}\bar{Z}}{Kh}\left(\ln\frac{r_e}{r_w} + S'\right) \quad (4-16)$$

在稳定试井时，安排关井测压力恢复曲线或开井测压力降落曲线，可用来确定 S'。在不稳定试井时，欲确定 S'，至少需安排两个不同流量下的不稳定试井。

本节所讲述的这些方程中，外边界上的压力 p_e 为一定值，不随时间变化，这意味着要求气井井底流出与外边界流入的质量流量必须相等。众所周知，气田开发过程中，无论怎样活跃的边水，要保持 p_e 恒定不太可能。因此，本节所述内容作为本章的理论基础十分必要，特别是有关 S、Dq_{sc} 和 S' 的概念，对气井生产有实用的意义。但是由于气藏难以实现稳定流动，因此一般不用它整理试井资料，有必要探索更能反映气体流入动态的产能方程。

三、拟稳定状态流动的气井产能方程

在一定范围的排气面积内，气体定产量生产一段较长时间，层内各点压力随时间的变化相同，不同时间的压力分布曲线依时间变化互成一组平行的曲线族。此时这种情况称为拟稳定状态。

对于用衰竭方式开发、多井采气的气田，在正常生产期内呈拟稳定状态。气井采气全靠排气范围内气体本身的膨胀，没有外部气源和能量补给。对此情况，由气体等温压缩的定义可以得出

$$C_g V \frac{dp}{dt} = -\frac{dV}{dt} = -q_{sc} \quad (4-17)$$

式中　V——气体控制的经孔隙体积；
　　　C_g——气体等温压缩系数；
　　　p——压力；

t——时间；

q_{sc}——恒定的采气量。

类似于图4-1所示的模型和导出达西产能方程做法，设想圆形气层中心一口井定产量采气，在任一半径r处流过的流量q'_r与r到边界半径r_e之间的气层体积成正比，即

$$q'_r = (r_e^2 - r^2)\pi h \phi C_g \frac{dp}{dt} \tag{4-18}$$

式中 h——地层有效厚度，m；

ϕ——孔隙度；

q'_r——换算到标准状态r处的流量，m^3/d。

当$r = r_w$时，有

$$q_{sc} = (r_e^2 - r_w^2)\pi h \phi C_g \frac{dp}{dt} \tag{4-19}$$

当$r_w \ll r_e$时，可忽略r_w^2，即有

$$\frac{q'_r}{q_{sc}} = 1 - \frac{r^2}{r_e^2} \tag{4-20}$$

积分、整理可得

$$q_{sc} = \frac{774.6 Kh(\bar{p}_e^2 - p_{wf}^2)}{T\mu \bar{Z}\left(\ln\frac{0.472 r_e}{r_w} + S + Dq_{sc}\right)} \tag{4-21}$$

或

$$\bar{p}_e^2 - p_{wf}^2 = \frac{1.291 \times 10^{-3} q_{sc} \bar{\mu} \bar{Z} \bar{T}}{Kh}\left(\ln\frac{0.472 r_e}{r_w} + S + Dq_{sc}\right) \tag{4-22}$$

式(4-21)和式(4-22)就是拟稳定状态流动气井产能方程的两种常见表达形式，常用于处理产能试井资料。

利用气井试井资料确定气井产能方程时，可将式(4-22)改写成下面形式：

$$\bar{p}_e^2 - p_{wf}^2 = \frac{1.291 \times 10^{-3} q_{sc} \bar{\mu} \bar{Z} \bar{T}}{Kh}\left(\ln\frac{0.472 r_e}{r_w} + S\right) + \frac{2.828 \times 10^{-21} \beta \gamma_g \bar{Z} T q_{sc}^2}{r_w h^2} \tag{4-23}$$

或

$$\bar{p}_e^2 - p_{wf}^2 = Aq_{sc} + Bq_{sc}^2 \tag{4-24}$$

$$A = \frac{1.291 \times 10^{-3} \bar{\mu} \bar{Z} \bar{T}}{Kh}\left(\ln\frac{0.472 r_e}{r_w} + S\right) \tag{4-25}$$

$$B = \frac{2.828 \times 10^{-21} \beta \gamma_g \bar{Z} \bar{T}}{r_w h^2} \tag{4-26}$$

式中 γ_g——气体相对密度；

A——层流项系数；

B——紊流项系数。

国内称式(4-23)或式(4-24)为二项式产能方程。式(4-24)右边第一项表示黏滞性引起的压力损失，第二项表示惯性引起的压力损失，这两项损失之和构成气体流入井的总压降。

确定式(4-24)中的A和B有两个途径，主要是通过产能试井确定；另外在试井（包括

不稳定试井）提供全部所需参数的基础上，也可按式（4-25）和式（4-26）计算。

式（4-24）可表示为

$$\frac{\Delta p^2}{q_{sc}} = A + B q_{sc} \tag{4-27}$$

式中，Δp^2 代表 $\bar{p}_e^2 - p_{wf}^2$，这里仅是符号替代（下同）。

气井产能试井可以实测几组 q_{sc}—Δp^2 数据。从式（4-27）可知，如在普通方格纸上作图，纵坐标为 $\Delta p^2/q_{sc}$，横坐标为 q_{sc}，用几组实测试井数据作出 $\Delta p^2/q_{sc}$—q_{sc} 关系，应该是一直线，如图4-3所示。图中 A 为纵轴上的截距，B 为直线段斜率。

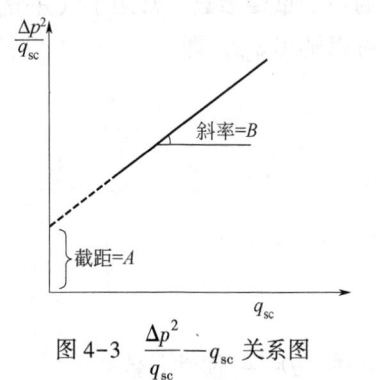

通过图4-3中直线上可靠的两点 $\left[q_1, \left(\dfrac{\Delta p^2}{q}\right)_1\right]$ 和 $\left[q_2, \left(\dfrac{\Delta p^2}{q}\right)_2\right]$，根据式（4-27）可列出以下方程：

图4-3 $\dfrac{\Delta p^2}{q_{sc}}$—$q_{sc}$ 关系图

$$\left(\frac{\Delta p^2}{q}\right)_1 = A + B q_1$$

$$\left(\frac{\Delta p^2}{q}\right)_2 = A + B q_2$$

此外，利用可靠的试井实测数据，也可以用最小二乘法确定 A 和 B，即

$$A = \frac{\sum \dfrac{\Delta p^2}{q_{sc}} \sum q_{sc}^2 - \sum \Delta p^2 \sum q_{sc}}{N \sum q_{sc}^2 - \sum q_{sc} \sum q_{sc}} \tag{4-28}$$

$$B = \frac{N \sum \Delta p^2 - \sum \dfrac{\Delta p^2}{q_{sc}} \sum q_{sc}}{N \sum q_{sc}^2 - \sum q_{sc} \sum q_{sc}} \tag{4-29}$$

式中 N——取点总数。

A、B 一经确定，该井的产能方程即可写出，如果从其中求解，则有

$$q_{sc} = \frac{-A + \sqrt{A^2 + 4B \Delta p^2}}{2B} \tag{4-30}$$

已知 $\bar{p}_e$，利用式（4-30），给一个 p_{wf}，得一个相应 q_{sc}，气井的流入动态曲线即可画出，如图4-4所示。

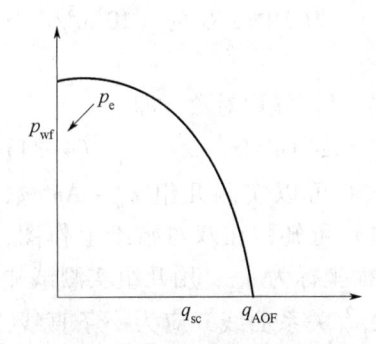

将 $p_{wf} = 0$ 代入式（4-30），所解出的流量称为气井的绝对无阻流量，用符号 q_{AOF} 表示，则

$$q_{AOF} = \frac{-A + \sqrt{A^2 + 4B(\bar{p}_e^2)}}{2B} \tag{4-31}$$

在图4-4中，q_{AOF} 即为 $p_{wf} = 0$ 时气井流入动态曲线与横轴的交点。

图4-4 气井的流入动态曲线

严格地讲，由于气体物性参数与压力有关，A、B 仅对测

试压降范围有效，将试井确定的含 A、B 的产能方程用于测试压降以外，如用于确定井底压力为零时的绝对无阻流量 q_{AOF}，则应对 A、B 进行必要的校正，方能保证计算 q_{AOF} 的准确度。

气井的绝对无阻流量与气井设备因素无关。井底回压为零，用式(4-30) 计算出来的最大产气量并非气井可以采出、井口可以记录的产气量。q_{AOF} 反映气井的潜能，是评估气井的一个重要参数，常用于气井分类、配产和其他方程中参数的无量纲化等。由式(4-21) 也可以解出 q_{sc}，即

$$q_{sc} = \frac{-A_2 + \sqrt{A_2^2 + 4DA_1}}{2D} \tag{4-32}$$

$$A_1 = \frac{774.6Kh(\bar{p}_e^2 - p_{wf}^2)}{T\bar{\mu}\bar{Z}}$$

$$A_2 = \ln\frac{r_e}{r_w} - \frac{3}{4} + S$$

式中 D——惯性系数。

应注意，式(4-30) 和式(4-32) 功能相同，但各系数有区别。

分析 A、B 或 A_1、A_2 和 D 可知，若 Kh 和 S' 可以求得，则这 5 个系数都可以计算得出。如前所述，Kh 和 S' 可以通过不稳定试井获得。人们将本节所述的产能方程称为气流入井的基本理论方程，它区别于下节要介绍的经验方程，后者也用于描述气井流入井的规律，而且也是国内外各气田广泛应用的方程。

四、指数式产能经验方程

劳伦斯（Rawlins）和薛尔哈德（Schelhardt）根据气井生产数据，总结出气井产能经验方程，也称稳定回压方程或产能方程，国内气田上习惯称为指数式。它描述在一定的 $\bar{p}_e$ 时 q_{sc} 与 p_{wf} 之间的关系式，记为

$$q_{sc} = C(\bar{p}_e^2 - p_{wf}^2)^n \tag{4-33}$$

式中 q_{sc}——日产气量；
$\bar{p}_e$——平均地层压力；
p_{wf}——井底流动压力；
C——系数；
n——指数。

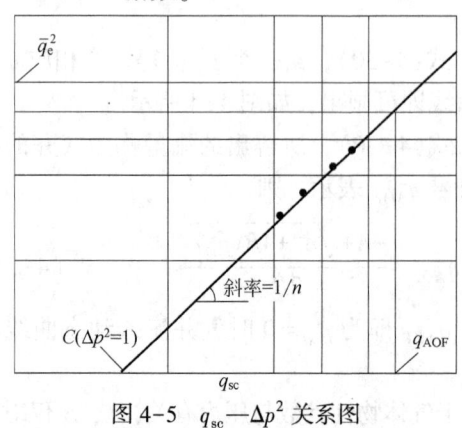

式中各参数的单位没有统一规定，例如：q_{sc} 为 $10^4 m^3/d$，$\bar{p}_e$ 为 MPa，C 为 $(10^4 m^3/d) \times (MPa)^{2n}$。

对式(4-33) 的两端取对数，即

$$\lg q_{sc} = \lg C + n\lg(\bar{p}_e^2 - p_{wf}^2) \tag{4-34}$$

气井产能试井可以实测几组 q_{sc}—Δp^2 数据。从式(4-34) 可知，在双对数纸上作图，纵坐标为 Δp^2，横坐标为 q_{sc}，用几组实测试井数据做出 q_{sc}—Δp^2 关系曲线，应为一条直线，如图 4-5 所示。该直线称为稳定回归直线或产

图 4-5 q_{sc}—Δp^2 关系图

能直线，气田上称为指数式指示曲线。现对图 4-5 做几点说明。

1. 指数 n

n 为图 4-5 中直线斜率的倒数，该直线斜率为 $1/n$。对式(4-34) 而言，有

$$n=\frac{\lg(q_{sc})_2-\lg(q_{sc})_1}{\lg(\bar{p}_e^2-p_{wf}^2)_2-\lg(\bar{p}_e^2-p_{wf}^2)_1}=\frac{\lg\dfrac{(q_{sc})_2}{(q_{sc})_1}}{\lg\dfrac{(\bar{p}_e^2-p_{wf}^2)_2}{(\bar{p}_e^2-p_{wf}^2)_1}} \tag{4-35}$$

确定指数 n 的方法有两种：
(1) 在直线上取两点代入式(4-35) 计算。
(2) 在所作图的纵坐标上取 1 个对数周期相对的横坐标读数，则

$$n=\frac{\lg(q_{sc})_2-\lg(q_{sc})_1}{\lg 10}=\lg\frac{(q_{sc})_2}{(q_{se})_1} \tag{4-36}$$

正确试井取得的 n 值，通常范围为 0.5~1.0。

$n=1$，直线段与横轴成 45°，气体流入井相当于层流，说明井底附近没有发生与流量相关的表皮效应，完全符合达西渗流规律。

$n=0.5$，直线段与横轴成 63.5°，表示气体流入井完全符合非达西流动规律。

n 由 1.0 向 0.5 减小，说明井底附近的视表皮系数可能增大。在测试过程中，如果井下积液随流量的增大而喷净，或者其他工艺等原因，可能出现 $n>1$ 的情况；$n>1$ 说明试井存在问题，必须查明原因，重新进行试井。

2. 系数 C

如图 4-5 所示，延长直线到纵轴 $\Delta p^2=1$ 的水平横线相交，交点对应于横轴的 q_{sc} 值，即为所求的 C。这样做往往需要较大的双对数纸，因此很少采用。

若指数 n 已经确定，可直接取直线上的一个点求 C 值，例如：

$$C=\frac{(q_{sc})_1}{(\bar{p}_e^2-p_{wf}^2)_1^n} \tag{4-37}$$

Rawlins 等人最初提出式(4-33)，未曾给出 C 的表达式，仅为经验系数。这里将 C 与式(4-21) 比较，可作如下探讨。

当 $n=1$ 时，有

$$C=\frac{Kh}{1.291\times 10^{-3}T\bar{\mu}\bar{Z}\left(\ln\dfrac{0.472r_e}{r_w}+S+Dq_{sc}\right)} \tag{4-38}$$

当 $0.5<n<1.0$ 时，有

$$C=\frac{Kh(\bar{p}_e^2-p_{wf}^2)^{1-n}}{1.291\times 10^{-3}T\bar{\mu}\bar{Z}\left(\ln\dfrac{0.472r_e}{r_{wf}}+S+Dq_{sc}\right)} \tag{4-39}$$

从式(4-38)、式(4-39) 可以看到，因为 μ、Z 与 p 有关，Dq_{sc} 与 q_{sc} 有关，所以 C 主要与压力、流量有关。显然，当压力、流量未达稳定时，C 是时间的函数。

气井通过产能试井确定出的 n 和 C，也就确定了该井的产能经验方程式（4-33）。有了产能方程，可以画出气井的流入动态曲线。

利用气井产能方程，也可以求出气井的 q_{AOF}：

$$q_{AOF} = C(p_e^{-2})^n \tag{4-40}$$

五、一点法气井产能经验方程

一点法气井产能经验方程是根据气井产能测试成果回归出来的经验方程。一般情况下通过多口气井系统试井，统计得到适合气田的一点法产能经验方程。

1990 年陈元千教授提出了一点法无阻流量经验方程：

$$q_{AOF} = \frac{6q_{sc}}{\sqrt{1+48p_D}-1} \tag{4-41}$$

或

$$q_{AOF} = \frac{q_{sc}}{1.0434 p_D^{0.6594}} \tag{4-42}$$

其中

$$p_D = \frac{\overline{p}_e^2 - p_{wf}^2}{\overline{p}_e^2}$$

六、产能方程求解应用实例

1. 求解产能方程

以川东地区某井 TD30 井为例，具体分析上述公式在产能分析中的实际运用。已知该井的中部井深 4918.69m，地层压力 p_e = 46.284MPa，井筒平均温度 70.0℃，气体相对密度 0.587，临界压力 4.52MPa，临界温度 193.5K，稳定试井基本数据见表 4-1。求解 TD30 井二项式和指数式产能方程及无阻流量。

表 4-1　TD30 井稳定试井数据表

历时，h	套压，MPa	油压，MPa	气量，$10^4 m^3/d$
—	35.199	35.075	0
8	34.944	33.581	18.97
8	34.806	33.562	25.38
8	34.752	33.15	28.6
8	34.575	32.568	35.1

解一：求解二项式产能方程及无阻流量。

（1）计算 p_e，列入表 4-2 中第 2 列。

（2）用单相流井底流压公式计算对于井口油压、产气量条件下的井底流压 p_{wf}，列入表 4-2 中第 3 列；同时计算 p_{wf}^2，列入表 4-2 中第 4 列。

（3）计算 $\Delta p^2 = p_e^2 - p_{wf}^2$，列入表 4-2 中第 5 列。

（4）计算 $\frac{\Delta p^2}{q}$，列入表 4-2 中第 6 列。

（5）作出 $\frac{\Delta p^2}{q}$—q 关系图，如图 4-6 所示（舍去点 3）。

(6) 由图 4-6 可知，TD30 井的二项式产能方程为
$$46.284^2 - p_{wf}^2 = 0.9456 q_{sc} + 0.0289 q_{sc}^2$$

表 4-2　TD30 井稳定试井数据

点序	p_e	p_{wf}	p_{wf}^2	Δp^2	$\Delta p^2/q$	q
1	2142.21	45.98	2114.16	28.05	1.479	18.97
2	2142.21	45.815	2099.01	43.19	1.702	25.38
3	2142.21	45.536	2073.53	68.68	2.401	28.6
4	2142.21	45.539	2073.80	68.41	1.949	35.1

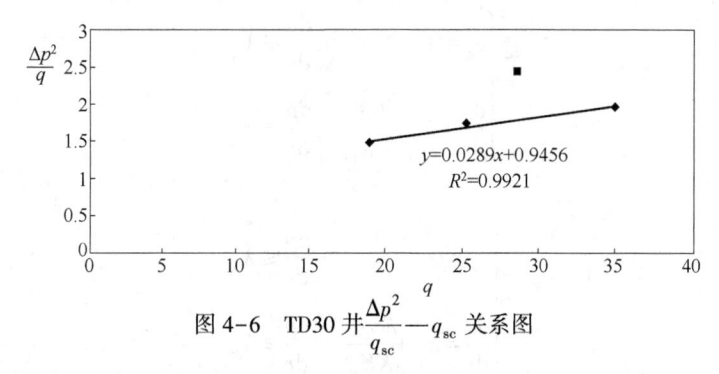

图 4-6　TD30 井 $\dfrac{\Delta p^2}{q_{sc}} - q_{sc}$ 关系图

(7) 由 TD30 井二项式产能方程可得无阻流量 $q_{AOF} = 256.4 \times 10^4 \text{m}^3/\text{d}$。

解二：求解指数式产能方程及无阻流量。

(1) 由式(4-35) 取点 1 和点 2、点 2 和点 3 分别计算 $n_1 = 0.674$，$n_2 = 0.705$，求其平均值 $n = 0.690$。

(2) 由式(4-37) 计算 $C = \dfrac{(q_{wc})_1}{(\bar{p}_e^2 - p_{wf}^2)_1^n} = 1.901$。

(3) TD30 井的指数式产能方程为
$$q_{sc} = C(\bar{p}_e^2 - p_{wf}^2)^n = 1.901 \times (46.284^2 - p_{wf}^2)^{0.690}$$

(4) 计算无阻流量 $q_{AOF} = C(\bar{p}_e^2)^n = 377.6 \times 10^4 \text{m}^3/\text{d}$。

2. 应用中的注意事项

(1) 试井前求得稳定的地层压力。
(2) 录取压力、流量、温度的仪器仪表经校验合格。
(3) 录取压力、产量数据要准确，尽量采用高精度电子压力计。
(4) 试井时每个压力、产量要保持相对稳定，同一点产量波动幅度不大于 10%，尽可能小于 5%。
(5) 井筒天然气流动保证为单相流，有条件的情况下实测井底流动压力。
(6) 求取产能方程时，偏离直线较远的点应舍去。

第二节　两相流气井产能方程

对于存在边水、底水及层间水的气藏，在实际生产期间地层中容易形成气水两相流动，

此时应根据气水两相流的基本规律来研究气井产能方程。本节以质量守恒原理为基础,在定义气水两相拟压力函数和气水两相拟启动压力梯度之后,推导出考虑启动压力梯度和地层伤害影响的两相流气井三项式产能方程,并以实例分析该方程的应用,同时探究气水比及启动压力梯度对气井产能的影响。

一、数学模型

假设气水两相在地层中呈平面径向稳定渗流,气相和水相渗流将受到启动压力的影响,气、水互不相溶,忽略毛管力的影响,可得到如下考虑启动压力梯度的气相和水相运动方程。

气相:

$$\begin{cases} v_g = 0 & \dfrac{dp}{dr} \leq \lambda_g \\ \dfrac{dp}{dr} = \lambda_g + \dfrac{\mu_g v_g}{KK_{rg}} & \dfrac{dp}{dr} \geq \lambda_g \end{cases} \quad (4\text{-}43)$$

水相:

$$\begin{cases} v_w = 0 & \dfrac{dp}{dr} \leq \lambda_w \\ \dfrac{dp}{dr} = \lambda_w + \dfrac{\mu_w v_w}{KK_{rw}} & \dfrac{dp}{dr} \geq \lambda_w \end{cases} \quad (4\text{-}44)$$

式中 v_g、v_w——气相、水相流速;

λ_g、λ_w——气相、水相启动压力梯度。

定义 q_t 为气水两相地面总质量流量,则由质量守恒定律可得

$$q_t = q_g \rho_g + q_w \rho_w = q_{gsc} \rho_{gsc} + q_{wsc} \rho_{wsc} = (1 + R_{wg}) q_{gsc} \rho_{gsc} \quad (4\text{-}45)$$

联立式(4-43)至式(4-45),整理可得气水两相的渗流方程:

$$\left(\dfrac{\rho_g K_{rg}}{\mu_g} + \dfrac{\rho_w K_{rw}}{\mu_w} \right) \dfrac{dp}{dr} = \left(\dfrac{\rho_g K_{rg}}{\mu_g} \lambda_g + \dfrac{\rho_w K_{rw}}{\mu_w} \lambda_w \right) + \dfrac{q_t}{2\pi r K h} \quad (4\text{-}46)$$

定义两相拟压力函数为

$$\varphi = \int_0^p \left(\dfrac{\rho_g K_{rg}}{\mu_g} + \dfrac{\rho_w K_{rw}}{\mu_w} \right) dp \quad (4\text{-}47)$$

定义两相拟启动压力梯度为

$$\lambda_{\varphi m} = \dfrac{\rho_g K_{rg}}{\mu_g} \lambda_g + \dfrac{\rho_w K_{rw}}{\mu_w} \lambda_w \quad (4\text{-}48)$$

因为考虑气、水互不相溶,所以两相拟启动压力梯度 $\lambda_{\varphi m}$ 与气相、水相各自相对的启动压力梯度有关,而与气水两相的启动压力梯度无关。对于两相渗流时的启动压力梯度,由于两相的存在造成了相互干扰和影响,均减少了各相本身的渗流通道,导致各相的相渗透率均有所降低。因此两相启动压力梯度小于单相气体启动压力梯度。

将式(4-48)与式(4-47)代入式(4-46)中,积分求解可得

$$\varphi_e - \varphi_{wf} = \lambda_{\varphi m} (r_e - r_w) + \dfrac{1}{2\pi K h} \left(\ln \dfrac{r_e}{r_w} \right) q_t \quad (4\text{-}49)$$

若考虑地层伤害的影响,有

$$\varphi_e - \varphi_{wf} = \lambda_{\varphi m}(r_e - r_w) + \frac{1}{2\pi Kh}\left(\ln\frac{r_e}{r_w} + S + Dq_t\right)q_t \tag{4-50}$$

式中 q_t——总质量流量，kg/s；

φ_e——边界两相拟压力，kg·MPa/(mPa·s·m³)；

φ_{wf}——井底两相拟压力，kg·MPa/(mPa·s·m³)；

$\lambda_{\varphi m}$——两相拟启动压力梯度，10MPa/m。

结合天然气相对密度公式和式(4-45)，并采用目前气田上的常用单位，式(4-50)可改为下式：

$$\varphi_e - \varphi_{wf} = \lambda_{\varphi m}(r_e - r_w) + \frac{1.635\times10^{-3}\gamma_g}{Kh}\left(\ln\frac{r_e}{r_w} + S\right)(1+R_{wg})q_{gsc} + \frac{1.635\times10^{-3}\gamma_g}{Kh}(1+R_{wg})Dq_{gsc}^2 \tag{4-51}$$

其中

$$D = 2.191\times10^{-18}\frac{\beta\rho_g K}{\mu_g h r_w^2}$$

$$\beta = \frac{7.644\times10^{10}}{K^{1.5}}$$

式中 R_{wg}——水气比；

q_{gsc}——气井无阻流量，m³/d。

式(4-51)可改为

$$\varphi_e - \varphi_{wf} = C + Aq_{gsc} + Bq_{gsc}^2 \tag{4-52}$$

其中

$$A = \frac{1.635\times10^{-3}\gamma_g}{Kh}\left(\ln\frac{r_e}{r_w} + S\right)(1+R_{wg})$$

$$B = \frac{1.635\times10^{-3}\gamma_g}{Kh}(1+R_{wg})D$$

$$C = \lambda_{\varphi m}(r_e - r_w)$$

式(4-52)就是考虑地层伤害及启动压力梯度影响下的低渗透气藏气水两相流井的三项式产能方程。

二、实例分析

以长庆油田某气井为例，其基本参数如下：$T=366K$，$\gamma_g=0.6$，$\gamma_w=1$，$T_{pc}=196K$，$p_{pc}=4.7MPa$，$p_e=30MPa$，$K=3.25mD$，$r_e=600m$，$h=4m$，$r_w=0.1m$，$S=2$，通过实验测得气相启动压力梯度 λ_g 为 0.00015MPa/m，气体黏度和密度之比与压力 p 的关系如图 4-7 所示，气水相对渗透率曲线如图 4-8 所示。

图 4-7　μ_g/ρ_g 与 p 关系曲线

图 4-8　气水相对渗透率曲线

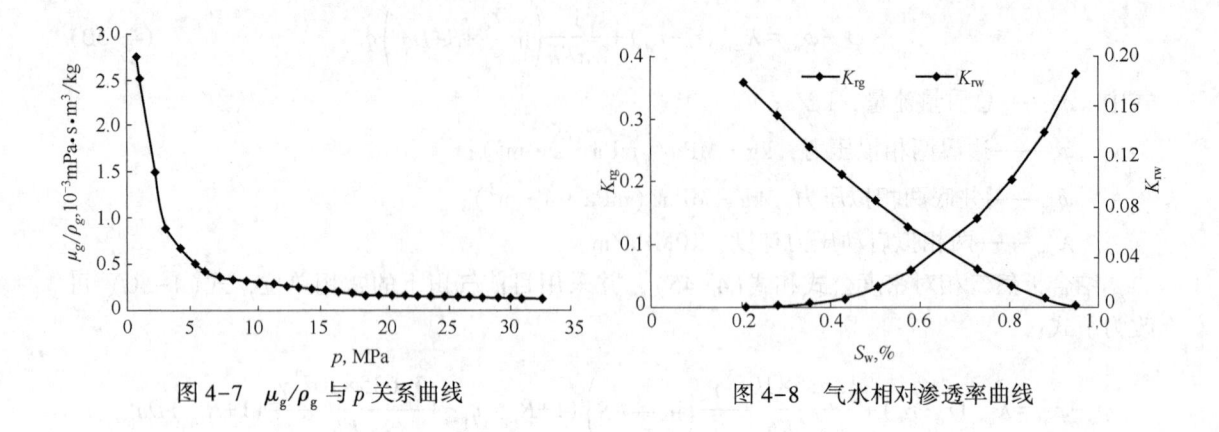

1. 启动压力梯度对气井产能影响

为了分析启动压力梯度对气水两相流流入动态的影响，对天然气启动压力梯度 λ_g 和水的启动压力梯度 λ_w 同时分别取 0.00005MPa/m、0.00010MPa/m、0.00015MPa/m 和 0.00020MPa/m 等几个定值，通过式（4-52）可作出对应的流入动态关系曲线（图 4-9）。从图 4-9 看出，对于气水两相流而言，启动压力梯度的存在使得气井无阻流量减小，且启动压力梯度越大，无阻流量越小。

2. 水气比对气井产能的影响

当 λ_g 和 λ_w 同时取 0.00015MPa/m 时，不同的水气比对气水两相流井流入动态的影响如图 4-10 所示。从图 4-10 看出，随着水气比的增大，气井的无阻流量减小。原因是随着地层含水量增加，气相渗透率降低，同时水的流动会消耗更多的地层能量，从而造成气井无阻流量减小，气井产能降低。

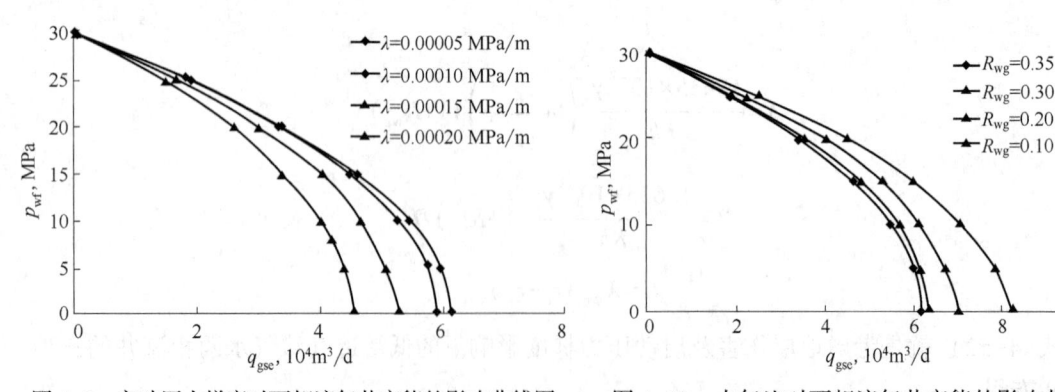

图 4-9　启动压力梯度对两相流气井产能的影响曲线图

图 4-10　水气比对两相流气井产能的影响曲线图

第三节　水平井产能方程

水平井技术是开发油气田、提高油气藏采收率、提高油气井经济效益最具前景的技术之一。为了指导水平井更高效更经济地生产，需要捋清水平井的渗流规律及产能规律。本节通过建立水平井物理模型，在分析其中渗流规律的基础上，推导出二项式产能方程以及产气指数方程，从而为指导现场合理配产提供依据。

一、水平井二项式产能方程

1. 水平井物理模型

假设长为L的水平井位于水平、等厚气藏中的任意位置Z_w处（气层厚度为h），水平井偏离气层中心的距离即偏心距为δ，气藏顶、底边界不渗透，水平方向无限延伸，其水平及垂向有效渗透率分别为K_h、K_v，弱可压缩气体单相渗流，符合达西定律，水平井以地面产量q_{sc}定产投产，井半径为r_w，其渗流的简化物理模型如图4-11所示。

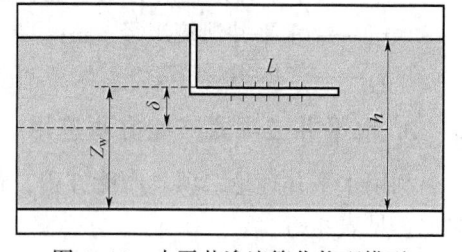

图4-11 水平井渗流简化物理模型

2. 水平井产能数学模型

根据气体地下稳定渗流理论及水平井三维渗流特征，以压力平方形式表示的水平井稳定渗流数学模型如下：

拉普拉斯方程：

$$\frac{K_h}{K_v}\frac{\partial^2 p^2}{\partial X^2}+\frac{\partial^2 p^2}{\partial Y^2}+\frac{\partial^2 p^2}{\partial Z^2}=0 \tag{4-53}$$

井壁处压力及水平井产量应满足以下方程：

$$q_h=2\times 774.6 rL\sqrt{K_h K_v}\frac{p}{\mu ZT}\frac{\partial p}{\partial r}\bigg|_{r=r'_w} \tag{4-54}$$

通过分离变量法，同时考虑非达西流影响，求解得：

$$p_e^2-p_{wf}^2=\frac{\bar{\mu}\bar{Z}\,T[\ln(r_{ch}/r'_w)+S_h]}{774.6K_h h}q_h+\frac{\bar{\mu}\bar{Z}\,TD}{774.6K_h h}q_h^2 \tag{4-55}$$

将式(4-55)改写成水平井二项式产能方程：

$$p_e^2-p_{wf}^2=Aq_h+Bq_h^2 \tag{4-56}$$

$$A=\frac{\bar{\mu}\bar{Z}\,T[\ln(r_{ch}/r'_w)+S_h]}{774.6K_h h} \tag{4-57}$$

$$B=\frac{\bar{\mu}\bar{Z}\,TD}{774.6K_h h} \tag{4-58}$$

$$D=\frac{1.675\times 10^{-7}\gamma_g}{\sqrt[4]{K_h K_v}\,hr_w\bar{\mu}} \tag{4-59}$$

由式(4-56)得水平井的无阻流量为

$$q_{AOF}=\frac{-A\pm\sqrt{A^2+4B(p_e^2-0.101325^2)}}{2B} \tag{4-60}$$

式中 q_h——标准状态下水平井产气量，m^3/d；

p_e、p_{wf}——气层压力与井底流压，MPa；

K_h——气层水平有效渗透率，mD；

$\bar{\mu}$——气体平均黏度，mPa·s；

$\bar{Z}$——气体平均偏差系数；

T——气层温度，K；

h——气层有效厚度，cm；

r_w——井底半径，m；

r'_w——水平井修正的有效半径，m；

r_{ch}——水平井泄流半径，m；

γ_g——气体相对密度。

3. 水平井二项式产能方程应用

利用水平井理论二项式产能方程，计算罐××水平井无阻流量，并与产能测试资料进行对比，见表4-3。

表4-3 罐××水平井产能计算

气井	模型计算			产能测试		
	A	B	q_{AOF}，$10^4 m^3/d$	A	B	q_{AOF}，$10^4 m^3/d$
罐××	3.917×10^{-3}	7.737×10^{-10}	17.97	16.461	1.219	18.62

二、水平井产气指数方程

1. 水平井物理模型

假设气藏及水平井井筒内的流动为单相气体流动，流入完井段的流体呈均匀流动，水平井段为裸眼完井。假设气藏内沿水平井的压力梯度可以忽略，从而可以把气藏垂直于井轴的方向分成多个单元体，每个单元体内的流动都可视为稳定的。气藏渗流与井筒流动耦合示意图如图4-12、图4-13所示。

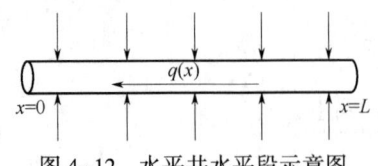

图4-12 水平井水平段示意图

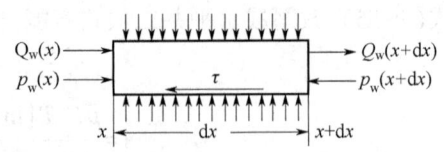

图4-13 水平井微元段流动分析图

2. 产气指数方程

假设气体由气藏向水平井井筒的流动满足达西定律，则流向水平井筒每一位置处的方程为

$$q_{Lhsc}(x) = J_s [p_e^2 - p_{wf}^2(x)] \tag{4-61}$$

式中 J_s——水平井单位长度的采气指数，$m^3/d/(MPa^2 \cdot m)$；

L——水平井段长度，m；

p_e——边界压力，MPa；

$p_{wf}(x)$——水平井段某一位置x处的压力，MPa；

q_{Lhsc}——地层流向水平井段某一位置 x 处的流量，$m^3/(d \cdot m)$。

由于沿水平段的压降是非均匀的，进入水平段每一部分的流量也是非均匀的，但可认为水平井单位长度采气指数 J_s 是一个常数，则单位长度水平井采气指数方程为

$$J_s = \frac{785\sqrt{K_h K_v}}{ZT\mu_g} \frac{1}{\ln\frac{4\beta h}{\pi r_w} + \ln\tan\frac{\pi Z_w}{2h}} \tag{4-62}$$

其中

$$\beta = \sqrt{\frac{K_h}{K_v}}$$

式中 K_h——水平渗透率，mD；
K_v——垂直渗透率，mD；
μ_g——气体黏度，mPa·s；
β——气藏各向异性比值；
Z_w——水平段到气井底部距离，m。

这里假设水平井水平段位于气层中部位置，暂不考虑偏心影响，则上式为

$$J_s = \frac{785\sqrt{K_h K_v}}{ZT\mu_g} \frac{1}{\ln\frac{4\beta h}{\pi r_w}} \tag{4-63}$$

第四节　考虑不同完井方式的气井产能方程

影响气井生产能力的因素很多，其中完井方式的影响尤为明显。完井方式是指油气井井筒与油气层的连通方式，以及为实现特定连通方式所采用的井身结构、井口装置和有关的技术措施，常用的完井方式包含裸眼完井和射孔完井。不同完井方式的产能方程都可用二项式方程表示，但不同完井方式所对应的产能方程中的层流项系数 A 和紊流项系数 B 意义各不相同。

本节分别建立了裸眼完井和射孔完井方式的产能方程，并详细分析了完井方式对气井产能的影响。这对完善完井工艺和优化气井生产制度，有着重要的指导意义。

一、裸眼完井

裸眼完井方式是最基本也是最简单、最经济的完井方式，是气井产层段不下任何管柱而使产层充分裸露的完井方式。

若不考虑地层污染，考虑裸眼完井的气井产能方程可用式(4-64)表示：

$$\bar{p}_e^2 - p_{wf}^2 = A_R q_{sc} + B_R q_{sc}^2 \tag{4-64}$$

$$A_R = \frac{1.291 \times 10^{-3} \bar{\mu} \bar{Z} T}{K_R h}\left(\ln\frac{0.472 r_e}{r_w}\right) \tag{4-65}$$

$$B_R = \frac{2.828 \times 10^{-21} \beta_R \gamma_g \bar{Z} T}{r_w h^2} \tag{4-66}$$

式中 A_R——地层层流项系数；
B_R——地层紊流项系数；

K_R——污染地层渗透率,mD;

β_R——速度系数,$\beta_R = 7.644 \times 10^{10}/K_R^{1.5}$,m^{-1}。

当考虑地层污染时,需引入表皮系数,且此时地层和伤害区域的速度系数也不同,要分β_R和β_d分别讨论,则此时的产能方程为

$$\bar{p}_e^2 - p_{wf}^2 = (A_R + A_a)q_{sc} + (B_R' + B_a)q_{sc}^2 \tag{4-67}$$

$$A_a = \frac{1.291 \times 10^{-3}\bar{\mu}\bar{Z}T}{K_R h}S_d \tag{4-68}$$

$$S_d = \left(\frac{K_R}{K_d} - 1\right)\ln\frac{r_d}{r_w} \tag{4-69}$$

$$B_R' = \frac{2.828 \times 10^{-21}\gamma_g\bar{Z}T}{h^2}\beta_R\left(\frac{1}{r_d} - \frac{1}{r_e}\right) \tag{4-70}$$

$$B_a = \frac{2.828 \times 10^{-21}\gamma_g\bar{Z}T}{h^2}\beta_d\left(\frac{1}{r_w} - \frac{1}{r_d}\right) \tag{4-71}$$

式中 A_R——地层层流项系数;

A_a——地层污染带层流项系数;

B_R'——地层紊流项系数;

B_a——地层污染带非达西渗流项系数;

K_d——地层污染带渗透率,mD;

r_d——地层污染带半径,m,实际工作中r_d不易确定,如无资料借鉴,建议采用$r_d = r_w + 0.3048$;

β_d——地层污染带速度系数,$\beta_d = 7.644 \times 10^{10}/K_d^{1.5}$,m^{-1};

S_d——地层污染带表皮系数。

可以看出,裸眼完井方式对产能的影响主要表现在近井地带气流的高速紊流流动效应和钻井的污染伤害两方面。只要采取防止钻井污染的措施,就能提高该类完井方式的气井产能。

二、射孔完井

在钻达气层后,循环钻井液起出钻具,下入油层套管,注水泥固井,然后再下入射孔枪,对准产层射穿套管和水泥环完井,这种完井方式被称为射孔完井。射孔完井克服了裸眼完井的缺陷,并适用于有边底水的气层及需要分层开采的多产层气井。

射孔完井对气井的生产能力影响较大,这是由于射孔时会在孔眼周围产生一个压实带,当气体流过该区域时,会发生非达西流动,且气体从地层流入井底的大部分压力损失都消耗在压实带上。射孔完井井底结构和渗流场如图4-14所示。

经研究,射孔引起的表皮系数可分为三部分:射孔孔道几何形状引起的表皮系数(S_p),由于钻井和固井造成的井底伤害引起的表皮系数(S_d),射孔孔道周围

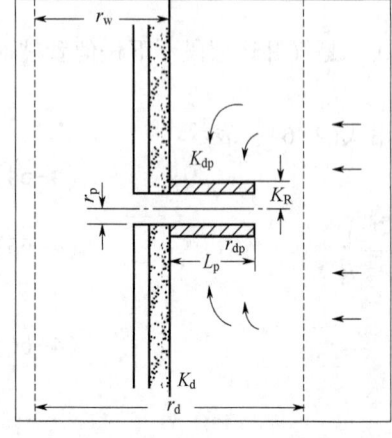

图4-14 射孔完井示意图

压实带产生的伤害引起的表皮系数（S_{dp}），即

$$S = S_p + S_d + S_{dp} \tag{4-72}$$

其中，S_d 的表达式为式(4-69)；S_d 可根据相关的射孔参数查哈里斯（Harris）图版；S_{dp} 的表达式为

$$S_{dp} = \frac{h}{L_p n}\left(\frac{K_R}{K_{dp}} - \frac{K_R}{K_d}\right)\ln\frac{r_{dp}}{r_p} \tag{4-73}$$

式中　　h——气层厚度，m；

　　　　L_p——射孔长度，m；

　　　　n——射孔孔眼数目；

　　　　r_p——射孔孔道半径，m；

　　　　r_{dp}——射孔压实带半径，m；

　　　　K_R——气层渗透率，mD；

　　　　K_d——地层污染带渗透率，mD；

　　　　K_{dp}——地层压实带渗透率，mD。

气流通过射孔孔眼周围的压实带时会产生高速流动，所以在裸眼完井产能方程的基础上应添加一个表示压实带的高速流动项 D_{dp}，则射孔完井的产能方程为

$$\bar{p}_e^2 - p_{wf}^2 = \frac{1.291 \times 10^{-3}\bar{\mu}\bar{Z}Tq_{sc}}{K_R h}\left[\ln\frac{0.472 r_e}{r_w} + S + (D_R + D_a + D_{dp})q_{sc}\right] \tag{4-74}$$

对于射孔井，气流通过压实带的压力降方程为

$$\Delta p^2 = \frac{2.828 \times 10^{-21}\gamma_g \bar{Z}T}{h_p^2}\beta_{dp}\left(\frac{1}{r_p} - \frac{1}{r_{dp}}\right)q_{sc}^2 \tag{4-75}$$

式中　β_{dp}——射孔压实带的紊流系数，$\beta_{dp} = 7.644 \times 10^{10}/K_d^{1.5}$，$m^{-1}$；

取式(4-74)和式(4-75)，化简得到：

$$D_{dp} = \frac{2.19 \times 10^{-18}\gamma_g K_R h}{\bar{\mu} h^2}\beta_{dp}\left(\frac{1}{r_p} - \frac{1}{r_{dp}}\right) \tag{4-76}$$

由于 $r_{dp} \gg r_p$，故可忽略式(4-76)小括号中的第二项，式(4-76)变为

$$D_{dp} = \frac{2.19 \times 10^{-18}\gamma_g K_R h}{\bar{\mu} h^2 r_p}\beta_{dp} \tag{4-77}$$

同理，可以得到 D_R 和 D_a 的表达式。气流通过未受污染的地层时产生的压降为

$$D_R = \frac{2.19 \times 10^{-18}\gamma_g K_R}{\bar{\mu} h}\beta_R\left(\frac{1}{r_d} - \frac{1}{r_e}\right) \tag{4-78}$$

$$D_a = \frac{2.19 \times 10^{-18}\gamma_g K_R}{\bar{\mu} h}\beta_d\left(\frac{1}{r_w} - \frac{1}{r_d}\right) \tag{4-79}$$

令 $D = D_R + D_a + D_{dp}$，则射孔井的产能方程可简化为

$$\bar{p}_R^2 - p_{wf}^2 = \frac{1.291 \times 10^{-3}\bar{\mu}\bar{Z}Tq_{sc}}{K_R h}\left(\ln\frac{0.472 r_e}{r_w} + S + Dq_{sc}\right)$$

有些情况下，D_R 和 D_a 比 D_{dp} 小几个数量级，计算式可以忽略不计。

思考题

1. 绝对无阻流量的定义、指数式和二项式产能方程所得到的气井绝对无阻流量有差别吗？为什么？

2. 二项式产能方程中第一项、第二项分别表示什么含义？

3. 某气井参数如下：$h = 9.144$m，$p_e = 31.889$MPa，$p_{wf} = 16.548$MPa，$T = 395.6$K，$\bar{\mu} = 0.027$mPa·s，$K = 1.5 \times 10^{-3} \mu m^2$，$\bar{Z} = 0.89$，$r_e = 167.64$m，$r_w = 0.1015$m。假设气井流动符合稳定达西流动条件，$\beta = 4.161 \times 10^{10}$，$S = 1.5$，求以下条件的气井产气量：

（1）不考虑表皮系数和非达西流动；

（2）考虑表皮系数和非达西流动。

参考文献

[1]《采气工程》编写组. 采气工程 [M]. 北京：石油工业出版社，2017.

[2] 周敏，张娜，苟文安. 气藏工程 [M]. 北京：石油工业出版社，2016.

[3] 孙恩惠，李晓平，王伟东. 低渗透气藏气水两相流井产能分析方法研究 [J]. 岩性油气藏，2012，24（6）：121-124.

[4] 金忠臣，杨川东，张守良，等. 采气工程 [M]. 北京：石油工业出版社，2004.

[5] 杨川东. 采气工程 [M]. 北京：石油工业出版社，2001.

[6] 廖锐全，曾庆恒，杨玲. 采气工程 [M]. 2版. 北京：石油工业出版社，2012.

第五章　气井生产系统分析与管理

气井生产系统是指包括地层、完井、油管、井口、地面气嘴（针形阀）、集输管线、分离器在内的完整系统。做好气井生产系统分析，可对气井生产系统进行优化设计和科学管理，是实现气田高效开发的重要一环，是采气工程技术人员日常工作的主要任务。

本章在介绍气井流入流出动态曲线基础上，重点介绍气井生产系统分析和设计的基本理论方法——节点分析方法，然后针对气井实际情况介绍如何确定合理的生产制度、不同类型气藏开发过程中气井的生产特征和应该采用的采气工艺措施。

第一节　气井动态曲线

地层压力一定，以不同的井底流动压力测试气井的产气量，称气井的产能试井，通常称为回压试井。试井资料用途非常广泛，其主要用途是确定气井的流入动态。具体说，就是确定一口气井的产能方程。

同一气藏，即使是地层压力和井底流压都相同，气井彼此间的产气量也会有所差异，这说明每口井都有各自的流入特性和流出特性。

一、气井流入动态曲线

一般情况下，天然气从地层的孔隙或裂缝流入井内，其流动状态相当复杂，流体流线互相交错，且渗流速度有加大的趋势，因而破坏了线性渗流规律，即产量与压力平方差为非线性关系，此时，通过对产能回压试井资料的整理，可得到气井的流入动态方程。气井的流入动态方程一般有指数式产能方程和二项式产能方程两种表达形式。

气井的流入特性可通过产能试井资料所求得的产能方程，代入不同井底流压，解出相应的产气量而得到。例如，已知地层压力 p_r，根据试井资料确定 C、n 或 A、B，任意取一个井底流压 p_{wf}，利用二项式产能方程，便可以得到一个相应的 q_{sc}，从而可描绘出一条完整的流入动态曲线，即 IPR（Inflow Performance Relationships）曲线，如图 5-1 所示。它描述井底流动压力与流量间的关系，也反映了气体从气藏流入井底的动态特征。

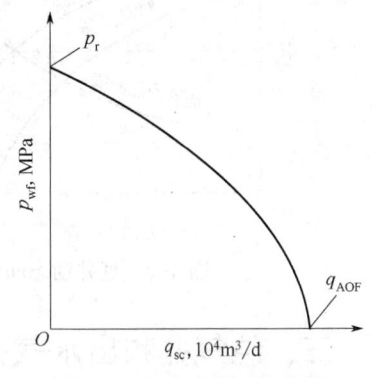

图 5-1　气井流入动态曲线

气井的流入动态曲线能较直观地反映气井产量和井底流压之间的关系；同时，也可分析气井的生产制度是否合理。

二、井口产能曲线和油管动态曲线

井口产能曲线反映了气井向地面集输管网的供气能力，而油管动态曲线则反映了气体介质从井底流向井口的管流特征。

1. 井口产能曲线和油管动态曲线的定义

井口产能曲线描述了在一定地层压力下，井口压力与产气量的关系曲线，它描述了储层产量与井口压力的关系，反映了气井向地面集输管网的供气能力，即井口产能。

油管动态曲线描述了气体介质从井底流向井口的管流特征，是在井口压力为某一常数时，通过给定油管尺寸的各种产气量与所需井底流压的关系曲线。它和地层流入无任何关系，本身不受地层衰竭的影响，仅取决于公式中诸参数。

2. 井口产能曲线和油管动态曲线的绘制

井口产能曲线可以通过流入动态曲线，使用井底流压计算公式作出。具体说来，要计算不同井口压力下的产能，首先视 p_r、q_g 为已知，从产能方程式中求出 p_{wf}，并把对应的 p_{wf}、q_{sc} 代入井底流压计算式中解出 p_{tf}，即得在某一已知地层压力下井口流压与产量的关系式 $p_{tf}=f(q_{sc})$。利用该关系式可作出井口产能曲线，该曲线反映地层压力一定时的气井井口产能特征。

在描述气井从井底沿油管流至井口的公式中，如果让 p_{tf} 保持不变，对一定直径的油管，给一个 p_{wf} 可求出一个 q_{sc}，这样可画出一条井底压力与产气量的关系曲线，称为油管动态曲线。

当油管尺寸一定时，给一井口流动压力和产气量，利用气井井筒压力公式计算出井底流压，便可得到井底流压与产气量的关系，从而绘制出油管动态曲线。

将气井流入动态曲线、井口产能曲线及油管动态曲线绘制在同一坐标系里（图 5-2），称为气井动态曲线。图中油管动态曲线与流入动态曲线的交点 A 点所对应的 q'_{sc} 点是该条件下气井的合理产量。

如果保持井口压力不变，平行下降流入动态曲线直到与油管动态曲线相切，得到切点 A 处的地层压力，该点压力即为在该油管条件下气井的废弃压力（图 5-3）。

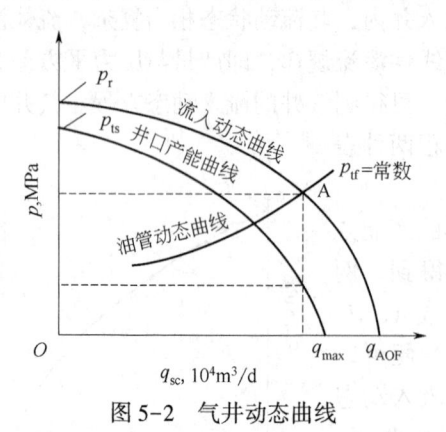

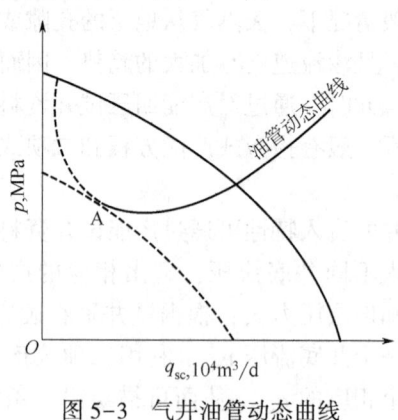

图 5-2 气井动态曲线

图 5-3 气井油管动态曲线

三、纯气井和出水气井动态曲线

对于纯气井，油管动态曲线也是以井底为求解点的流出动态曲线。图 5-2 定性地画出了纯气井的动态曲线。

从图 5-2 可看出：

当 $q_{sc}=0$，纵轴上 p_r 与 p_{ts}（井口静压）之差为静止气柱所产生的压差；

当 $p_{tf}=0$，横轴上，井口最大产能 q_{max} 小于气井的绝对无阻流量 q_{AOF}；

在任意 q_{sc} 条件下，p_{wf} 与 p_{tf} 之差反映了流动气柱的质量与摩阻损失。

利用纯气井动态曲线,可以确定当地层压力一定时,不同井口回压下气井的合理产量是多少。

气水同产井的典型流入动态曲线和井口产能曲线如图5-4所示。其特点是井口产能曲线存在一顶点,这个顶点被称为流动点。该点表示在井内能维持的最小流量,或最大可能的油管回压。它在横轴上相应气量表示气井可能稳定生产的最小气量,在纵轴上相应的井口压力表示气井可能达到的井口最高流压。流动点右边曲线(实线)为气井正常生产范围,左边曲线(虚线)为不稳定过渡区。气井开始生产或关井停产后将经过不稳定区,但正常采气必须使采气量大于流动点对应的气井最小稳定产气量。

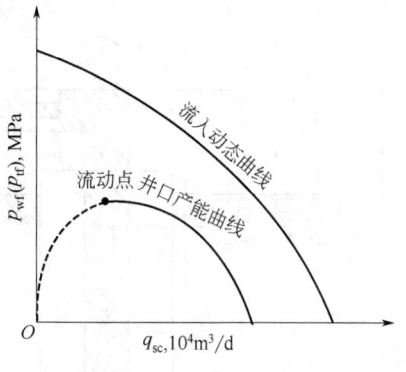

图5-4 气水同产井流入动态和井口动态曲线

不产液的干气井是不存在流动点的,不管流量多少都将继续自喷。

用不同油管尺寸的井口产能曲线图,能够预测油管尺寸变化对产量的影响。图5-5给出四种油管直径的流出动态曲线。可看出,在气体流量低时,用小直径油管有较好的流动效率;反之,在气体流量较高时,用大直径油管有较好的流动效率。因此,在气田开发初采用大直径油管,后期改换成小直径油管采气,这是合理利用天然能量、延长气井自喷期的有益措施。

图5-6给出不同气水比(GWR)的井口产能曲线。从图中可看出产水量对井口流压的影响:在同一产气量条件下,产水量越大,井口流压越低,这对输气是不利的。

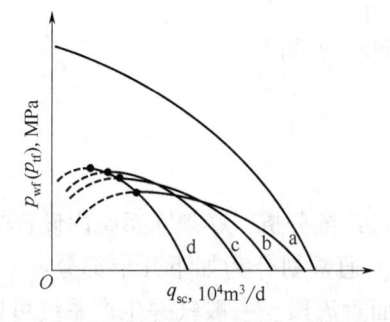

图5-5 不同油管直径的井口产能曲线
($d_a > d_b > d_c > d_d$)

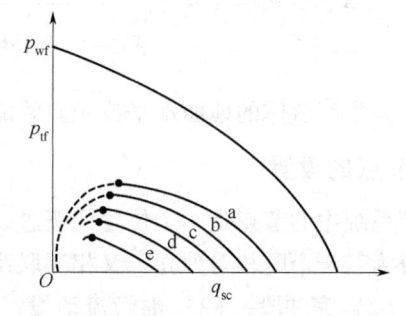

图5-6 不同气水比的井口产能曲线
($GWR_a > GWR_b > GWR_c > GWR_d > GWR_e$)

第二节 生产系统节点分析

气井系统的生产过程一般包括气体从地层渗流、过完井段、井下节流阀、油管、井口、地面气嘴(针形阀)、集输管线等的节流或管流,最后到达分离器的过程,如图5-7所示。

一、气井节点分析原理

1. 气井系统生产过程

气井系统生产过程包括气体克服渗流阻力在气藏中向气井的渗流过程、气体通过射孔井段的流动过程、气体沿油管垂直(或倾斜)举升过程、气井生产流体通过节流装置的流动

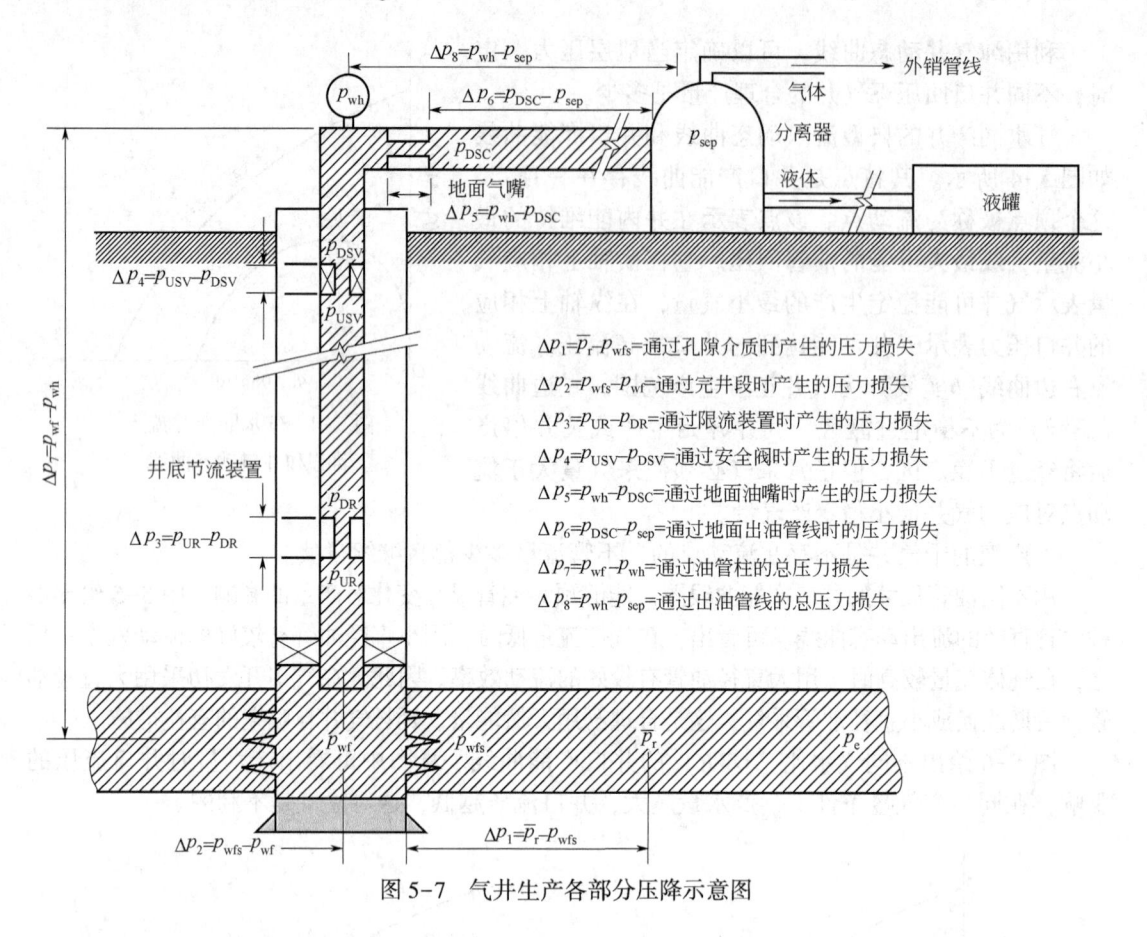

图 5-7 气井生产各部分压降示意图

过程和气井生产流体的地面水平或倾斜管流过程。

2. 节点的设置

生产系统中的节点是一个位置的概念。为了进行系统分析，必须在系统内设置节点，将系统划分为若干个既相对独立，又相互联系的部分。通常划分为如下几个部分：（1）地层流入段；（2）完井段；（3）油管流动段；（4）地面管流段。一般气井生产系统可以分为 8 个节点，如图 5-8 所示。

节点又可分为普通节点和函数节点两类。普通节点的定义是：当气体通过这类节点时，节点本身不产生与流量有关的压降。图 5-8 中的节点 1、3、6、8 均为普通节点。函数节点的定义是：当气体通过这类节点时，要产生与流量相关的压降。生产系统中的井底气嘴、井下安全阀和地面气嘴等部件处的节点就是函数节点。图 5-8 中的节点 2、4、5、7 均属函数节点。

3. 解节点的选择

在运用节点分析方法解决具体问题时，通常在分析系统中选择某一节点，此节点一般称为解节点。通过解节点的选择，气井生产系统被分为两大部分，即流入（Inflow）部分和流出（Outflow）部分，分别表示始节点到解节点和解节点到末节点所包括的部分。

解节点的选择应满足以下要求：

（1）解节点处只有一个压力；

（2）通过解节点只有一个与该压力相适应的流量。

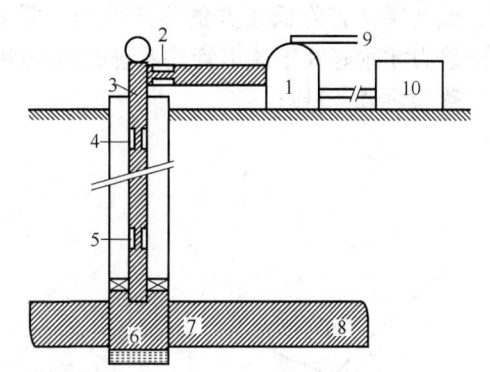

图 5-8 气井生产系统节点设置示意图

1—分离器；2—地面气嘴；3—井口；4—安全阀；5—限流装置；6—流压 p_{wf}；
7—气层表面流压 p_{wfs}；8—平均气藏压力 p_R；9—气体外输；10—油罐

彩图 5-8

解节点的选择与系统分析的最终结果无关。换言之，解节点的位置可以在生产系统内任意选择，但原则上要依照所要求的目的而定，所选解节点应尽可能靠近分析的对象。例如，在分析地面生产设施（地面管线长度、管径及分离器压力等）的影响时，解节点可以选择在井口处。但在大多数气井生产系统分析问题中，解节点一般选择在井底处。

在气井节点分析过程中，只有在系统内两部分中每个参数都选择合适的情况下，解节点的压力和流量才表明气井的最佳生产状态，解节点处既反映了气井的流入能力，同时也表明了气井的流出能力。在这一点处，系统内的两部分被统一起来，形成一个整体。在运用节点分析法解决具体问题时，通常以其中一个节点作为解节点。

4. 流入和流出动态特性

气井生产系统节点分析，就是将流入和流出动态特性综合在一起进行系统分析的一种方法。由于系统内每个参数的变化都会引起解节点压力和流量的变化，因此在进行节点分析时，通常将节点压力和流量作成图，观察节点压力随流量和系统参数的变化，分析压力损失的大小。

气井生产系统节点分析时，应首先完成流入和流出动态曲线的拟合计算，求得气井在当前生产状态下真实的流入和流出动态能力，然后将流入和流出动态曲线综合到一个图上，如图 5-9 所示，再分析比较流入和流出特征，即可求得气井的生产动态。

5. 协调点

在进行系统分析时，解节点处的压力与产量的关系必须同时满足流入和流出两条动态曲线关系。如前所述，解节点处的压力和产量都是唯一的，故只有两条曲线的交点才能满足上述条件。因此，把该交点称为协调点。协调点只反映气井在一条件下的生产状态，并不一定是气井的最佳生产状态。节点分析过程就是协调流入和流出的流动状态，使之达到最佳协调点的过程。气井节点系统分析曲线如图 5-10 所示。

由图 5-10 可知，流入与流出动态曲线的交点为 A。在 A 的左侧，表明生产系统内流入能力大于流出能力，说明油管或流出部分的管线设备系统的设计能力过小或流出部分有阻碍流动的因素存在，限制了气井生产能力的发挥；在 A 点的右侧，情况刚好相反，表明气层生产能力达不到设计流出管路系统的能力，可能是由于设计的流出管路能力过大或气井的某些参数不合理，或气层伤害降低了井的生产能力，需要进行解堵、改造等措施。只有在 A 点，产层的生产能力才刚好等于流出管路系统的生产能力。该点表明气井处于流入与流出能力协调的状态，称为协调产量点。

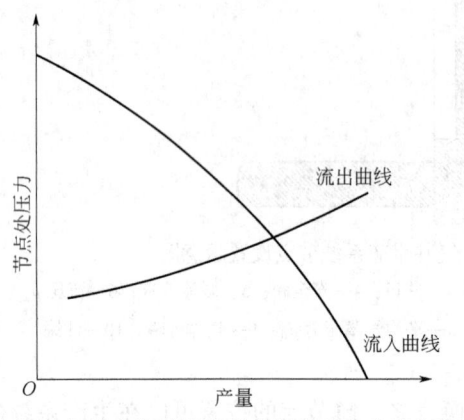

图 5-9　气井生产系统节点分析流入流出动态曲线

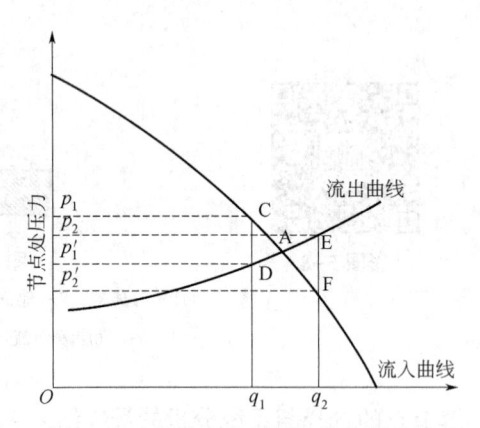

图 5-10　气井生产系统节点分析曲线

6. 敏感性优化分析

敏感性优化分析是为了找出气井生产系统的合理参数，确定气井最佳生产状态的过程。敏感性优化分析的方法是：通过改变系统参数（如油管尺寸、表皮系数、射孔密度、井底压力、井口压力等），应用节点分析方法研究不同参数下的气井流入流出动态特征，分析这些系统参数对系统流动特性的影响，从而确定气井的最佳生产状态。由于节点分析方法的公式繁多、计算过程复杂，所以只有使用计算机，才能快速进行敏感性分析。

二、气井生产系统节点分析的作用

运用节点分析方法，结合采气工艺生产方面的实际工作经验及气田开发政策对生产提出的指标要求，可以对新老气田的生产进行系统优化分析。具体地说，节点分析方法具有以下几方面的用途：

（1）对已开钻的新井，根据预测的流入动态曲线，选择完井方式及有关参数，确定油管尺寸、合理的生产压差；

（2）对已投产的生产井，能迅速找出限制气井生产的不合理因素，提出有针对性的改造及调整措施，利用自身能力，实现稳产高产；

（3）优选气井在一定生产状态下的最佳产量；

（4）确定气井停喷时的生产状态，从而分析气井的停喷原因；

（5）确定排水采气时机，优选排水采气方式；

（6）对各种产量下的开采方式进行经济分析，寻求最佳方案和最大经济效益；

（7）选用某一方法（如产量递减曲线分析方法）预测未来气井的产量随时间的变化；

（8）可以使生产人员很快找出提高气井产量的途径。

总之，对于新井，使用节点分析方法可以优化完井参数和优选油管尺寸，这是完井工程最关注的问题。对于已经投产的气井，使用节点分析方法有助于科学地管理好生产。

三、气井生产系统节点分析步骤

气井的节点分析过程和油井的节点分析过程是一样的,可以按照以下过程进行:

(1) 根据确定的分析目标选定解节点。解节点的选择与系统分析的最终结果无关,但会影响分析计算的工作量。换言之,在生产系统内无论选择哪个节点作为解节点,所得结果应该是一样的。但为了简化计算,解节点要依照所要求的目的而定,所选解节点应尽可能靠近分析的对象。解节点选定后,由节点类型确定节点分析方法,例如是函数节点分析还是普通节点分析。

(2) 建立生产压力系统模型。针对要分析的问题,对实际气井生产系统加以抽象,使各个部分能用数学模型描述;按照前几章所述的向井流、节流、管流公式建立各部分数学模型。

(3) 完成各个部分数学模型的动静态生产资料的拟合。采用的理论模型不一定与气井实际情况相符,因而得出的理论产能也就不一定与实际试采的生产资料相吻合。因此,需要对采用的模型用实际气井的动静态生产资料进行拟合和修正,使建立的数学模型和计算程序能反映气井系统的实际;然后用拟合以后的模型绘制流入和流出动态曲线。

(4) 求解流入和流出动态曲线的协调点。

(5) 完成确定目标的敏感参数分析。例如,可以分析油管直径、射孔密度、表皮系数、井口油压等参数对气井系统生产的影响,优选出系统参数;然后就可对气井生产系统进行调整或重新设计。

在节点分析过程中,只有在流入和流出两部分中每个参数都选择合适的情况下,解节点的压力和流量才代表气井的最佳生产状态。解节点处既反映了气井的流入能力,同时也表明了气井的流出能力。只有流入能力和流出能力相一致,气井才能稳定生产。

气井各部分流动的衔接关系称为气井的协调。要使气井连续稳定生产,气井系统中相互衔接的各个流动过程必须相互协调。其协调条件为:每个过程衔接处的质量流量相等;上一过程的剩余压力足以克服下一过程的压力消耗,即上一过程的剩余压力应等于下一过程所需要的起点压力。

这里以气层和举升油管两个主要流动过程为例,说明协调条件。气井的流入动态曲线(IPR)表示了气井井底压力与产量之间的关系,如图5-9所示。IPR 曲线上,每一流压对应一产量,它反映了一定开采时间内气层向气井的供气能力。

在给定井口压力条件下,改变气井产量,按照举升管中流动规律(单相或多相)计算得出的油管吸入压力与产量的关系曲线,称为油管动态曲线,简称 TPR 曲线。TPR 曲线反映了气井举升管的举升能力。

IPR 和 TPR 两条曲线的交点就是在给定气井条件下的协调工作点。在此点条件下,从气层流出的流量等于举升管的排量,井底流压等于在此排量下举升管所需的举升压力。只有在此条件下气井才能稳定生产。

[例5-1] 已知:气井(油管)深度 $H=3000\text{m}$,地面水平集气管 $L=3000\text{m}$,油管和集气管内径 $d=6.20\text{cm}$,管内摩阻系数 $f=0.015$,管内平均温度 $T=293\text{K}$,气体相对密度 $\gamma_g=0.6$,分离器压力 $p_{sep}=5\text{MPa}$。产能指数方程为 $q_{sc}=0.3246(13.459^2-p_{wf}^2)^{0.8294}$,式中 q_{sc} 单位为 $10^4\text{m}^3/\text{d}$,p_{wf} 单位为 MPa。求气井系统最大产能。

解:流入:$p_r-\Delta p_{8-6}-\Delta p_{6-3}=p_{wh}$;流出:$p_{scp}+\Delta p_{3-1}=p_{wh}$。具体分析步骤如下:

(1) 按试算需要假设一系列气体流量 q_{sc}，分别取 5、7.5、10、12.5、15、17.5 和 20，单位为 $10^4 m^3/d$；

(2) 在 $p_{sep}=5MPa$ 条件下，利用水平管输气公式计算各流量相应的井口压力 p_{wh} 值，计算结果列入表 5-1 第 4 列；

(3) 取 $p_r=13.459MPa$，利用所给气井产能指数方程，计算各流量下的 p_{wf} 值（即 p_6），计算结果列入表 5-2 第 3 列；

(4) 利用垂直管单相气流公式计算 Δp_{6-3}，计算结果列入表 5-2 第 6 列；

(5) 在同一图上画出流入、流出动态曲线，如图 5-11 所示；

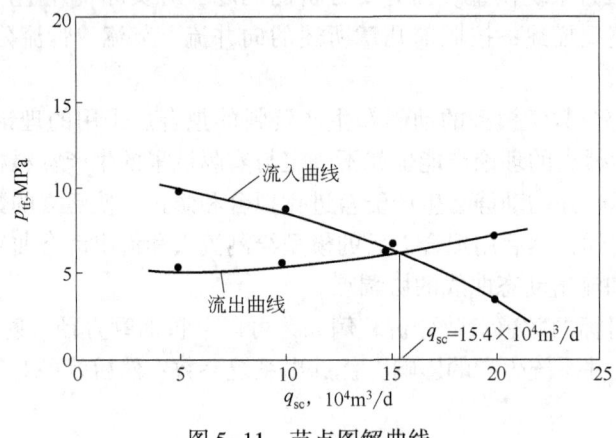

图 5-11 节点图解曲线

(6) 由图 5-11 的流入、流出动态曲线的交点，求出系统在目前条件下的最大产能 $q_{sc}=15.4 \times 10^4 m^3/d$。

表 5-1 水平输气管压力计算结果

q_{sc}, $10^4 m^3/d$	p_{sep}, MPa	水平输气管	
		Δp_{3-1}, MPa	p_{wh}, MPa
5.0	5	0.1701	5.1701
7.5	5	0.3752	5.3752
10.0	5	0.6498	5.6498
125	5	0.9884	5.9884
15.0	5	1.3695	6.3695
17.5	5	1.7965	6.7965
20.0	5	2.2581	7.2581

表 5-2 垂直管压力计算结果

q_{sc}, $10^4 m^3/d$	p_r, MPa	IPR		垂直管单相流	
		p_6, MPa	Δp_{8-6}, MPa	p_3, MPa	Δp_{6-3}, MPa
5	13.459	12.4143	1.0447	9.8019	2.6124
7.5	13.459	11.7075	1.7515	9.1986	2.5089

续表

q_{sc}, $10^4 m^3/d$	p_r, MPa	IPR		垂直管单相流	
		p_6, MPa	Δp_{8-6}, MPa	p_3, MPa	Δp_{6-3}, MPa
10.0	13.459	10.89933	2.5597	.4898	2.4095
12.3	13.459	9.9772	3.4818	7.562	2.3210
15.0	13.459	8.9149	4.5441	6.6587	2.2562
17.5	13.459	7.6626	5.7964	5.4145	1.8662
20.0	13.459	6.1094	7.3496	4.6871	1.4223

四、气井敏感参数分析实例

[**例 5-2**] 对如图 5-12 所示的气井生产系统，利用例 5-1 中的数据分析井口压力一定时，油管直径对系统产能的影响，其中 $p_{wh}=6MPa$，$d_1=5.03cm$，$d_2=7.59cm$。

解：目的是分析油管直径对系统产能的影响，根据解点尽可能靠近分析对象的要求，取 6—井底为解节点，则流入：$p_r - \Delta p_{8-6} = p_{wf}$；流出：$p_{wh} + \Delta p_{6-3} = p_{wf}$。

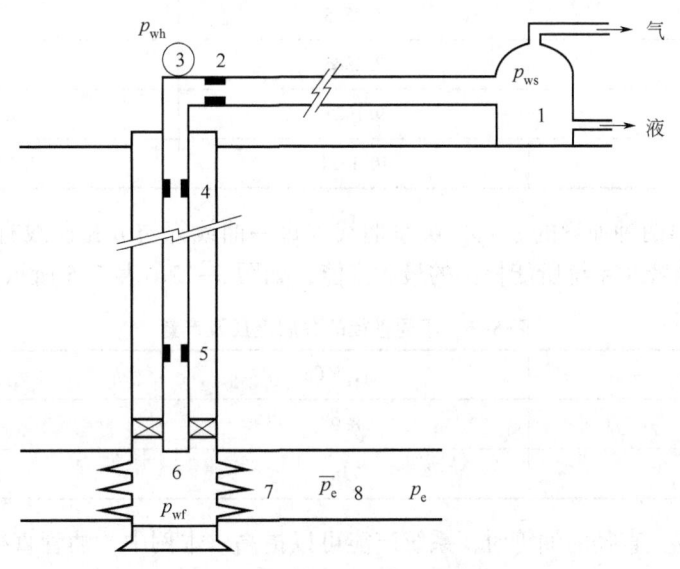

图 5-12 各节点的位置示意图
1—分离器；2—井口油嘴；3—井口；4—井下安全阀；
5—井下油嘴；6—井底；7—完井段；8—气层

（1）根据 $q_{sc} = 0.3264 \times (13.459^2 - p_{wf}^2)^{0.829}$，计算流入动态 $q_{sc}—p_{wf}$，结果见表 5-3。

表 5-3 流入动态数据表

q_{sc}, $10^4 m^3/d$	5	10	15	20	22	24	24.2189
p_{wf}, MPa	12.4143	10.8993	8.9149	6.1094	4.451	1.4021	0

（2）绘出气井 IPR 曲线，如图 5-13 所示。
（3）利用垂直管单相流公式，分别代入 d_1、d_2 计算井口流压一定时的流出动态 $q—p_{wf}$，结果见表 5-4。

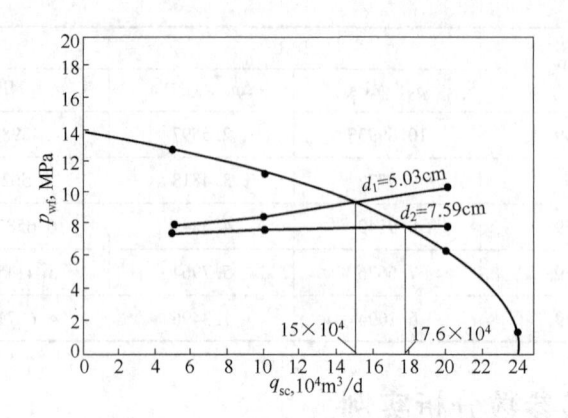

图 5-13 不同直径油管图解

表 5-4 流出动态数据表

q_{sc}, $10^4 m^3/d$	p_{wf}, MPa	
	$d_1 = 5.03$ cm	$d_2 = 7.59$ cm
5	7.7595	7.5988
10	8.2886	7.6699
15	9.1022	7.7869
20	10.1321	7.9479

（4）分别画出两种油管的 q—p_{wf} 关系曲线，每一曲线都与 IPR 曲线有一交点，相应的流量即为采用该油管时系统所能提供的最大产能，如图 5-13、表 5-5 所示。

表 5-5 不同管径的井底流压及产量

d, cm	p_{wf}, MPa	q_{sc}, $10^4 m^3$
5.03	8.9	15
7.59	7.8	17.6

显然，采用较大直径的油管时，系统产能可以提高。本例中，油管直径由 5.02cm 增加到 7.59cm，系统产能提高 17.3%。

[**例 5-3**] 在图 5-8 的生产系统中，井口安装一个气嘴，气嘴尺寸分别为 26/64in、32/64in 和 40/64in，即 1.03cm、1.27cm 和 1.59cm；其他参数同例 5-2。试分析安装不同嘴径的气嘴后对系统产能的影响。

解：（1）选气嘴为解点。

（2）由例 5-1 可知，由流出动态曲线求得不同流量下流出系统的 p_3 值，并令 $p_3 = p_{DSC}$；同时，由流入动态曲线求得不同流量下流入系统的 p_3 值，且令 $p_3 = p_{wh}$。

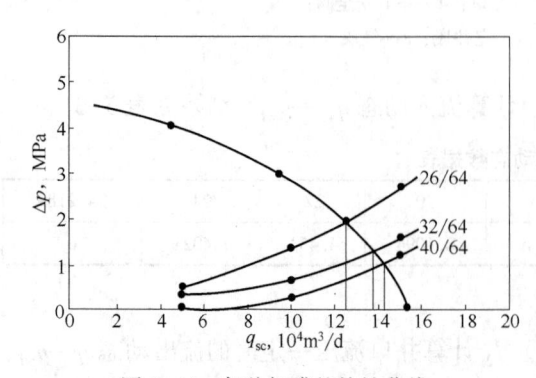

图 5-14 各种气嘴的特性曲线

（3）令 $\Delta p_1 = p_{tf} - p_{DSC}$，由图 5-14 可得出不同气嘴条件下的产气量，见表 5-6。

（4）气嘴在非临界状态下工作，利用嘴流公式计算不同尺寸气嘴的 q_{sc}—Δp_2 值，结果见表 5-7。

（5）在同一张图上绘出系统的 Δp_1—q_{sc} 曲线和各气嘴的 Δp_2—q_{sc} 曲线，如图 5-14 所示。每一组曲线与系统的 Δp_1—q_{sc} 曲线相交，每一交点相应流量为安装该气嘴后系统的产能，见表 5-8。

表 5-6 不同气嘴条件下的产气量

Δp_1, MPa	0	2	3	4
q_{sc}, $10^4 m^3/d$	15.4	9.5	12.5	4.5

表 5-7 不同尺寸气嘴的 q_{sc}—Δp_2 值

d, cm (in)	q_{sc}, $10^4 m^3/d$	p_{DSC}, MPa	p_{wh}, MPa	p_{DSC}/p_{wh}	$\Delta p_2 = p_{wh} - p_{DSC}$, MPa
1.03 (26/64)	5	5.17	5.585	0.926	0.451
	10	5.65	7.585	0.745	1.44
	15	6.37	9.101	0.670	2.73
	20	7.26			
1.27 (32/61)	5	5.17	5.516	0.913	0.316
	10	5.65	6.343	0.891	0.693
	15	6.37	7.929	0.803	1.559
	20	7.26	9.791	0.745	2.533
1.59 (40/64)	5	5.17	5.240	0.953	0.07
	10	5.65	5.930	0.953	0.28
	15	6.37	7.585	0.840	1.22
	20	7.26	8.998	0.807	1.74

表 5-8 不同气嘴条件下的系统产能

d, cm (in)	1.03 (26/64)	1.27 (32/61)	1.59 (40/64)
q_{sc}, $10^4 m^3/d$	12.6	13.8	14.4

第三节 气井合理产量的确定

在组织新井投产时，首先要确定部署气井的合理产量。保持气井在合理产量条件下生产不仅可以使气井在较低投入下较长时间稳产，而且可以使气藏在合理的采气速度下获得较高的采收率，从而获得较好的经济效益。

气井的合理产量必须在充分掌握气藏地下、地面有关测试资料，在产能试井或气井系统分析的基础上确定，矿场上称为气井的定产。气井生产过程中，压力、产量随生产时间延长而递减，根据气井压力、产量递减情况确定一个合理日产气量称为配产。

一、气井合理产量的确定原则

1. 阶段采出程度高，经济效益好

气藏合理的采气速度应满足的条件有：

（1）气藏能保持较长时间稳产。稳产时间的长短不仅与气藏储量和产量的大小有关，还与气藏是否有边底水、边底水活跃程度等其他因素有关。

（2）气藏压力均衡下降。气藏压力均衡下降可避免边底水舌进、锥进，这对有水气藏的开采十分重要。

（3）气井无水采气期长，此阶段采气量高。气井无水采气期长，资金投入相对少，管理方便，采气成本低。

（4）气藏开采时间相对较短，采收率高。

（5）所需井数少，投资小，经济效益好。

（6）根据稳产要求和市场需要确定的采气速度。

对于地下情况清楚、储量丰度高、储层较均质的气藏，在确定了合理采气速度后，采取稀井高产的方针，可以节约投资，获得良好的经济效益。

气藏类型不同，其采气速度也不相同：

（1）对于均质水驱气藏，较高的采气速度有利于提高采收率，只要措施得当，采气速度对采收率无明显不利影响。

（2）对于非均质弹性水驱气藏，由于地质条件千差万别，故应根据气藏的具体情况确定采气速度。

气藏经过试采确定出合理采气速度后，各井按此速度允许的采气量结合实际情况确定合理产量。

2. 气井井身结构不受破坏

如果气井产量过高，对于胶结疏松易垮塌的产层，高速气流冲刷井底会引起气井大量出砂；井底压差过大可能引起产层垮塌或油管、套管变形破裂，从而增加气流阻力，降低气井产量，缩短气井寿命。因此，合理的产气量应低于气井开始出砂、使气井井身结构受破坏的产气量。

如果气井产气量过低，对于某些高压气井，井口压力可能上升至超过井口装置的额定工作压力，危及井口安全；对于气水同产井，产量过小，气流速度达不到气井自喷带水的最低流速，会造成井筒积液，对气井生产不利。

对于产层胶结紧密、不易垮塌的无水气井，大量的采气资料表明，合理的产量应控制在气井绝对无阻流量的15%~20%以内。

3. 气井出水期晚，不造成早期突发性水淹

气井生产压差过大会引起底水锥进或边水舌进，尤其是裂缝性气藏，地层水沿裂缝窜进，引起气井过早见水，甚至造成早期突发性水淹。气井过早见水，产层受地层水伤害，将造成以下不良后果：

（1）加速产量递减，使单相流变为两相流，增大了气体渗流阻力，产气量大幅度下降，递减加快。

(2) 地层水沿裂缝、高渗透带窜进，气体被水封隔、遮挡，形成死区，使采收率降低。

(3) 气井见水后水气比增加，造成油管中两相流动，使压力损失增加，井口流动压力下降。严重时会造成积液，产气量下降，甚至造成气井过早停喷，大大缩短了气井寿命。

4. 平稳供气、产能接替

连续平稳供气是天然气生产的基本要求。气井在生产过程中随着地层压力下降，产量最终不可避免也要下降，产量下降速度主要与储量和产量的大小有关，合理产量的确定可以使气井产量的下降不至于过快过大，能保持相对稳产，既能满足平稳供气的需要，也能为新井投产产能接替争取时间。

对于储量大小不同的气田或气藏，其采气速度和稳产年限可按下述标准控制：储量不小于 $50\times10^8 m^3$，采气速度为 3%~5%，稳产期要求在 10 年以上；储量为 $(10~50)\times10^8 m^3$，采气速度为 5% 左右，稳产期要求 5~8 年；储量小于 $10\times10^8 m^3$，采气速度为 5%~6%，稳产期 5~8 年。

5. 合理产量与市场需求相协调

在市场经济飞速发展的今天，没有下游工程，没有用户和市场，也就没有采气生产，更不可能有合理的产量。因此，合理产量的确定必须满足市场的需要。

总之，在确定气井的合理产量时，需要对上述诸因素进行综合考虑。

二、气井合理产量的确定方法

气井的合理产量是科学开发气田的依据，气井产量过小，不能充分发挥气井的潜能；气井产量过大，又不能做到气井稳产。因此，气井的合理产量及配产是采气生产技术人员最为关心的问题。下面对目前在现场实际生产应用的几种配产方法进行简单介绍，详细内容可参考相关书籍。

1. 经验配产法

目前矿场大多采用经验配产法，即按照绝对无阻流量的 15%~20% 作为气井生产的配产量，这种配产方法是根据国内外大量气井实践基础总结出来的。实践证明，该方法对于高产气井的配产是可行的，但对于中、低产量气井的配产还必须考虑众多因素，不能生搬硬套。生产中应不断加以分析和调整，在开发早期最好通过试采来验证。

2. 考虑地层与井筒的协调配产法

气井的生产是一个不间断的连续流动过程，按照前面介绍的气井生产系统分析方法，以井底某点为求解点，作出流入曲线和流出曲线，两者的交点对应的产量就是气井工作的合理产量。

3. 采气曲线配产法

采气曲线配产法着重考虑的是减少气井井壁附近渗流的非线性效应以确定气井合理配产，理论依据如下。

气井的二项式产能方程可用下式表示：

$$\Delta p = \bar{p}_r - p_{wf} = \frac{Aq_{sc}+Bq_{sc}^2}{\bar{p}_r+\sqrt{\bar{p}_r^2-Aq_{sc}-Bq_{sc}^2}} \tag{5-1}$$

由式（5-1）可看出，气井生产压差是地层压力和气井产量的函数，当地层压力一定时，气井生产压差是气井产量的函数。

当产量较小时，气井生产压差（$\bar{p}_r-p_{wf}$）与q_{sc}呈线性关系，随着产量的增加，生产压差的增加不再是线性关系，而是偏离直线凹向压差轴，这时气井表现出了明显的非达西效应，气井生产会把部分压力消耗到克服非达西流阻力上，因此可把偏离早期直线的那一点产量作为气井生产配产的极限。

4. 数值模拟法

为准确确定气井的合理产量，可采取数值模拟方法进行计算。该方法不仅可以同时对各井配产效果通过生产史计算进行检验，而且可提供多种生产指标供选择，使选定的产量更为合理。

数值模拟方法从全气藏出发，每一口的配产都与气藏的开发指标相联系，同时考虑了气藏开发方式和气井的生产能力及各井生产时的相互干扰。因此，用这种方法配产更符合生产实际。

数值模拟方法实际上就是利用能代表气藏的数学模型，不断演绎气藏的生产过程，以此调整气井产量，同时满足生产的需要和气井的能力。

5. 神经网络法

近年来，采取神经网络法确定气井合理产量在采气工程领域得到了广泛应用。这种方法的优越之处就在于它能充分考虑客观实际问题的多个复杂因素，以及因素间的非线性复杂联系和因果效应的传递过程，达到对客观问题的最佳拟合，这是以前的其他任何方法所不及的。

第四节 气井工作制度的选择

气井生产工作制度又称工艺制度，是指适应气井产层地质特征和满足生产需要时，气井产量和生产压差应遵循的关系。

气井的工作制度基本上有4种，见表5-9。我国目前以1、3、4三种气井工作制度最为常用。

表5-9 气井工作制度

序号	工作制度名称	适用条件
1	定产量工作制度 q_g=常数	气藏开采初期
2	定井底渗流速度工作制度 C=常数	疏松的砂岩地层，防止流速大于某值时砂子从地层中产出
3	定井口（井底）压力工作制度 p_{wh}（或p_{wf}）=常数	凝析气井，防止井底压力低于某值时油在地层中凝析出来；当输气压力一定时，要求一定的井口压力，以保证输入管网
4	定生产压差工作制度 $\Delta p=p_r-p_{wf}$=常数	气层岩石不紧密、易坍塌的井；有边、底水的井、防止生产压差过大引起水锥

某些气井工作制度可用数学公式来表示，但有的则是一些原则，正是靠这些原则来限制气井的产量和井底压力。

一、定产量工作制度

定产量工作制度适用于产层岩石胶结紧密的无水气井早期生产，是气井稳产阶段最常用的生产工作制度。因在气井投产早期，地层压力高，井口压力也高，采用气井允许的合理产量生产，具有产量高、采气成本低、易于管理的特点。当地层压力下降后，可以采取降低井底压力的方法来保持产量一定。

定产量工作制度下的地层压力、井底压力、井口压力随时间变化用以下公式计算：

（1）地层压力：

$$p_r = p_{ro} - \frac{q_g t}{q_{upr}} \tag{5-2}$$

（2）井底压力：

$$p_{wf} = \sqrt{p_r^2 - (aq_g + bq_g^2)} \tag{5-3}$$

（3）井口压力：

$$p_{wh} = \sqrt{\frac{p_{wf}^2 - \theta q_g^2}{e^{2S}}} \tag{5-4}$$

其中

$$q_{upr} = \frac{R_o Z_o}{T_o} \tag{5-5}$$

$$S = \frac{0.03415 \gamma_g L}{\overline{T}\,\overline{Z}} \tag{5-6}$$

$$\theta = \frac{1.377 f\, \overline{T}^2 \overline{Z}^2}{D^5}(e^{2S} - 1) \tag{5-7}$$

式中 p_{ro}——原始地层压力，MPa；

p_r——t 时间的地层压力，MPa；

p_{wf}——t 时间的井底压力，MPa；

p_{wh}——t 时间的井口压力，MPa；

q_g——气井产量，$10^3 m^3/d$；

t——气藏压力由 p_{ro} 下降到 p_r 的累积生产时间，d；

a、b——二项式的系数；

q_{upr}——单位压降采气量，$10^3 m^3/MPa$；

R_o——气藏天然气原始储量，$10^3 m^3$；

Z_o——p_{ro}、T_{ro} 下天然气的偏差系数；

T_{ro}——产层温度，K；

γ_g——天然气对空气的相对密度；

L——气层中部深度，m；

$\overline{T}$——井筒气柱平均温度，K；

$\overline{Z}$——井筒气柱平均偏差系数；

D——油管内径，cm；

f——油管摩阻系数，可按表 5-10 选择。

表 5-10 油管内径与油管系数关系表

D, cm	5.03	6.2	7.59
f	0.0161	0.01512	0.0145

$\overline{T}$ 可由下式确定：

$$\overline{T}=t_0+\frac{L}{2M_0}+273 \tag{5-8}$$

其中

$$M_0=\frac{\text{实测井底温度的深度}-\text{常温层深度}}{\text{实测井底温度}-\text{地面常年平均温度}} \tag{5-9}$$

式中 t_0——静气柱井口温度，℃，此值最好实测，不能实测时可用气井所在地区常年平均温度值代替；

M_0——地热增温率，m/℃。

$\overline{Z}$ 可按拟对比压力 p_{pr} 和拟对比温度 T_{pr} 查图 5-15 确定：

$$p_{pr}=\frac{\overline{p}}{p_{pc}} \tag{5-10}$$

$$T_{pr}=\frac{\overline{T}}{T_{pc}} \tag{5-11}$$

$$\overline{p}=\frac{p'_{wf}+p_{wh}}{2} \tag{5-12}$$

$$p'_{wf}=p_{wh}e^{1.251\times10^{-4}\gamma_g L}(L>1680\text{m}) \tag{5-13}$$

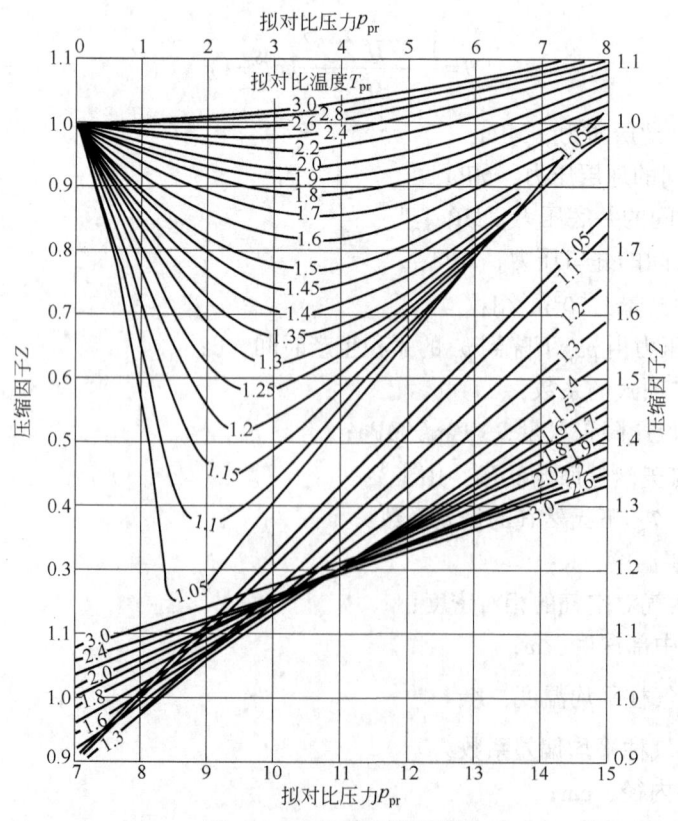

图 5-15 天然气偏差系数

$$p'_{wf} = p_{wh} e^{1.293 \times 10^{-4} \gamma_g L} \quad (L < 1680\text{m}) \tag{5-14}$$

式中 $\bar{p}$——井筒气柱平均压力，MPa；

p_{pc}——天然气拟临界压力，MPa；

T_{pc}——天然气拟临界温度，K；

p_{wh}——井口压力，MPa；

p'_{wf}——近似井底压力，MPa。

已知气藏日产气量 q_g、生产时间 t、原始地层压力 p_{ro} 和单位压降采气量 q_{upr}，就可以用式(5-2)求出地层压力 p_r。分析式(5-3)，在定产量生产时，aq_g 项和 bq_g^2 项不变（认为 a、b 不变时），井底压力 p_{wf} 随地层压力 p_r 的下降而下降。由于 p_{wf} 值与 $p_r^2 - (aq_g + bq_g^2)$ 呈开方关系，p_{wf} 下降速度比 p_r 快。同样，分析式(5-4)井口压力 p_{wh} 的下降速度也比 p_{wf} 快。所以，定产量生产时，p_r、p_{wf}、p_{wh} 三个压力之间的差值越来越大，直到 p_{wh} 降到与输气压力相近时，气井转入定井口压力生产，或者在产量降至 q_{gl} 后定产量生产（图5-16）。

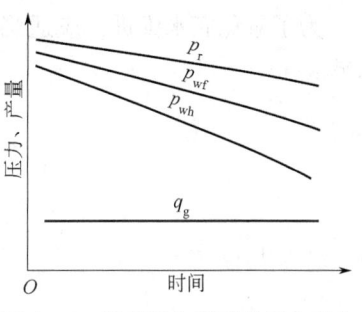

图 5-16 定产量生产时的压力变化

二、定井口（井底）压力工作制度

气井生产到一定时间，井口压力降低到接近输气压力时，应转入定井口压力工作制度生产。定井口压力工作制度是定井底压力工作制度的变形，一般可以近似地简化为按定井底压力工作预测产量变化，其计算公式为

$$q_{sc} = \sqrt{\frac{A^2}{4B^2} + \frac{1}{B} \times (\bar{p}_r^2 - p_{wf}^2)} - \frac{A}{2B} \tag{5-15}$$

式中 $\bar{p}_r$ 随生产时间的增加而降低，结果使 q_{sc} 不断减小，即产量递减。

定井口压力工作制度一般应用在气藏附近无低压管网，但天然气要继续输到脱硫厂或高压管网的气井，或是需要维持井底压力高于凝析压力的凝析气井。

三、定生产压差工作制度

生产特征：$p_r - p_{wf}$ 为常数，即限制生产压差小于某一极限压差。此时的极限压差是保证气井不出水、不出砂的最大生产压差，该压差大小由试井资料确定。

因气井生产压差为常数，而地层压力、井底压力、井口压力、产气量等将随时间下降，因此，当产量或井口压力不能满足生产要求时，应转入其他工作制度或开始带水采气。

定生产压差工作制度适用于地层结构疏松的砂岩气藏，或边、底水活跃的有水气藏，是有水气藏最佳采气方式，具有稳定期长、产量高、单井采气量大、成本低等优点。

四、确定气井工作制度时应考虑的因素

1. 地质因素

1) 地层岩石胶结程度

如果岩石胶结不紧、地层疏松，当气流流速过高时砂粒将脱落，易堵塞气流通道，严重

时可导致地层垮塌，堵塞井底，使产量降低，甚至堵死气层而停产。另外，高速流动的沙子易磨损油管、阀门和管线。所以，适宜的生产工作制度应保证在地层不出砂、井底不被破坏的条件下生产。

2) 地层水的活跃程度

在地层水活跃的气藏上采气时，如果控制不当。容易引起底水锥进或边水舌进，结果使井底附近地层渗流条件变坏，增加了天然气流动阻力，使气井产量减少，严重的可使气井水淹。所以在有水气藏采气初期，气井宜选用定生产压差工作制度。

为了避免底水锥进，应适当控制生产压差。这里介绍一个俄罗斯常用的无水临界产量公式：

$$q_{sc} = \frac{2\pi Khp_r \Delta\rho}{\mu_g p_{sc}} q^*(\bar{\rho}, \bar{h}) \tag{5-16}$$

$$\bar{\rho} = \frac{Re}{\bar{h}\sqrt{\frac{K_h}{K_v}}} \tag{5-17}$$

$$\bar{h} = \frac{b}{h} \tag{5-18}$$

式中 K——气层有效渗透率，mD；

h——气层有效厚度，cm；

p_r——地层压力，MPa；

μ_g——在地层温度和压力下的气体黏度，mPa·s；

p_{sc}——标准压力，0.101MPa；

$\Delta\rho$——水气密度差，g/cm³；

$q^*(\bar{\rho}, \bar{h})$——无量纲产量；

Re——雷诺数；

b——打开厚度，cm；

K_h、K_v——水平和垂直方向的渗透率，D。

$q^*(\bar{\rho}, \bar{h})$ 可查图确定（图5-17）。

这样，极限无水压差为

$$p_t - p_s = \Delta p = p_r - \sqrt{p_r^2 - Aq_{sc} - B_{gsc}^2} \tag{5-19}$$

随着整个气水界面的升高，极限（临界）无水产量将减小。

2. 影响气井工艺制度的采气工艺因素

(1) 天然气在井筒中的流速。气井生产时必须保证井底天然气具有一定流速，以带出流到井底的积液，防止液体在井筒中聚积。

(2) 水合物的形成。天然气中生成的水合物将对采气生产带来很大的危害。为防止井内气体水合物的生成，应在高于水合物形成的温度条件下生产，以保证生产稳定。

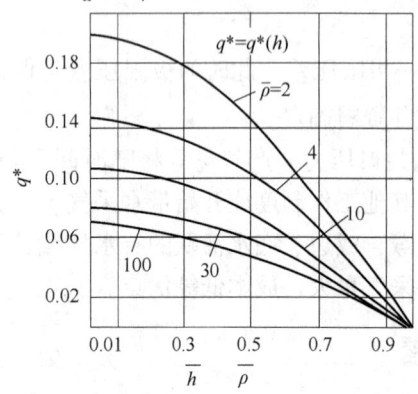

图5-17 无量纲产量图版

(3) 凝析压力。如果凝析油在地层中出现反凝析现象，会增大渗流阻力。为防止凝析油在地层中出现反凝析现象，应在井底流压高于露点压力条件下生产。

3. 影响气井工作制度的井身技术因素

(1) 套管内压力的控制。生产时的最低套压，不能低于套管被挤毁时的允许压力，以防套管被挤坏。

(2) 油管直径对产量的限制。由于油管品种和其他原因，常常未能按要求选择合适直径的油管。对于一些高产气井或产气量较小的产水气井，不合适的油管直径将影响气井的正常采气。

4. 影响气井工作制度的其他因素

用户用气负荷的变化、气藏采气速度的影响、输气管线压力的影响等因素都可能影响气井产量和工作制度。

由于影响气井工作制度的因素很多，因此制定气井合理工作制度时，应从影响气井工作制度诸多因素中找出对采气工艺起决定作用的因素作为决策依据。气井工作制度确定后，还应在生产中不断检验该制度是否合理，必要时应对原制度进行修正或改变，使气井生产更加趋于合理。

第五节　气井分类开采

采气工艺技术水平直接影响着气田的开采效率和效益。不同类型气藏的采气工艺技术有着不同的技术内容要求，只有根据不同类型气藏特点，正确采取与之相适应的采气工艺技术，才能确保气井科学、安全、稳定生产。

按照气藏的特征、开采特点和方式，可将其大体分为常规气藏和特殊气藏。常规气藏包括纯气藏、低压气藏、有边底水气藏等；特殊气藏主要包括酸性气藏和凝析气藏。

一、无水气藏气井的开采

无水气藏是指气层中无边底水和层间水的气藏（也包含边底水不活跃的气藏）。这类气藏的驱动方式主要是气驱。在开采过程中除产少量凝析水外，气井基本上只产纯气（有的也产少量凝析油，但不属凝析气井）。

1. 无水气藏气井的开采特征

1) 气井的阶段开采明显

大量生产资料和动态曲线表明，这类气藏气井生产可分为以下四个阶段（图5-18）：

(1) 产量上升阶段。仅井底受伤害，而伤害物又易于排出地面的无水气井才具有这个阶段的特征。在此阶段，气井处于调整工作制度和井底产层净化的过程。产量、无阻流量随着井下渗透条件的改善而上升。

(2) 稳产阶段。产量基本保持不变，压力缓慢下降。稳产期的长短主要取决于气井采气速度。

(3) 递减阶段。当气井的能量不足以克服地层的流动阻力、井筒油管的摩阻和输气管道的摩阻时，稳产阶段结束，产量开始递减。

(4) 末期稳产阶段。产量、压力均很低，但递减速度减慢，生产相对稳定，开采时间延续很长。

上述四个阶段的特征在采气曲线上表现得很明显，前三个生产阶段为一般纯气井开采所常见，第四个阶段在裂缝孔隙型气藏中表现特别明显。例如，自流井气田嘉三气藏在低压低产阶段开采时间长达数十年之久；邓关气田嘉三气藏五口主力气井早已进入末期稳产阶段，井口压力低于1MPa，单

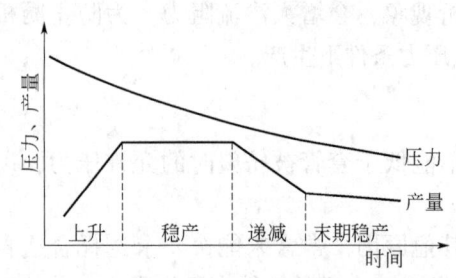

图5-18 无水气藏气井生产阶段划分示意图

井平均日产气量 $1\times10^4 m^3$ 左右，稳产十余年，用第四阶段产量、压力资料计算的储量比压降储量多13%，这说明末期稳产阶段中，低渗区的天然气不断向井底补给，致使压力和产量下降均十分缓慢。

2）气井有合理产量

气驱气藏是靠天然气的弹性能量进行开采的，因此充分利用气藏的自然能量是合理开发好气藏的关键。气井合理产量可根据气井二项式产能方程和稳定试井指示曲线确定，根据某气田57口井的试井及生产资料分析统计，无水气井的合理产量一般应控制在无阻流量的15%～20%。

3）气井稳产期和递减期的产量、压力能够预测

在现场应用中，由于气井生产制度变化较大，一般采用图解法进行预测，其步骤如下：

（1）根据稳定试井资料求出气井二项式或指数式产能方程；

（2）结合气藏实际情况，给出相当数量的地层压力 p_r 值，并假设若干个产量值代入该方程，求出井底压力值，绘制出不同地层压力值下的井底压力与产量的关系曲线图版（图5-19）；

（3）井底流压求出后，进一步求出井口油套压，并可绘制出 $p_{wh}—q_g$ 及 $p_c—q_g$ 的关系曲线图版，图版形式大致和井底压力与产量关系图相似。

根据上述图版及气藏的压降储量图即可预测气藏（气井）某个时刻的压力和产量。

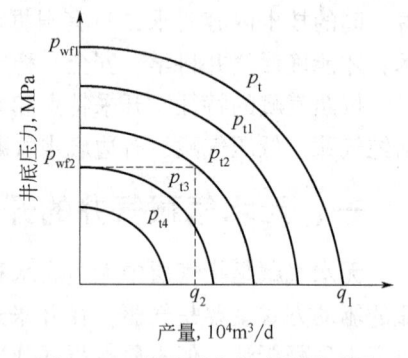

图5-19 井底压力与产量关系图

4）采气速度只影响气藏稳产期的时间长短，而不影响最终采收率

采气速度会影响气藏（气井）稳产期的长短。采气速度高，稳产年限短；反之，则稳产年限长。从气驱气藏生产趋势来看，它们的采收率都是很高的，可达90%以上。渗透性好的高产气井，稳产期采出程度可达50%以上；低产井的稳产期采出程度较低，一般低于30%。

2. 无水气藏气井的开采工艺措施

1）适当采用大压差采气

适当采用大压差采气的优点如下：

（1）增加了大缝洞与微小缝隙之间的压差，使微缝隙里的气易排出；

(2) 可充分发挥低渗透区的补给作用；
(3) 可发挥低压层的作用；
(4) 能提高气藏采气速度，满足生产需要；
(5) 能净化井底，改善井底渗流条件。

2) 确定合理的采气速度

在开采的早、中期，由于举升能量充足，凝析液对气井生产影响不大，但气藏应有合理的采气速度，在此基础上制定各井合理的工作制度，安全平稳采气。对某些井底有伤害、渗流条件不好的气井，可适当采用酸化压裂等增产措施。

3) 充分利用气藏能量

在晚期生产中，由于气藏的能量衰竭，排液（主要是凝析液）的能量不足，如果管理措施不当，气井容易减产或停产。为使晚期生产气井能延长相对稳定的生产时间，提高气藏最终采收率，应充分利用气藏能量，根据举升中的矛盾采取相应的措施，包括：

(1) 调整地面设备。对于不适应气藏后期开采的一些地面设备应予除去，尽量增大气流通道，减少地面阻力，增大举升压差，增加气井的携液能力，延长气井的稳产期。如川渝地区某气田 8、15、33 井除去角式节流阀后，气井日产气量增加 20%；而且，由于地面阻力减小，井底积液被带出地面，井口压力普遍增加 0.1MPa 以上。

(2) 周期性降压排除井底积液。实践证明，在气藏开采后期，凝析液在井底聚积，对无水气井的生产也是致命的。采用周期性地降压生产或井口放喷的措施可排除井底积液，恢复气井的正常生产。

周期性降压生产，气井正常生产一段时间后，生产压差减少，产气量减小，气流不能完全把井底积液带出地面，可周期性地降低井口压力生产，达到排除井底积液的目的。

当采用降压生产还不能将井底积液带出来时，为了延长气井生产寿命，最大限度地降低地面输气压力对气井的回压影响，可采用井口放喷的办法。井口放喷时，井口回压可接近当地大气压力，使生产压差增大，带液能力增强。把井内积液放空，转入正常生产后，气井产气量可得到恢复。井口放喷方法的缺点是每次放空要浪费一定量的天然气，且短期间断供气，但能使气井恢复正常。

4) 采用气举排液

有油管的气井，有条件时可采用外加能量的方法排除井底积液。

上述各种措施，对纯气藏和气层水（指边、底水）不活跃的气藏，具有一定的代表性，在气藏开采末期，对气井稳定生产都能起一些作用。

二、有边、底水气藏气井的开采

1. 动态特征

此类气藏有边、底水存在，且边、底水活跃。如果措施不当，气层水会过早侵入气藏，使气井早期出水，不仅会加速气井的产量递减，而且会降低气藏的采收率。

实践证明，气井出水时间主要受以下四个因素的影响：

(1) 井底距原始气水界面的高度：在相同条件下，井底距气水界面越近，气层水到达井底的时间越短。

(2) 气井生产压差：随着生产压差的增大，气层水到达井底的时间缩短。
(3) 气层渗透性及气层孔缝结构：气层纵向大裂缝越发育，底水到达井底的时间越短。
(4) 边、底水水体的能量与活跃程度：水体的能量越高、越活跃，到达井底的时间越短。

2. 气井出水的三个明显阶段

(1) 预兆阶段：气井水中氯离子含量明显上升，由几十毫克每升到几千、几万毫克每升，压力、气产量、水产量无明显变化。
(2) 显示阶段：水量开始上升，井口压力、气产量波动。
(3) 出水阶段：气井出水增多，井口压力、产量大幅度下降。

3. 治水措施

出水的形式不一样，采取的措施也不相同。根据出水的地质条件不同，采取的治水措施归纳起来有控、堵、排三个方面。

1) 控水采气

气井在出水前后，为了使气井更好地产气，都存在控制出水的问题。对水的控制是通过控制气带水的最小流量或控制临界压差来实现的，一般通过控制井口角式节流阀或井口压力来实现。

以底水锥进方式活动的未出水气井，可通过分析氯离子，利用单井系统分析曲线，确定临界产量（压差），控制在小于此临界值下生产，确保底水不锥进井底，保持无水采气期。

控制临界产量无水采气的优点如下：
(1) 无水采气是有水气藏的最佳采气方式，工艺简单、效益好；
(2) 气流在井筒中保持单相流动，压力损失小，在相同产量下，井口剩余压力大，自喷采气输气时间长，可推迟安装压缩机采气或其他机械采气的时间；
(3) 可推迟建设处理地层水的设施；
(4) 采气成本低，经济效益高。

所以，对于存在边水和底水的气井，或地层水产量不大的气井，应首先考虑的是提高井底压力，控制生产压差，尽量延长无水采气期。

2) 堵水

对水窜型气层出水，应以堵为主，通过生产测井搞清出水层段，把出水层段封堵死。

对水锥型出水气井，先控制压差，延长出水的显示阶段。在气层钻开程度较大时，可封堵井底，使人工井底适当提高，把水堵在井底以下。

3) 排水采气

为了消除地下水活动对气井产能的影响，可以加强排水工作。如在水活跃区打排水井或改水淹井为排水井等，减少水向主力气井流动的能力。

三、低压气藏的采输气工艺

气藏通常采用衰竭式开采。因此，随天然气的不断采出，气藏压力将逐渐降低，在开采的中、后期，气藏就处于低压开采阶段。

当气藏处于低压开采阶段时，气井的井口压力较低，而一般输气压力（简称输压）往往较高（4~8MPa）。因此，当气井的井口压力接近输压或低于输压时，气井生产因受井口输压波动影响，难以维持正常生产，严重时由于井口压力低于输压而使气井被迫关井停产。这样，将使较多的、还有一定生产能力的气井过早停产，大大降低了气藏采收率。为此，需要采用一些特殊的方法，以维持气井的生产。

1. 高、低压分输工艺

由于低压气井井口压力较低，不宜进入长输干线。因此，可根据具体情况，利用现有的场站、管网加以改造和利用。例如，减少站场、管线的压力损失；改变天然气流向；使低压气就近进入低压管网或就近输给用户，而不进入高压长输管线等。这样可在井口压力不变的条件下，维持气井正常生产，提高低压气井生产能力和供气能力，延长气井的生产期。

如四川川南付家庙、庙高寺等气田中的一些气井，对现有的井场管线进行改造，或减少不必要的压力损失元件，或建成高低压两套集输管网，使一大批井的低压气得以采出和利用。

2. 使用喷射器助采工艺

由于气藏一般为多产层系统，气藏中存在同一气田、同一集气站既有高压气井又有低压气井这一特点。为更好地发挥高压气井能量，提高低压气井的生产能力，使之满足输气要求，可使用喷射器，利用高压气井的压力能提高低压气井压力的原理，使之达到输压。

喷射器在国内外已得到广泛应用，实践证明，在气田开发的初、中、后期使用喷射器均可收到显著的经济效益。如某高压气井井口压力11MPa，通过喷射器后将低压气井的压力从1MPa提高到3MPa，使月产量由 $43\times10^4 m^3$ 提高到 $69\times10^4 m^3$，一个月增产的天然气价值，就可以回收研制安装喷射器的全部费用。

喷射器由高压、低压、混合等三部分组成，高压部分有高压进口管、喷嘴；低压部分有低压进口管、低压室；混合部分有混合室、扩压管等（图5-20）。

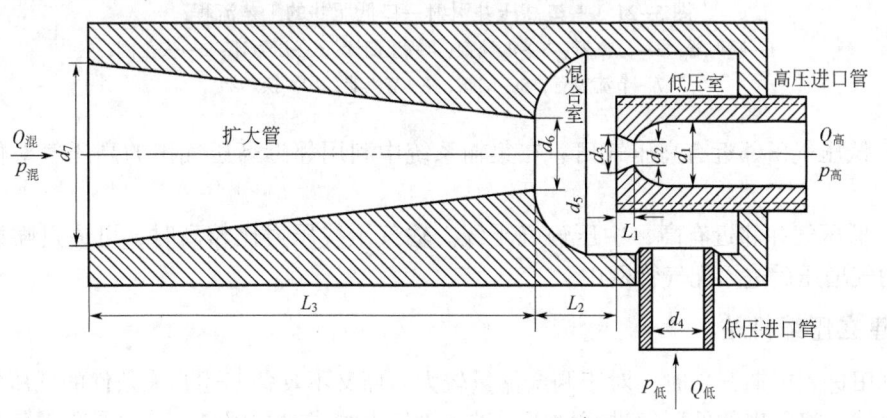

图5-20 喷射器示意图

d_1—高压进口管内径；d_2—喷嘴最小横截面内径；d_3—喷嘴出口横截面内径；d_4—低压气井进口管内径；d_5—混合室内径；d_6—扩压管最小横截面内径；d_7—扩压管出口横截面内径；L_1—喷嘴放射部分长度；L_2—混合室长度；L_3—扩大管长度；$Q_高$、$Q_低$、$Q_混$—高压、低压、混合气体流量；$p_高$、$p_低$、$p_混$—高压、低压、混合气体压力喷射器利用高压气体引射低压气体，使低压气体压力升高而达到输送目的。高压动力天然气在喷嘴前以高速通过喷嘴喷出，在混合室形成一低压区，使低压气井的天然气在压力差作用下被吸入混合室。然后，低压天然气被高速流动天然气携带到扩散管中，在扩散管内，高压天然气的部分动能传递给被输送的低压气，使低压气动能增加。同时，由于扩散管的管径不断扩大，混合气体流速减慢，把动能转换为压能，混合气压力提高，达到增压的目的。

喷射器可在以下条件下应用：

（1）一井多层开采。一口存在高、低压气层同时开采的气井，设置喷射器，利用高压气层的能量把低压气采出来，是一种少打井又不增设管线的有效增压措施。

（2）低压气井邻近有高压气井。在多井集气的气田内，压力相差悬殊的高低压气井在同一集气站内汇集，低压气就可利用邻近高压气借助于喷射器来增压，以带出低压气，如图5-21所示。根据高、低气井的井数、产量，按照不同条件，可采取一口高压气井带一口或多口低压气井，也可以多口高压气井带一口低压气井。

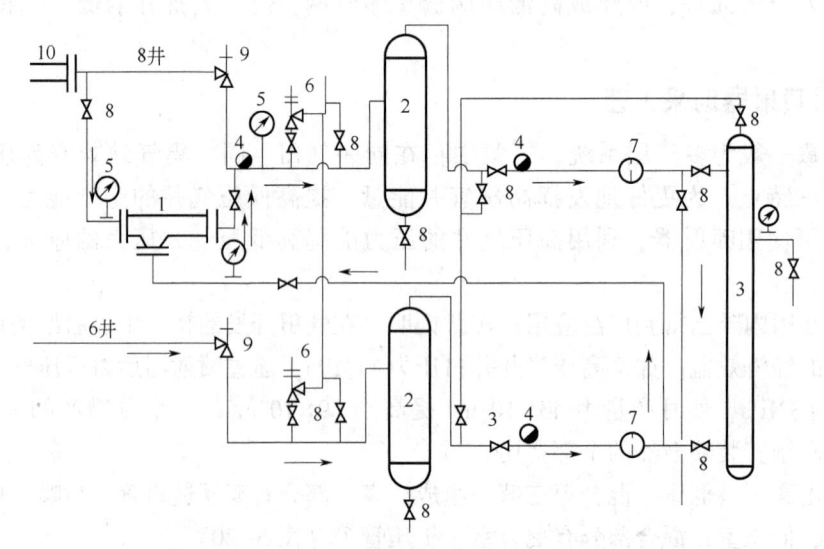

图5-21 一口高压井引射一口低压井的工艺流程
1—喷射器；2—分离器；3—汇气管；4—温度计；5—压力计；6—安全阀；
7—节流装置；8—闸阀；9—节流器；10—换热器

（3）低压气田邻近有高压气田。在集输系统中利用邻近高压气田的高压气对低压气田气增压。

（4）低压气井邻近有高、中压输气干线。输气干线压力比较高时，可通过喷射器把低压气井的气增压后进入配气管网中。

3. 建立压缩机站

当气田进入末期开采时，对于剩余储量较大，而又不具备上述开采条件的低压气井，可建压缩机站，将采出的低压气进行增压后进入输气干线或输往用户，这也是降低气井废弃压力、增大气井采气量、提高气井最终采收率的一项重要措施。

1）区块集中增压采气

所谓区块集中增压，即以一个增压站对全气田统一集中增压，该方式适用于产纯气或产水量小的气田或数口气井，且气井较为集中，集输管网配备良好。该方式的优点是管理、调度方便、机组利用率高、工程量少、投资省，不需建大量配套工程即可实现全气田增压等；其缺点是需建压缩机站，机组噪声污染大。

2) 单井分散增压采气

所谓单井分散增压采气，就是在单井直接安装低压力、小压比的小型压缩机，把各气井的天然气增压输往集气站，再由站上的大型压缩机组集中增压到用户。该方式主要适用于气井控制地质储量大、气水量较大，且受井口流动压力影响较为严重、濒临水淹的气水同产井，在压力极低的情况下，压缩机应尽可能靠近井口。采取单井分散增压是深度强化开采的客观要求。该增压方式的缺点是增加管理和基本建设投入，增加备用机组设置及气量匹配等技术问题。

用来给天然气增压的主要设备是压缩机、原动机、天然气净化和冷却系统。

一般说来，在选择压缩机组类型时，主要考虑以下几个方面的因素：机组可靠、耐用、操作灵活，排量可调范围大且方便，自动化程度高；燃料消耗低，操作管理人员少，造价低。

目前国内外气田上新建的压缩机站主要选用的是燃气轮驱动的离心式压缩机组和电动机驱动的活塞式压缩机机组。

四、常规气井的生产动态分析与管理

实施气井生产管理的目的就是保证气井在规定的工作制度下稳定生产。一般的，对于未出水的气井，主要工作就是使其稳定生产，尽量延长无水采气期。对于已出水气井，主要工作就是尽量排除和减少水对采气的影响。

气井生产动态分析是实施气井生产管理的重要手段，它是利用气井的静、动态资料，并结合井的生产史及目前生产状况，借助于数理统计法、图解法、对比法、物质平衡法和渗流力学等方法，分析气井生产参数及其变化原因，提出相应的改进措施，以便充分利用地层能量，使气井保持稳产、高产，提高气藏最终采收率。

气井生产动态分析内容包括：分析气井配产方案和工作制度是否合理；分析气井生产有无变化及其变化原因；分析各类气井的生产特征和变化规律，进一步查清气井生产能力，预测气井未来产量和压力变化、气井见水及水淹时间等；分析气井增产措施及效果；分析井下及地面采输设备的工作状况。

气井生产动态分析程序可分为收集资料、了解现状、找出问题、查明原因、提出措施等步骤。其原则是从地面到井筒，再到地层；从单井到井组（处于同一裂缝系统），再到全气藏；把压力和产量结合起来进行综合分析，排除干扰，抓住主要矛盾，提出解决措施。

1. 用试井资料分析气井动态

气井在生产过程中要定期进行试井。通过对试井资料进行整理分析，可以了解气井的生产状态。下面举例说明根据稳定试井法求得的指示曲线，对气井进行分析的方法。

1) 正常的指示曲线

高、中、低产的正常生产气井的指示曲线一般都是直线，其指示曲线如图 5-22 所示，符合二项式渗流规律。直线在纵坐标上的截距为系数 A，$\tan\theta = B$，曲线方程为

$$\frac{p_r^2 - p_{wf}^2}{q_{sc}} = A + Bq_{sc} \tag{5-20}$$

2) 大产量测点时的指示曲线

大产量测点时，指示曲线至 b 点以后上翘为弧线（图 5-23），反映了边底水的活动。随着 $p_r^2-p_{wf}^2$ 的增大，产量增加速度减慢，这可能是由于边底水的锥进和舌进，使井底附近气层渗透性变坏，在相同压降下，气井产量明显下降。适宜的产量应定在 b 点以前的直线部分。

3) 小产量测点时指示曲线上翘

小产量测点时前段曲线向上弯曲，c 点以后指示曲线为直线，如图 5-24 所示。c 点以前产量相同时地层压力与井底压力的平均差 $p_r^2-p_{wf}^2$ 比正常情况大，c 点以后才转为正常线性关系。表明在 c 点以前小产量生产时，井底附近渗滤阻力大，渗滤性能差，c 点以后渗滤性能变好，这可能是小产量测点时井底有污物堵塞或积液。随着产量的增加、井底污物被逐渐带出，c 点以后污物喷净，井底渗滤性能变好，生产稳定正常，曲线变为直线。此外，在 c 点以前测算的井底流动压力 p_{wf} 比实际的偏低也会使曲线向上弯曲。

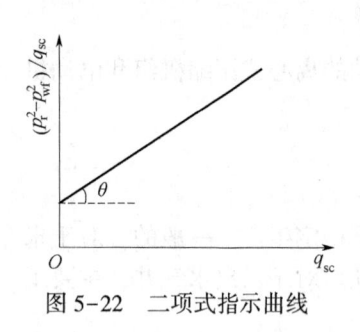

图 5-22　二项式指示曲线 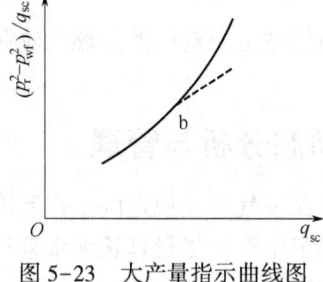　　图 5-23　大产量指示曲线图 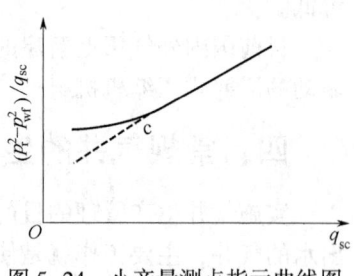　　图 5-24　小产量测点指示曲线图

4) 指示曲线向下弯曲

如图 5-25 所示，曲线 d 点以后向下弯曲，显示井底附近渗滤性能变好或高、低压两气层干扰。小产量测点时，主要由高压层产气，随井底压力降低，低压层气量增加，使指示曲线向下弯曲。

5) 指示曲线不规则

有时，采用不稳定试井可获得一条很不规则的试井曲线（图 5-26），与正常的二项式产能方程式很不相符。这是测点的压力、产量不稳定所致。除人为因素以外，这种情况大多数出现在储层渗透性差的小产量气井，这类井由于很难达到稳定，因而用稳定法试井无效。

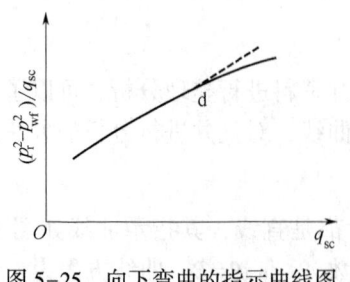

图 5-25　向下弯曲的指示曲线图 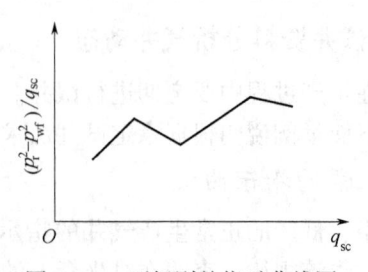　　图 5-26　不规则的指示曲线图

以上是一些较为典型的指示曲线，实际的试井指示曲线形状千差万别。在分析指示曲线

时要以实测曲线与图 5-22 符合产能二项式方程的正常指示曲线进行对比，分析异同，查找原因。在判断一口生产井存在的问题时，切不可仅凭指示曲线就下结论，还应参考其他资料对比研究。

2. 用采气曲线分析气井动态

采气曲线是气井生产数据与生产时间关系曲线，利用它可了解气井生产是否正常、工作制度是否合理、增产措施是否有效等，是气田开发和气井生产管理的主要基础资料之一。

采气曲线一般包括日产气量、产水量、产油量、油压、套压、出砂等与生产时间的关系曲线。

1) 从采气曲线划分气井类型和特点

通过采气曲线可划分为出水气井、纯气井（图 5-27、图 5-28）。

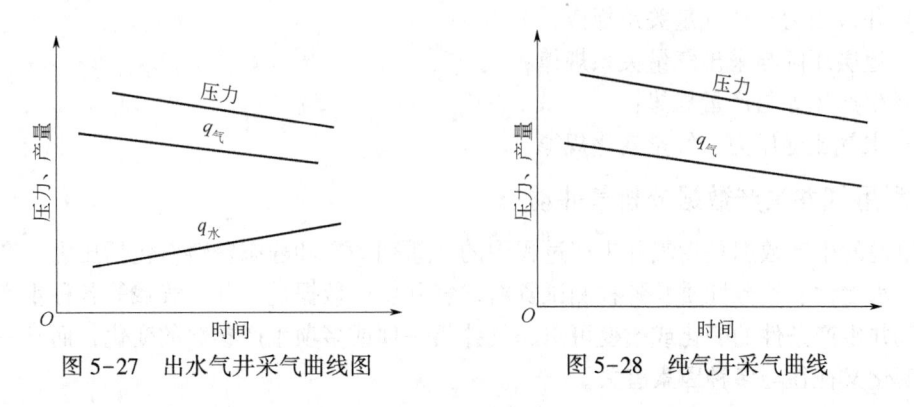

图 5-27　出水气井采气曲线图

图 5-28　纯气井采气曲线

通过采气曲线也可把气井划分成高产气井、中产气井、低产气井（图 5-29、图 5-30、图 5-31）。

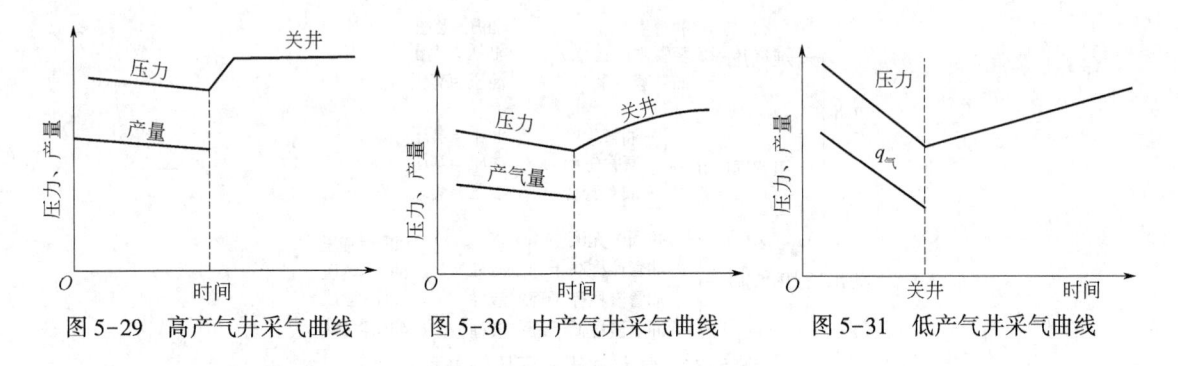

图 5-29　高产气井采气曲线

图 5-30　中产气井采气曲线

图 5-31　低产气井采气曲线

2) 用采气曲线判断井内情况

（1）油管内情况：当油管内有水柱时，将使油压显著下降（图 5-32）。产水量增加时油压下降速度相对加快。

（2）井口附近油管断裂的采气曲线：曲线特征为产量不变，油压上升，油套压相等（图 5-33）。

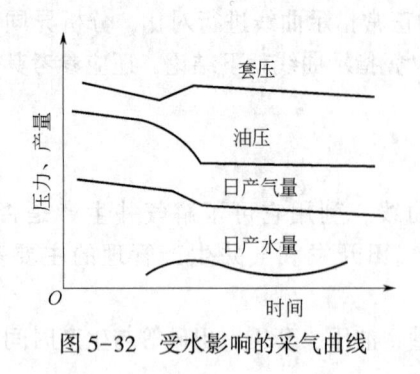

图 5-32 受水影响的采气曲线 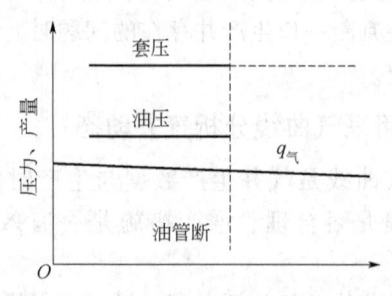　　　图 5-33 井口附近油管断裂采气曲线

3) 利用采气曲线分析气井生产规律

利用正常生产时的采气曲线，可分析如下规律：
(1) 井口压力与产气量关系规律；
(2) 地层压降与采出气量关系规律；
(3) 生产压差与产量规律；
(4) 水气比随压力、气量变化规律。

3. 利用气井生产数据分析气井动态

这里说的生产数据是指气井生产过程中的一系列动态和静态资料，包括压力、产量、温度、油气水物性、气藏性质及各种测试资料。气井生产数据是气井、气藏等各种生产状态的反映，气井生产条件的变化或改变可引起气井某一项或多项生产参数的变化，而某一项生产数据的变化又往往与多种因素有关。

1) 利用油压、套压分析井筒情况

不同情况下气井油压、套压的关系如图 5-34 所示。

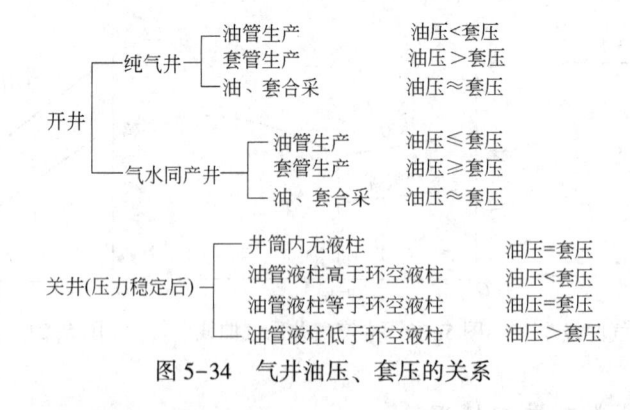

```
                ┌─ 油管生产      油压<套压
        ┌─ 纯气井 ─┼─ 套管生产      油压>套压
        │         └─ 油、套合采    油压≈套压
  开井 ─┤
        │           ┌─ 油管生产    油压≤套压
        └─ 气水同产井 ┼─ 套管生产    油压≥套压
                    └─ 油、套合采  油压≈套压

                    ┌─ 井筒内无液柱        油压=套压
  关井(压力稳定后) ─┼─ 油管液柱高于环空液柱  油压<套压
                    ├─ 油管液柱等于环空液柱  油压=套压
                    └─ 油管液柱低于环空液柱  油压>套压
```

图 5-34 气井油压、套压的关系

油管在井筒液面以上断裂，无论关井或开井，油压均等于套压。
掌握了正常情况的油套压关系后，当井口压力出现异常就可分析判别故障原因。

2) 由生产资料判断气井产水的类别

气井产出水一般有两类：一类是气层水，包括边水、底水等；另一类是非气层水，包括凝析水、钻井液水、残酸水、外来水等。
不同类别水的典型特征见表 5-11。

表 5-11 不同类型水的典型特征

序号	名称	典型特征
1	气层水	氯离子含量高（可达数万毫克每升）
2	凝析水	氯离子含量低（一般低于 1000mg/L），杂质少
3	钻井液水	浑浊，黏稠，氯离子含量不高，固体杂质多
4	残酸水	有酸味，pH<7，氯离子含量不同
5	外来水	来源不同，水型不一致
6	地面水	pH≈7，氯离子含量最低（一般低下 100mg/L）

3）根据生产资料分析是否有边（底）水侵入气井

由以下几种情况综合判断气井产水是否是边（底）水侵入：

(1) 钻探证实气藏存在边（底）水；

(2) 井身结构完好，不可能有外来水窜入；

(3) 气井产水的性质与边（底）水一致；

(4) 采气压差增加，可能引起底水锥进，气井产水量增加；

(5) 历次试井结果对比：指示曲线上，开始上翘的"偏高点"（出水点）的生产压差逐渐减小，证明水锥高度逐渐增高，单位压差下的产水量增大。

4）根据生产资料分析是否有外来水侵入气井

(1) 经钻探知道气层上面或下面有水层；

(2) 气井固井质量不合格或套管下得浅、裸露层多，以及在采气过程中发生套管破裂，提供了外来水入井通道；

(3) 气井产水的性质与气藏水不同；

(4) 井底流压高于水层压力生产时气井不出水，低于水层压力时则出水；

(5) 气水比规律出现异常。

综上所述，气井出现问题的原因是多方面的，同一问题可由不同原因引起，而同一原因，又可引起多个生产数据的变化，如产量大幅度下降既可能是地面故障，也可能是井下故障，还有可能是地层压力下降和水的影响等因素造成的。在进行原因分析时，应按先地面、后井筒、再气层的顺序逐次分析、排除。如首先分析是否有多井集气干扰和输压变化影响，集气管线、阀门、设备等是否有堵塞，排除后再验证是否井筒积液、井壁垮塌或油管堵塞等。

思考题

1. 已知某气井参数：中部井深 $H=3500\text{m}$，油管尺寸 $D=73\text{mm}$（内径 62mm），井筒平均温度 $T=342\text{K}$，天然气相对密度 $\gamma_g=0.6$，地层压力 $p_r=28.00\text{MPa}$，井口压力 $p_{tf}=6.50\text{MPa}$，气井产能方程为 $p_r^2-p_{wf}^2=62q_{sc}+4.8q_{sc}^2$。试利用节点分析方法，取井底、井口为解节点，计算气井产能。

2. 解节点的选择应满足什么要求？

3. 什么叫作协调产量点？确定协调产量点的意义是什么？

4. 气井合理产量的确定原则有哪些？确定方法有哪些？

5. 气井工作制度有哪几种？

参 考 文 献

[1] 杨川东. 采气工程 [M]. 北京：石油工业出版社，2001.

[2] 《采气工程》编写组. 采气工程 [M]. 北京：石油工业出版社，2017.

[3] 廖锐全，曾庆恒，杨玲. 采气工程 [M]. 2版. 北京：石油工业出版社，2012.

[4] 金忠臣，杨川东，张守良，等. 采气工程 [M]. 北京：石油工业出版社，2004.

第六章 气井排水采气工艺

随着开采时间的增加和开发程度的加深，气田开发面临一个较严峻的问题，就是产水气层和气井不断增加，它严重威胁气井生产稳定，使产气量急剧下降，严重时气井水淹停产，大大降低气田采收率。因此，了解气田水的来源、气井出水原因、产水对气井生产的影响和危害，掌握消除和延缓水侵的工艺措施，掌握气井带水生产工艺和气井排水采气工艺，对提高气井最终采收率是有必要的。

本章首先介绍了气井出水原因及其对生产的影响，然后重点介绍控制临界流量采气工艺、优选管柱排水采气工艺、泡沫排水采气工艺、气举排水采气工艺、电潜泵排水采气工艺及机抽排水采气工艺等工艺原理和技术发展现状。

第一节 气井出水与排水采气工艺概述

从完井投产至气井废弃的寿命周期内，气井的产气量会随着气藏压力的下降而下降。当气藏压力下降到一定程度时，气井的生产阶段逐渐由无水生产期过渡到带水生产期，井筒流体由单相流向两相流转化，导致其流体流过井筒时的流态发生改变，流体流经井筒的压力损失也相应增加，缩小了气藏的生产压差，致使气井的产气量下降。气井连续带水生产过程中，当流过井筒的天然气流速小于该临界值时，由于天然气的携液能力降低，导致井筒开始积液，随着气井生产时间的延长，气井的井筒积液会越来越严重，对地层的回压也越来越大，反过来又导致气井的产气量下降，最终导致气井因井筒积液无法及时排出而停止生产。为使气井恢复生产，需采取相应的排水采气工艺技术措施。

一、气井出水原因及其对生产的影响

正如前面所述，气井产出水可能是气层水（包括边、底水等），也可能是非气层水，如凝析水、钻井液水、残酸水，或从其他层位（如上层、下层）窜入的外来水等。在开采中对生产有长期严重影响的一般是边水、底水或外来水。

1. 气井出水原因

（1）气井生产工艺制度不合理。气井产量过大，使边、底水突进，形成水舌或水锥，特别是裂缝发育的高渗透区，底水沿裂缝上升更容易形成水锥。

（2）气井钻在离边水很近的区域，或有底水的气藏气井开采层段打开过深，接近气水接触面。

（3）气水接触面已推进到气井井底，不可避免地要产地层水。

2. 气井产水对生产的影响

气井产水对生产的影响主要表现在以下几个方面：

（1）气藏出水后，部分地区形成死气区，加上部分气井过早水淹，使最终采收率降低。一般纯气驱气藏最终采收率可达90%以上，水驱气藏采收率仅为40%~50%，气藏因气水两

相流动使一次采收率低于40%。

（2）气井产水后，降低了气相渗透率，气层受到伤害，产气量迅速下降，递减期提前。

（3）气井产水后，由于在产层和自喷管柱内形成气水两相流动，压力损失增大，能量损失也增大，从而导致单井产量迅速递减，气井自喷能力减弱，逐渐变为间歇井，最终因井底严重积液而水淹停产。

（4）气井产水将降低天然气质量，增加脱水设备和费用，增加天然气的开采成本。

二、排水采气工艺分类

针对出水气藏气井的上述特点，对有水气藏的排水采气工艺技术可分为一次开采的"三稳定"带水采气制度（产量稳定、压力稳定和气水比稳定）和二次开采的排水采气工艺技术。

一次开采的"三稳定"带水采气制度就是针对有水气井不同的生产类型和特点，在开发初期，优选井口角式节流阀开度，使气水两相管流举升效率最高，在合理的工艺制度下把流入井筒的水全部带出地面，从而使气井的产量、井口流压和气水比保持相对稳定的生产制度。随着气井连续长时间的生产，地层压力、井底压力、气水比例、渗滤通道和渗滤性能等都在发生变化，这些变化随着生产时间的延长而逐渐积累，当达到一定程度足以破坏原有的动态平衡时，即打破了井筒内气水原有的平衡关系，而发生新的不平衡，生产又趋不稳定，使产量、压力不能再保持原有相对稳定的水平。这时，就需要重新进行试验，优选出在新的条件下的"三稳定"制度，达到新的动态平衡。所以气水同产井的"三稳定"生产状况，并不是一成不变的，而是随着生产时间的延长而逐渐变化。因此，在气井管理上，要经常收集资料进行分析研究，当发现这些引起变化的因素时，就及时采取措施制定新的"三稳定"制度，这样就可以提高气水同产井的采收率。

有水气藏二次开采技术是指开发的中、后期，在不改变自喷管柱的情况下，气井已不能依靠自身能量和优选"三稳定"制度进行生产，而必须根据不同类型气水井特点，采用相适应的人工或机械的助喷工艺，排除井筒积液，降低井底回压，增大井下压差，提高气井带水能力和自喷能力，确保产水气井正常采气的生产工艺。

三、排水采气工艺的地质要素

气田或气藏实施排水采气工艺要具备下述地质要素：

（1）气藏具有封闭性弱弹性水驱特征。气藏的封闭性、定容性使排水采气成为可能。在整装气藏中地层水以边水或底水形式存在，因受断层、岩性、构造等因素影响，气藏地层水有限封闭。在单个或多个裂缝系统气藏中，气水虽然共存，但天然气与地层水受致密岩性封隔，可动水体积较小，水侵量较小，地层水有限封闭，为裂缝系统内部封闭的局部水，故可利用自然能量和人工举升方法排水。

（2）产水气藏的水体有限、弹性能量有限。气藏水侵局部活跃或沿某方向裂缝水窜，但气藏可动水体积有限，弹性能量有限，排水采气是可行的。

（3）产水气井井底积液。地层水在井底及周围区域聚集，这对人工举升法排水是有利的。

四、各种排水采气工艺方法的评价

多年来排水采气经历了各种排水采气工艺方法的试验、改进和发展的艰难过程，其中最大的难题是几乎所有的排水采气装置都要经受硫化氢腐蚀的考验。因此，用于产水气井的排水采气工艺方法的装置并非是采油举升法的单纯"移植"，而是要根据气藏（井）的实际情况，做出大量适应性改进和配套完善工作。

目前排水采气工艺方法主要有以下几种：（1）优选管柱排水采气；（2）泡沫排水采气；（3）气举排水采气；（4）机抽排水采气；（5）电潜泵排水采气；（6）射流泵排水采气。

早期气藏排水采气涉及临界流量排水这一方法，它是指在维持产水气井产气量不变的条件下，通过降低产水气井的连续携液流量，使之低于产水气井的当前产气量，恢复井筒气液两相流态为环雾流，最终实现产水气井的连续带水生产。涉及临界流量排水原理的排水采气技术包括：小油管排水采气技术；增压排水采气技术；泡沫排水采气技术。

根据国内外多年排水采气实践，排水采气工艺方法的评价依据应：取决于气藏的地质特征；取决于产水气井的生产状态；取决于经济投入的考虑。

上述6种排水采气工艺适应范围简述如下：

（1）优选管柱排水采气：适用于有一定自喷能力的小产水量气井。最大排水量100m^3/d，目前最大井深2500m；适用于含硫气井；设计简单，管理方便，经济投入较低。

（2）泡沫排水采气：适用于弱喷及间喷产水井的排水。最大排水量120m^3/d，最大井深3500m；适用于低含硫气井；设计、安置和管理简便，经济成本较低。

（3）气举排水采气：适用于水淹井复产、大产水量气井助喷及气藏强排水。最大排水量400m^3/d，最大举升高度3500m；适用于中、低含硫气井；装置设计、安装较简单，易于管理，经济投入较低。

（4）机抽排水采气：适用于水淹井复产、间喷井及低压产水气井排水。最大排水量70m^3/d，目前最大泵深2000m；设计、安装和管理较方便，经济成本较低，但应用于高含硫或结垢严重的气井排水受到一定限制。

（5）电潜泵排水采气：适用于水淹井复产或气藏强排水。最大排水量可达500m^3/d，目前最大泵深2700m；参数可调性好；设计、安装及维修方便，经济投入较高，应用于高含硫气井受到一定限制。

（6）射流泵排水采气：适用于水淹井复产。最大排水量300m^3/d，目前最大泵深2800m；对出砂的产水气井适宜；设计较复杂，安装、管理较方便，经济成本较高。

对给定的一口产水气井，究竟选择何种排水采气方法，需要进行不同排气采气方式的比较。排水采气方法对井的开采条件有一定的要求。如果不注意地质、开采及环境因素的敏感性，就会降低排水采气装置的效率和寿命。因此，除了井的动态参数外，其他开采条件如产出流体性质、出砂、结垢等，也是考虑的重要因素。此外，设计排水采气装置时，还需要考虑电力供给、高压气源、井场环境等，但最终考虑因素是经济投入。必须进行综合、对比分析，最后确定采用何种排水采气工艺。

五、治水方法

治水措施归纳起来有三大类：控气排水、排水采气和堵水。控气排水通过控制气井产量，即抬高井底回压来减小水侵压差，从而减缓水侵。其实质是控气控水，现场有时也称为"控水采气"。排水采气已在前面介绍。堵水则是通过注水泥桥塞或高分子堵水剂堵塞水侵通道，以达到控制水侵的目的。

三种措施虽方式不同,但基本原理都是尽可能降低或消除水侵压差,或释放水体能量,或增加水相流动阻力。控气排水主要以气井为实施对象,着眼点是气;排水采气则以水区为实施对象,着眼点是水;堵水以体现气水压差的介质条件为实施对象,着眼点是渗滤通道。控气排水是一种现场常用的方法,在出水初期水侵原因不明时常常采用,投资小,便于操作,但不利于提高气藏采速和开采规模;排水采气的实施对象已转至水区,工艺要求相对较高,具有更积极、更主动的意义;堵水常常受技术条件限制,目前实际应用很少。不论哪种措施,其目的都是为了提高采收率,都应针对不同的水侵机理、方式,依据经济效益来选择和确定。

第二节 控制临界流量采气工艺

临界流量排水以 Turner（特纳）的产水气井连续携液临界流量方程为基础,采用不同的技术方法,在维持产水气井产气量不变的条件下,通过降低产水气井连续携液流量,使之低于产水气井的当前产气量,恢复井筒气液两相流态为环雾流,最终实现产水气井的连续带水生产。

特纳连续携液临界流量方程如下：

$$Q_g = K p^{0.5} [(67 - 0.4495p)\sigma]^{0.25} ID_t^2 \tag{6-1}$$

式中 Q_g——连续携液临界流量,$10^4 \text{m}^3/\text{d}$；

p——所选计算节点处的压力,如井口压力或井底压力,MPa；

σ——天然气—气田水表面张力,mN/m；

ID_t——油管内径,mm；

K——常数。

影响产水气井连续携液临界流量的因素涉及天然气—气田水表面张力、气井井口（或井底）压力、油管内径等。

一、天然气—气田水表面张力

天然气—气田水表面张力与气井连续携液临界流量的相互关系可表示如下：

$$Q_g = K_0 \sigma^{0.25} \tag{6-2}$$

式中 K_0——由压力和油管尺寸确定的常数。

对式(6-2)进行对数变换,两边取对数,得

$$\ln Q_g = 0.25 \ln \sigma + \ln K_0 \tag{6-3}$$

从式(6-3)可知,连续携液临界流量 Q_g 与天然气—气田水表面张力 σ 的对数值呈直线关系,直线的斜率是 0.25,说明天然气—气田水表面张力与气井连续携液临界流量呈正相关,即天然气—气田水表面张力越大,相应的气井连续携液临界流量也越大。

二、气井井口（或井底）压力

气井井口（或井底）压力与气井连续携液临界流量的相互关系可表示如下：

$$Q_g = K_1 p^{0.5} (67 - 0.4495p)^{0.25} \tag{6-4}$$

式中 K_1——由天然气—气田水表面张力和油管内径确定的常数。

在给定天然气—气田水表面张力和油管内径的条件下,根据式(6-4)绘制压力与气井

连续携液临界流量的关系曲线,如图 6-1 所示。

从图 6-1 中可知,气井连续携液临界流量在 A 点存在一个极大值,假设 A 点的极值为 Q_{gmax},对应的压力值为 p_{max},则可将压力对气井连续携液临界流量的影响划分为两个阶段:当压力低于 p_{max} 时,气井连续携液临界流量 Q_g 随着压力的增加而增大;一旦压力超过 p_{max},压力对气井连续携液临界流量的影响向相反方向转化,随着压力的继续增加,其所需的连续携液临界流量不是继续增加,反而是减小。

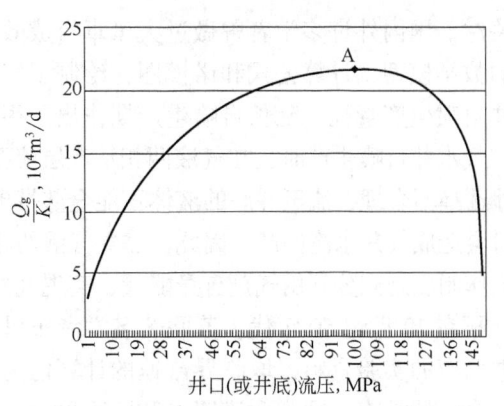

图 6-1 连续携液临界流量与压力的关系

三、油管内径

油管内径与气井连续携液临界流量的相互关系可表示如下:

$$Q_g = K_2 I D_t^2 \tag{6-5}$$

式中 K_2——由压力和天然气—气田水表面张力确定的常数。

从式(6-5)可知,随着油管内径的减小,气井连续携液临界流量按油管内径的二次方减小,反之亦然。

四、液滴直径

气井连续携液临界流量与液滴直径的相互关系可表示如下:

$$Q_g = K_3 d^{0.5} \tag{6-6}$$

式中 d——液滴直径,μm;

K_3——由压力和油管内径确定的常数。

从式(6-6)可知,气井连续携液临界流量与液滴直径的 0.5 次方成正比,即在压力和油管内径不变的条件下,液滴直径越小,气井连续携液所需的临界流量也越小。比如,超声旋流雾化排水采气技术,可将井液破碎成直径 78~88μm 的液滴。

需注意的是,液滴的直径越小,气水两相流的流态越接近环雾流,越有利于产水气井的连续带水生产。

第三节 优选管柱排水采气工艺

优选管柱排水采气工艺是在有水气井开采的中后期,重新调整自喷管柱,减少气流的滑脱损失,以充分利用气井自身能量的一种自力式气举排水采气方法,具有工艺简单、成本低、能最大限度地利用气藏能量进行排水采气稳定生产的显著特点。这里主要介绍优选管柱排水采气的技术发展、工艺原理和实例应用,分享优选管柱排水采气的主要成果与经验。

一、技术发展

自 20 世纪中期以来,合理选择自喷气井生产管柱的问题就受到了油气开采工作者的普遍关注。国内外许多学者曾做过大量卓有成效的实验研究，取得了丰硕成果，建立了连续排液的数学模型、计算公式和诺模图，绘制了气液两相垂直管流动压力损失图版，为合理选择气井自喷生产管柱、延长自喷生产期作出了很大的贡献。

气水井自喷生产时，在气液两相从产层流至井底、沿井筒流至地面的过程中，若自喷管柱尺寸选择不合理，流至井底的液体不能全部带出地面，则井筒会逐渐积液，影响正常生产，严重时会造成气井水淹停产。因此，建立气液两相从产层流入井筒、再从井筒流出地面之间协调的工作制度是充分利用气藏自身能量、实现气井较长时期连续自喷排水采气的最佳选择。

早在20世纪50年代，苏联著名学者布里斯克曼提出了气井连续排液临界流速的概念，根据已有的实验资料，取临界流速的计算值为5m/s来确定气井的自喷管柱直径。在此基础上，古谢依扎杰、阿列谢诺罗夫和巴氏里耶夫等人通过实验研究，相继提出了用于求解凝析气井临界流速的经验公式。美国有学者于1953年基于胡果顿气田70口井小油管试验提出了新的数学模型及关系式。1961年达根提出了举液最小流速为1.5m/s。70年代的研究对流态的划分更为细微，提出了5种流态的计算公式，对举液最小流速的研究有了不同的界限。1971年，特纳等人对于产液量不大、液气比低于 $0.7m^3/10^3m^3$ 时的情况采用井口压力求解并绘制了连续排液最小流速诺模图。

20世纪80年代以来，国内外技术研究对气井连续排液的理论有了新的发展。1981年威克斯在第56届美国石油工程师学会年会上发表了应用小油管排水采气的论文。同年，M.I.伊路比等应用特纳等人的研究成果进一步讨论了气体举升排液的临界速度和流量参数。

我国学者杨川东在主持国内纳17井优选管柱试验时发现，液气比不低于 $0.7m^3/10^3m^3$ 时，气井排液的控制条件在井底而不在井口，提出了因为气井产出气液随着自喷管柱举升程度的增加其速度也增加，只有当自喷管柱管鞋处的流速达到或大于气井连续排液的最小流速时，才能确保将气井产出液从气井连续排出的技术思路。于是1983年，杨川东在研究国内外有关气井连续排液理论的基础上，从气井井底条件出发，推导了采用气井井底压力求解气井连续排液最小流速、流量，以及当自喷管柱管鞋处的流速达不到最小流速时应重新优选较小油管的数学模型，并设计了新的诺模图，编制了计算机设计程序，在此基础上用以指导川南气区优选管柱排水采气，取得了显著的增产成效。

2006年，外国学者卜云国（Boyun Guo）等人提出了一个四相（气、油、水、固体微粒）雾状流模型，将最小动能原理应用到四相模型，得到预测最小气体流速的闭型解析方程。动能理论和实例分析表明：(1) 特纳法计算值上调20%后仍低于排液所需最小产气量；(2) 气井排液的控制条件在井底而不在井段上部。

2014年5月，克拉美丽气田将管径为38.1mm的连续油管及配套工具下入滴西18X井3502.0m进行生产。施工后，油压由11.5MPa下降至10.0MPa，套压由15.0MPa下降至12.0MPa，平均油套压差从3.5MPa降至2.0MPa，并且日产气量维持在 $2.8×10^4m^3$，实现了小产量稳定携液生产。

二、工艺原理及数学模式

1. 工艺原理

美国著名学者R.G.特纳等人设计的根据井口压力直接求解最低流量、最低流速诺模图，在世界上得到了最广泛的运用。本节在特纳等人研究的基础上，针对产水气田的实际，从两个相反的影响条件出发来考虑自喷管柱的设计。因为随着气流沿着自喷管柱举升高度的增加，其速度也增加，为确保连续排出流入井筒的全部地层水，在井底自喷管柱管鞋处的气流流速必须达到连续排液的临界流速。显然，如果这个速度能够满足连续排液的条件，那么，在举升的整个过程中，气流的连续排液都将能得到保证；当气流沿着自喷管柱流出时，必须建立合理的最大可能压力降，以保证井口有足够的压能将天然气输进集气管网和用户。因而，优选合理管柱有两个方面：对流速高、排液能力较好、产水量大的气井，可相应增大管径生产，以达到减少阻力损失、提高井口压力、增加产气量的目的；对于中后期的气井，因井底压力和产气量均较低，排水能力差，则应更换较小管径油管，即采用小油管生产，以提高气流带水能力，排除井底积液，使气井正常生产，延长气井的自喷采气期。

2. 基本数学模式的推导

1) 气井连续排液的临界流速

对于正常完钻的气井，通常都将油管下入产层中部投产，并由气流通过油管把水排出井口。

众所周知，在油管鞋处同一断面处的气流速度是一定的，它与该断面处的气体体积流量的关系可以用下式表示：

$$Q = 8.64 \times 10^{-3} \frac{\pi d_i^2}{4} v \tag{6-7}$$

式中　Q——在井底状况下油管鞋断面处的气体体积流量，$10^3 \text{m}^3/\text{d}$；

　　　d_i——油管内径，cm；

　　　v——在井底状况下油管鞋断面处的天然气流速，m/s。

根据气体状态方程，在油管鞋处井底状况下的气体体积流量与标准状况下的体积流量的关系可以表示为下式：

$$Q = \frac{p_0 Z T}{p_{wf} Z_0 T_0} Q_0 \tag{6-8}$$

式中　Q_0——在标状况下的天然气体积流量，$10^3 \text{m}^3/\text{d}$；

　　　p_0——在标状况下的压力，取值 0.01013MPa；

　　　T_0——在标状况下的天然气绝对温度，取 293K；

　　　Z_0——在标状况下的天然气偏差系数，取 1；

　　　p_{wf}——油管鞋处井底绝对压力，MPa；

　　　T——油管鞋处井底状况条件下的天然气绝对温度，K；

　　　Z——油管鞋处井底状况条件下的天然气偏差系数。

由式(6-7) 和式(6-8)，并代入 p_0、T_0、Z_0 值可得

$$v = 0.05097 \frac{Z T Q_0}{p_{wf} d_i^2} \tag{6-9}$$

另外，如液滴在井筒中的沉降速度和气流举升速度相等，即液滴处于滞止状态悬浮于气井油管鞋处时，运用质点力学的基本公式可得

$$W = \sqrt{\frac{4g(\rho_w - \rho_g)}{3\xi \rho_g} d_m} \tag{6-10}$$

式中 W——油管鞋处液滴的沉降速度（滞止速度），m/s；
g——重力加速度，m/s²；
ρ_g——油管鞋处沉降条件下天然气的密度，kg/m³；
ρ_w——油管鞋处沉降条件下液滴的密度，kg/m³；
ξ——泄力系数；
d_m——最大液滴直径，mm。

在气流中自由下落的液滴，受到一种趋于破坏液滴的速度压力；而液滴表面张力的压力却趋于使液滴保持完整。这两种压力对抗能够确定可能得到的最大液滴直径与液滴沉降速度有如下关系：

$$d_m = \frac{30\sigma g}{\rho_g W^2} \tag{6-11}$$

将式(6-11)代入式(6-10)整理后可得

$$W = \left[40g^2 \sigma \frac{(\rho_w - \rho_g)}{\xi \rho_g} \right]^{\frac{1}{4}} \tag{6-12}$$

式中 σ——液滴的表面张力，0.0765N/m。

已知 $\xi = 0.44$，又因为对油管鞋处的气体状态方程，可以写成如下形式：

$$\rho_g g = 34158 \frac{\gamma p_{wf}}{ZT} \tag{6-13}$$

式中 γ——天然气对空气的相对密度。

把 ξ、g、σ、ρ_w 值代入式(6-11)和式(6-12)则得

$$W = 0.0276 \left(10553 - 34158 \frac{\gamma p_{wf}}{ZT} \right)^{\frac{1}{4}} \left(\frac{\gamma p_{wf}}{ZT} \right)^{-\frac{1}{2}} \tag{6-14}$$

为了确保气井连续排液，气体临界流速 v_{kp} 必须为滞止速度 W 的 1.2 倍，于是有

$$v_{kp} = 0.03313 \left(10553 - 34158 \frac{\gamma p_{wf}}{ZT} \right)^{\frac{1}{4}} \left(\frac{\gamma p_{wf}}{ZT} \right)^{-\frac{1}{2}} \tag{6-15}$$

2）气井连续排液的临界流量

如果把 Q_{kp} 定义为气井能连续排出油管内可能存在的最大液滴在标准状况下必须建立的临界流量，则由式(6-9)可知

$$v_{kp} = 0.05097 \frac{ZTQ_{kp}}{p_{wf} d_i^2} \tag{6-16}$$

式(6-10)、式(6-16)的物理意义为，当气流的实际流速、实际流量等于或大于它在相同条件下连续排液的临界流速、临界流量时，气流就能连续将进入井筒的全部液体排出井口，反之则不能全部连续排出井口。

将式(6-15)代入式(6-16)可得

$$Q_{kp} = 0.648 (GZT)^{-\frac{1}{2}} \left(10553 - 34158 \frac{\gamma p_{wf}}{ZT} \right)^{\frac{1}{4}} p_{wf}^{\frac{1}{2}} d_i^2 \tag{6-17}$$

3）气井连续排液的合理油管直径

由式(6-15)和式(6-17)知，对于确定的气井，当获知 γ、Z、T、p_{wf}、d_i 等参数后，就可运用两式求得连续排液的临界流量和临界流速，再与实际产气量和实际流速相比较，就

可知道气井的排液能力。

当气井的实际流动参数达不到临界流动参数时,由式(6-17)可知,减小油管直径可以降低连续排液的临界流量。为此,可令 $\dfrac{Q_0}{Q'_{kp}}=1$,即将气井选择新自喷管柱后的拟临界流量 $Q'_{kp}=Q_0$ 代入式(6-17),于是就可以解得确保气流能连续排液而必须重新选择的油管直径:

$$d'_i = 1.2423(\gamma ZT)^{\frac{1}{4}}\left(10553-34158\dfrac{\gamma p_{wf}}{ZT}\right)^{-\frac{1}{8}} p_{wf}^{-\frac{1}{4}} Q_0^{\frac{1}{2}} \qquad(6-18)$$

将以上导出的式(6-15)至式(6-18)运用于实际气井,就可以确定气井连续排液的临界流动参数,正确判断气流排液能力的大小,或选择相宜的新自喷管柱,使气层和油管的工作重新建立协调关系。这里需要注意:在自喷管柱按式(6-18)初步选定后,还必须核算当气液两相流体沿着选定的自喷管柱流出时产生的压力损失,并必须小于允许的最大压力损失,使井口有足够的能量,把气流输进集气管网或用户。

3. 数学模式主要参数的确定

1) 油管有效直径

为使数学模式具有较为广泛的用途,推导时考虑条件具备的气井采用套管生产(环形空间生产)的情况。这时,通常处理的方法是采用有效直径 d_e 以代替上述公式中的 d_i 值,有效直径 d_e 的定义为:

$$d_e = \dfrac{4\times\text{流动的横截面面积}}{\text{流体润湿的周长}} = \dfrac{4\times\dfrac{\pi}{4}(D^2-d_i^2)}{(D+d_i)\pi} = D-d_i \qquad(6-19)$$

式中 D——油层套管内径,mm;

   d_i——油管或钻杆外径,mm。

2) 油管下入深度

油管下入深度不仅对产水气井的生产有着举足轻重的影响,而且也是计算井底状况下天然气偏差系数的依据,它取决于产层性质、流体渗滤特征、完井方式、气井生产方式及后期工艺措施等条件。对于原已下入油管的气井,其下入深度按油管实际举升深度计算;对于带水生产的中后期气井,为了利于气井连续排液,新选油管下入深度。

$$H_i = H_1+L_1 = H_1+L/2+\Delta L = H_1+\dfrac{L}{1+\overline{K}\dfrac{d_i^2}{D^2-d_i^2}} \qquad(6-20)$$

其中

$$\Delta L = L_1-\dfrac{L}{2}$$

$$\overline{K} = \dfrac{K_1}{K_2}$$

式中 H_i——油管下入深度,m;

   H_1——产层顶部深度,m;

   L_1——油管鞋至产层顶部深度,m;

   L——产层厚度,m;

$\overline{K}$——无量纲产层平均渗透率。

在数学模式的理论计算中，由于 $H_1 \gg \Delta L$，可取 $\Delta L=0$，故可取 $H_i \approx H_1+L/2$，即可以按油管下到产层中部进行计算。

3) 井底天然气偏差系数

对常年平均温度 t_0、地温增升率 M 分别为 17.85m/℃ 与 41.5m/℃ 的地区：

$$Z = 0.8027(1+4\times10^{-5})^{H_i} + [1-0.8027(1+4\times10^{-5})^{H_i}] \times \\ [2500 p_{wf}(4.6\times10^4-H_i)^{-1}-1]^2 \tag{6-21}$$

对常年平均温度、地温增升率分别为 $t_0 = \Delta t + 17.5℃$ 与 M 的地区，式（6-21）中油管下入深度 H_i 可用折算井身尺寸 H_i' 代替：

$$H_i' = 41.5(\Delta t_0 M + H_i) M^{-1} \tag{6-22}$$

三、优选管柱诺模图的研制

鉴于气田开发的中后期，低压低产气水井越来越多，采取以上推导的公式进行气井生产分析时，往往计算频繁、工作量大。但从式（6-15）、式（6-17）、式（6-18）等基本公式可以看出，当油管直径一定时，在双对数坐标纸上，井底流压和临界流量、临界流速都呈直线关系，这样在双对数坐标纸上就较容易地设计出方便现场人员使用的诺模图。

1. 气井对比流动参数

为了设计和制作诺模图，把气井实际流速、实际流量分别与临界流速、临界流量的比值定义为气井的无量纲对比流速 v_r、无量纲对比流量 Q_r，于是有

$$v_r = \frac{v}{v_{kp}} \tag{6-23}$$

$$Q_r = \frac{Q_0}{Q_{kp}} \tag{6-24}$$

从式（6-23）、式（6-24）可以看出，将公式左右两端各取对数并略加整理后，就可得到平行图尺乘法诺模图的一般标准方程。

2. 引入对比参数的意义

分别代入式（6-9）和式（6-16）、式（6-23）不难证明：

$$v_r = Q_r \tag{6-25}$$

式（6-25）表明，气流的无量纲对比流速，在数值上恰好等于该井在相同条件下的无量纲对比流量。

引入无量纲对比流速和无量纲对比流量的实践意义十分明显。就是说，同连续排液的临界流速、临界流量一样，气井的无量纲对比流速、无量纲对比流量也可作为判断气流举液能力的一个尺度。当气流的无量纲对比流速、无量纲对比流量等于或大于 1 时，气流的实际流速和实际流量也必然分别等于或大于连续排液所必需的临界流速和临界流量，气流将能连续排出油管内的液体；反之，气流将不能连续排出油管内的液体，油管内将产生积液。引入无量纲对比流速和无量纲对比流量的概念，不仅为判断气流排液能力提供了一个明确的标准，而且也为简化计算程序、设计和绘制新的诺模图带来了方便。为了区别于其他方法，可将引入对比参数求解的方法，称为对比参数法。

3. 诺模图的设计

首先采用常规的办法，运用有关的公式，以 500m，1MPa 为步长，计算出一组井深在 1000~3500m、井底流压在 3~22MPa 范围内的井温和天然气偏差系数。然后，根据式(6-15)、式(6-17)、式(6-18)、式(6-19) 编制出用计算机求解 v_{kp}、Q_{kp}、d_i、v_r 的计算程序。只要将不同的已知参数 γ、Z、T、d_i、Q_0 先后输入，就可分别求得一组由式(6-15)、式(6-17)、式(6-18) 所决定的、气井在不同井深和井底流压下连续排液所必需的 v_{kp}、Q_{kp} 及与一定实际产量相对应的 v_r 值。由计算结果就可以在双对数坐标纸上绘制出能直接解出气井无量纲对比流量、无量纲对比流速及连续排液所需的临界流量、临界流速，或当井底流压一定、无因次对比参数小于 1 时，应选择的相应油管直径尺寸的气井优选管柱诺模图（图 6-2）。

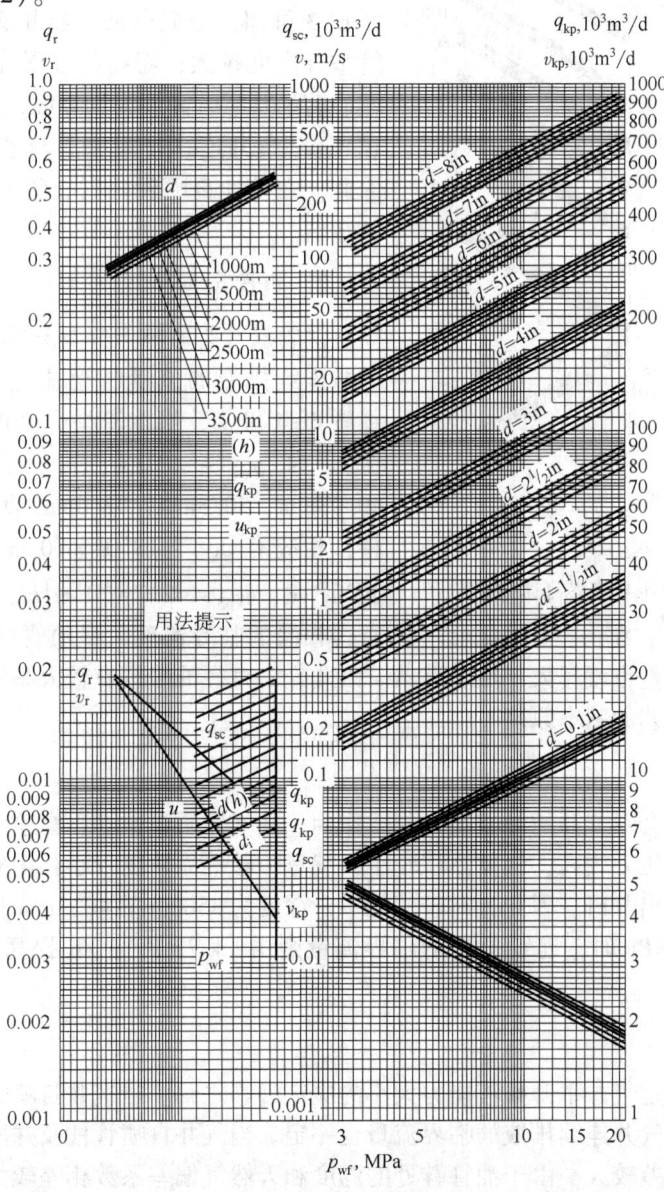

图 6-2 气井优选管柱诺模图

四、影响气井举升能力的主要因素

气井的临界流速与临界流量反映了气井的举液能力。式(6-15)与(6-17)表明，影响气流举液能力的主要因素有自喷管柱尺寸、井底流压、油管举升高度、临界流量与流体性质等。这些主要因素对气井举液能力的影响程度，在诺模图上有着更为直观的明确反映。

1. 油管举升高度

气井连续排液的临界流速、气井的井底流压与油管举升高度有关，而与油管的管径无关。由图 6-3 可知，一般说来，当井底流压一定时，油管举升高度越大；需要的临界流速越大；反之亦然。若油管举升高度为 3500m，当井底流压为 4~10MPa，气井连续排液临界流速为 2.63~4.27m。因此，在设计自喷管柱时，绝不能取临界流速为常数值。

2. 油管尺寸

油管尺寸是影响气井举升能力最重要的因素，气井连续排液的流量与管柱直径的平方成正比。由图 6-4 可知，当油管举升高度为 3500m、井底流压为 p_{wf} = 6MPa 时，v_{kp} = 3.45m/s，对 40.03mm、50.3mm、62.0mm 直径的不同自喷管柱，相应有 q_{kp1} = 18.04×10³m³/d、q_{kp2} = 28.1×10³m³/d、q_{kp3} = 42.7×10³m³/d，也就是说，为了获得相同的临界流速，自喷管柱直径越大，气井连续排液的临界流量也就越大；反之亦然。因此，小直径油管具有较大举升能力，这就是小油管法排水采气工艺的基本原理。

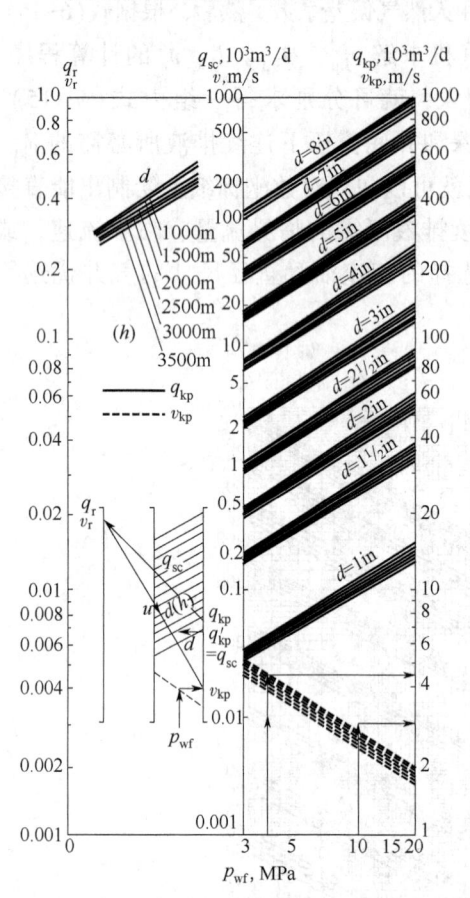

图 6-3 井底流压与临界流速关系图

3. 井底压力

提高井底压力会对气井的举液能力起反作用，在气体质量速率、自喷管径、油管举升高度相同的条件下，压力较高，气体体积较小，就意味着气流速度较小，需要较大的临界流量才能将液体连续排出井口。因此，对于油管举升深度为 3500m 的 40.3mm 油管，当井底流压从 4MPa 提高到 6MPa 时，连续排液的临界流量则由 14.7×10³m³/d 提高到 18.4×10³m³/d (图 6-5)。

4. 临界流量

临界流量是判定气井举升排液能力大小的决定因素之一。当气井自喷管柱及举升高度和井底流压一定时，气井连续排液的临界流量也一定。当气井自喷管柱及井底流压一定时，如果油管举升高度相差较大，由于油管鞋处的温度和天然气偏差系数相差较大，连续排液所需的临界流量也较大；更为重要的是，油管下入深度的不合理将直接影响举升效果，油管的下入深度必须按式(6-20)确定。

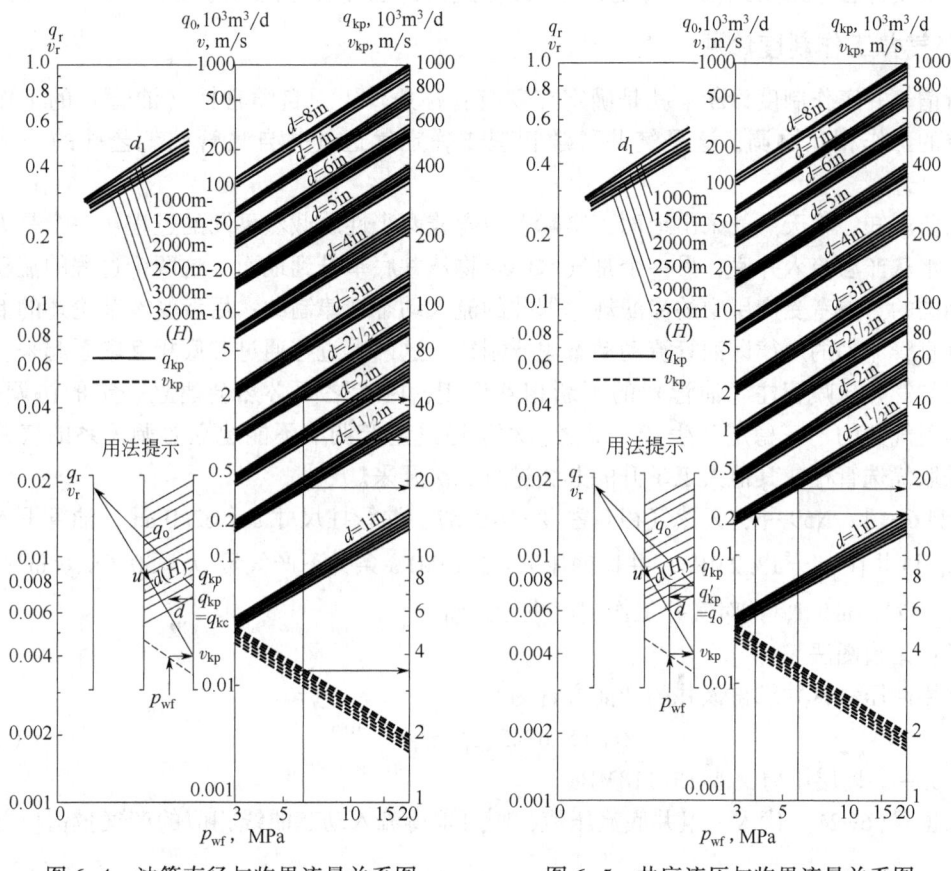

图 6-4 油管直径与临界流量关系图

图 6-5 井底流压与临界流量关系图

开发的中后期，由于气水井产量递减速度较快，往往因气井的实际产气量远远小于连续排液的临界流量，造成 $q_r \ll 1$，井底严重积液。这时就必须调整自喷管柱直径，下入较小直径的油管，使油管和气层的工作重新建立协调关系。

五、现场应用设计程序与实例

在现场应用中，优选管柱的应用设计程序可归纳如下：

（1）根据所给的气井自喷管柱尺寸 d_i、井深尺寸 H_i、产量 q_0、井底流压 p_{wf}、天然气相对密度 G 等值，利用式(6-17) 或诺模图（图4-4）求出气井连续排液的流量 q_{kp} 与对比参数 q_r 值，对气井工作制度及排液能力进行诊断。

（2）当 $q_r \geqslant 1$ 时，气井能连续排液，并能在不改变自喷管柱情况下，依靠自身能量，实现压力、产量、气水比相对稳定的"三稳定"工作制度正常生产；当 $q_r < 1$ 时，气井不能连续排液，可利用诺模图重新优选直喷管柱直径 d_i，并重复程序（1）确保 $q_r \geqslant 1$，使气井在新自喷管柱 d_i 情况下，实现"三稳定"正常生产。

（3）从考虑气井可能的最大生产压差（$\Delta p = p_{wf} - p_{wh}$）出发，检验求出的自喷管柱工作时，气井井口压力 p_{wh} 能否大于输压以确保能将天然气输进采气管网和用户。如井口压力满足大于输压条件，则求出的直径 d_i 可以采用；否则，应重新再按程序（2）选择大一级的油管进行生产。

以上设计程序采用式(6-15)至式(6-18)进行,也可获得相同的效果。

1. 气井工作制度诊断

所谓气井工作制度诊断,就是确定在现有管柱条件下,自喷管柱(油管)的工作是否与产层的工作相互协调,这是气井科学管理或确定优选气井自喷管柱工艺井的一项基础工作。

众所周知,将天然气采出地面,实际上包含着两个性质截然不同的过程:一个是天然气和地下水从产层流入井底;另一个是气水混合物从井底举升到地面。这两个过程的流动规律是不相同的。前者受产层中的渗滤规律即井的流入动态规律制约;后者受本节论述的混气液体沿垂直管流动的规律即油管流动动态规律制约,这两个过程通过井底相互联系起来,并由于产层与气井自喷管柱(油管)的不断相互作用,两者之间必然会建立一定的协调关系,才能实现气井的"三稳定"生产。反之,对于通过生产调节不能建立协调关系的气井,就应该采取优选管柱或其他人工举升的办法进行二次开采。

[**例 6-1**] N59井,天然气相对密度 $G=0.57$,油管柱尺寸 $d_i=62.0$mm,油管下入井深3000m,该井在 $p_{wf}=13.2$MPa、井口油压 $p_t=5.17$MPa 条件下产气量 $Q_0=50.6\times10^3$m³/d,产水量 $Q_w=71.4$m³/d,试对气井工作制度进行诊断。

解: 诺模图法

利用回压法试井求得该井的产能方程为

$$Q_0 = 5.6845(p_r^2 - p_{wf}^2)^{0.60186} \tag{6-26}$$

式中 p_r——地层压力,取 15.118MPa。

依据式(6-26)代入一组井底流压值,则可求得流入动态曲线相应的产气量值,并列入表6-1。

表 6-1 N59 井流入动态 p_{wf}—Q_0 关系数据表

p_{wf}, MPa	3	4	5	6	7	8	9	10	11	12	13	14	15
Q_0, 10^3m³/d	145.87	143.05	139.31	134.79	129.24	122.63	114.84	105.70	99.64	82.13	66.52	46.24	12.19

在 N59 井优选管柱诺模图上,该井的临界油管动态曲线就是表现为 $d_i=62.0$mm、$H_i=3000$m 的一条斜直线。

将表6-1中的 p_{wf}—Q_0 数据作在同一坐标图上,就可得到该井的工作制度诊断图相应的流入动态曲线。流入动态曲线和油管动态曲线的交点,就是该井的协调工作点(图6-6),并有:$p_{wf}=13.2$MPa,$q_{kp}=65\times10^3$m³/d。

该井采用 62.0mm 油管,在 $p_{wf}=13.2$MPa 条件下,产气量为 $q_0=50.6\times10^3$m³/d $< q_{kp}=65\times10^3$m³/d,因而气井不仅不能连续排液正常生产,而且最后导致了水淹、停喷。

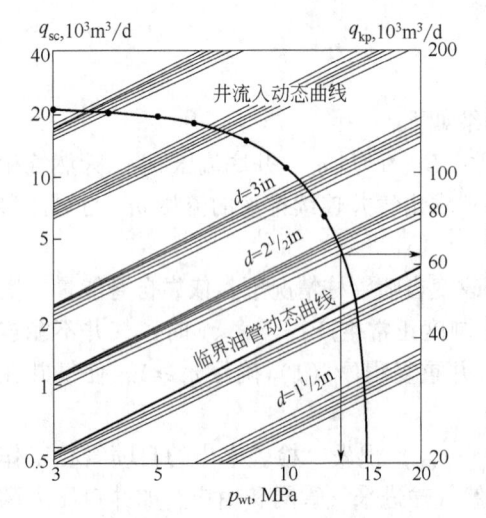

图 6-6 N59 井工作制度诊断图

解二: 公式法

由式(6-17)、式(6-21)与式(6-26)可解得$p_{wf}—q_0$，$p_{wf}—q_{kp}$，并列入表6-2。

表6-2　N59井流入动态曲线$p_{wf}—q_0$与临界油管动态$p_{wf}—q_{kp}$关系数据表

p_{wf}, MPa	3	4	5	6	7	8	9	10	11	12	13	14	15
q_0, $10^3 m^3/d$	145.87	143.05	139.31	134.79	129.24	122.63	114.84	105.70	99.64	82.13	66.52	46.24	12.19
q_{kp}, $10^3 m^3/d$	30.54	35.37	39.64	43.52	47.11	50.44	53.58	56.56	59.37	62.03	64.57	67.01	69.33

由表6-2数据，在同一坐标系统绘出井的流入动态曲线和临界油管动态曲线即可得到N59井井底流压与产量关系的产能动态曲线图（图6-7），同样有：$p_{wf}=13.2MPa$，$q_{kp}=65\times10^3 m^3/d$。

可见，采用诺模图法、公式法，其基本原理和应用效果都是完全相同的。

2. 优选小油管生产

在气水井生产中后期，随着气井产气和排水量的显著下降，气液两相间的滑脱损失就取代摩阻损失，上升为影响提高气井最终采收率的主要矛盾。这时气井往往因举液速度太低，不能将地层水及时排出而水淹，因此需要重新选择一较小合宜自喷的管柱。

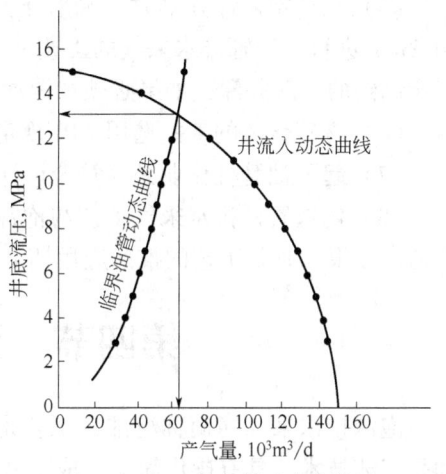

图6-7　N59井产能动态曲线图

六、应用的技术界限与条件

为了提高优选管柱排水采气工艺的成功率和增产成效，在实际应用中注意如下几个问题：

(1) 优选管柱排水采气工艺的关键在于确定气井的产量使其满足于气井连续排液的临界流动条件。产水气井在气水产量较大的开采早期，两相流动的压力摩阻损失是主要矛盾，宜优选较大尺寸油管生产。油管鞋处的对比流不小于1，是采用大尺寸油管生产的必要条件；在气井产能较低、产水量较小的开采中后期，气水两相流动的滑脱损失是主要矛盾，宜优选小尺寸油管生产，以确保气流通过自喷管柱时，有足够大的举液速度，把地层流入井筒的地层水能全部排出井口。

(2) 对于优选小尺寸油管生产，当气井的液气比小于$0.7m^3/10^3 m^3$时，应用特纳的最低流量诺模图，在大多数情况下，井口条件是控制因素，这样可方便地利用井口条件拟定优选管柱的工艺设计方案；当LGR大于等于$0.7m^3/10^3 m^3$时，控制因素不再是井口条件而应是井底条件，推荐使用本节从井底条件为出发点所导出的数学公式或优选管柱诺模图进行方案的正式设计为宜。

(3) 精选施工井是优选小尺寸油管柱排水采气工艺获得成功的重要因素之一，应用时的选井原则是气井的水气比不大于$40m^3/10^4 m^3$；气流的对比参数小于1，井底有积液；井场能进行修井作业；气井产出气水必须就地分离并有相应的低压输气系统与水的出路，产层的压力系数小于1，以确保用清水就能作施工压井液。压井稳定时间应长于正常起下管柱作业全部时间的一倍以上。与此同时，在施工过程中，一般起5柱油管，应吊灌一次压井液，并准确记录灌入井筒液量,确保不要过多漏水,否则会造成产层伤害而使井不能依靠自身能量关井后尽快复压,使井无法启动。

(4) 优选管柱排水采气工艺在实质上和泡沫排水采气工艺、气举排水采气工艺一样,都可归属于自力式气举工艺。但三种工艺又各有其优缺点、适用范围与条件,因篇幅所限,不在本节赘述。三种工艺的最终确定,必须根据气层的地质特征、气井的生产特性和经济对比分析合理决定取舍。

(5) 在拟定设计方案时,油管下入深度必须进行强度校核。对采用油管直径不大于50.3mm 进行小油管排水采气的工艺井,最大只可达 $50m^3/d$ 左右的中等排水量和由油管强度所制约的一般井深,如果必须加深油管下入深度,可采用复合油管柱。

(6) 含硫化氢的气井选用 API 规定的抗硫油管。

(7) 起下油管柱作业必须符合设计要求。

(8) 优选管柱排水采气工艺与泡沫、气举排水采气等工艺组合应用,可增强工艺的排水增产效果和延长工艺的推广应用期。

第四节　泡沫排水采气工艺

泡沫排水采气(简称泡排)工艺是针对有水气藏气井开采中带水生产困难研究的一项助采工艺技术,具有操作简便、成本低、受效快等优点,尤其是对低渗致密砂岩气藏开发初期产水问题,优先考虑泡沫排水采气工艺。四川油气田于1980年首次在气井使用泡沫排水采气工艺,至1999年泡沫排水采气工艺陆续在辽河油田、长庆油田、川东油田推广应用,取得较好的排水采气效果。据统计,2015—2017年大庆、长庆、西南、青海四个气区先后开展7931井次的泡沫排水采气作业,平均单井日增产量 $0.4271×10^4 m^3$,增幅为151%,综合成本降低40%以上,降本增效效果显著,是目前水平井应用最广泛的排水采气工艺之一。

一、技术发展及机理

1. 技术发展

早在20世纪50—60年代,泡沫排水采气受到国外学者的关注,苏联在克拉斯诺达尔、谢别林卡等气田广泛开展泡沫排水,成效很高。如克拉斯诺达尔地区,几年间处理3500多井次,多采出天然气 $4.0×10^8 m^3$;美国在堪萨斯州和俄克拉荷马州气田用起泡剂实施了200口井,成功率也高达90%。川南气区从1978年起开始,在威远气田酸化井开展起泡剂排液工艺技术试验,由1000m以上的浅井、低温井,扩大到3000m的深井、高温井;由非含硫气水井扩大到含硫气水井;由低产气水井,扩大到气水产量较大井。由此受到启发,1980年11月,寺31井采用"8002"起泡剂做试验,注入起泡剂后,该井增产效果明显(表6-3)。随着时间的推移,泡沫排水采气技术工艺日益成熟,成为川南气区有水气藏开发的有效增产措施。

表6-3　寺31井泡沫排水采气试验前后对比表

措施	油压,MPa	套压,MPa	月产气量,$10^4 m^3$	月产水量,m^3	生产状况
泡排前	1.74	5.19	6.3	11.5	由加注前每月关井5~6次转为连续生产
泡排后	3.05	4.83	17.1	153.5	

1985 年，四川石油管理局天然气研究所研究了一种适用于含硫化氢及含凝析油气井的离子—非离子型起泡剂 CT5-2，该起泡剂的优点是耐温，水溶性好，起泡性能和携液性能都很好，在使用时不需要浓度很高，便能达到理想的效果，对环境几乎没有污染。1987 年对川南矿区的 3 口气井采用起泡剂 CT5-2 进行了现场试验，增产 $48.7 \times 10^4 m^3$；1988 在川西北矿区对一口井进行了为期 35 天的现场试验，增产 $38.45 \times 10^4 m^3$，泡沫排水采气工艺的进步跨出了一大步。

进入 21 世纪以来，川南气区针对不同类型的井在起泡剂选择和加注制度方面继续开展试验工作，如在自流井气田开展了 CT5-2、CT5-7C、UT-5C 类型起泡剂试验，在长宁构造和付家庙气田开展了 HRQ-1 类型起泡剂试验，在观音场气田开展了 CT5-2、CT5-7C、UT-11B（主要针对含凝析油的气井）等不同类型的起泡剂试验。对于 GWFA8 新型低密度抗油起泡剂和 HT-5B 新型固体起泡剂在实验室研究取得成功的基础上，在现场继续开展试验，含凝析油气水井、高温高矿化度气水井的泡沫排水也在进一步开展试验研究。

2007 年，四川石油管理局地质勘探开发研究院研制出由三种表面活性剂复配而成的新型起泡剂 HY-4（CDHY，OBS 和 OFAG），该起泡剂的特点是耐盐、抗油和耐温，且其起泡高度和携液能力远高于市售的 CT5-2、HY-3g、CT5-2、UT-6 等起泡剂。

2011 年，西南石油大学将稳泡剂 HEC、阻垢剂 PESA 和缓蚀剂咪唑啉季铵盐加入主剂 ABS 中，最后得到起泡剂 LZ，使用该起泡剂后能使现场气井的缓蚀率及阻垢率分别高达 87.5%、98%，并且在一些高含 H_2S 及高含 $CaCO_3$ 的气井中排液效果十分显著。

2017 年川西气田中浅层气藏气井平均井口油压 1.4MPa、单井日均产气 $0.43 \times 10^4 m^3$，总体呈现低压低产、流体特征差异大、排液稳产难度越来越大的特点。针对常规气井、高含凝析油气井和低压低产气井，分别优选出合适的起泡剂，形成起泡剂的优选方法，提出不同气井的起泡剂加注方式及排液方式，满足川西中浅层气藏不同生产阶段、不同流体特征的产液气井的需求，同时也可为类似气藏提供参考。

2020 年，刘永辉等人建立可视化的气—液—泡沫三相管流模拟实验模型，通过对比泡沫在不同气相表观流速和液相表观流速下的举升效果，确定了当气流界限为段塞流到搅动流的转换界限时，泡沫排水效果可达到最佳，泡沫排水适用界限将两相流流型转换界限与泡沫实验结果紧密结合，明确了泡沫排水适用气量界限，降低排采成本。

2. 机理

泡沫排水采气工艺通过向油管中加入起泡剂，借助气流的搅拌作用，起泡剂与井底的积液混合形成低密度泡沫，从而降低临界携液流量 30%~50%，达到提高携液能力、排出井筒积液的目的。泡沫排水采气机理涉及气液两相管流的滑脱现象和垂直管流中气液混合物的流态。由于气相密度小于液相密度，在气液两相沿垂直管上升流动中，轻质气相的运动速度会快于重质液相的。这种两相间物性差异所产生的气相超越液相流动称为滑脱现象，因滑脱而产生附加压力损失称为滑脱损失。

1）垂直管流中气液混合物的流型

垂直管气液两相流是指游离气体和液体在垂直管中同时流动。在垂直管中气液两相混合物向上流动时，目前公认的典型流态类型有泡流、段塞流、过渡流和环雾流（图 6-8）。

（1）泡流。当气液两相混合物中含气率较低时，气相以分散的小气泡分布于液相中。管子中央的气泡较多，靠近管壁的气泡较少，小气泡近似球形。气体为分散相，液体是连续

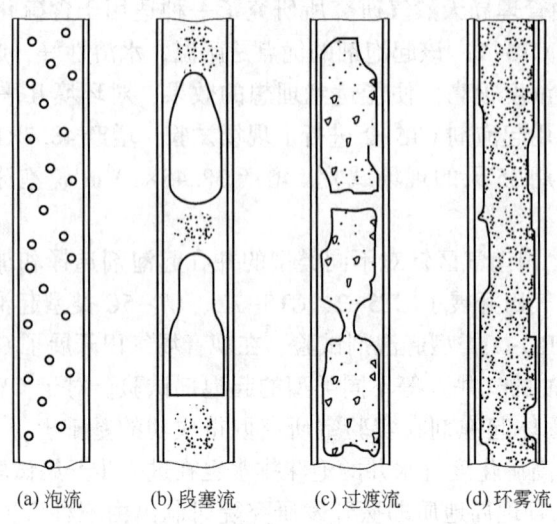

(a) 泡流　　(b) 段塞流　　(c) 过渡流　　(d) 环雾流

图 6-8　气液两相的流态类型

相。气泡的上升速度大于液体流速，对摩阻的影响不大，而滑脱现象比较严重。

（2）段塞流。当混合物继续向上流动时，压力逐渐降低，气体不断膨胀，含气率增加，小气泡相互碰撞聚合而形成大气泡，其直径接近于管径。气体段塞像炮弹，其中也携带有液体微粒。在段塞向上运动的同时，弹状气泡与管壁之间的液体层也存在相对流动。

（3）过渡流。过渡流也称搅动流，液相从连续相过渡到分散相，气相从分散相过渡到连续相，气体连续向上流动并举升液体，有部分液体下落、聚集，而后又被气体举升。

（4）环雾流。当含气率更大时，气弹汇合成气柱在管中流动，液体沿着管壁成为一个流动的液环，这时管壁上有一层液膜。通常总有一些液体被夹带，以小液滴形式分布在气柱中。

在上述四种流态中，试验研究结果认为：泡流携液能力较弱，气井井筒流体处于这种流态宜造成气井水淹；段塞流举升效率高，但滑脱损失大，气井井筒流体处于这种流态同样易造成气井水淹；而过渡流和环雾流携液能力较强，气井井筒流体处于这两种流态易及时排出井底积液，气井能稳定生产。

2）气井垂直管流中气液混合物的举升

气井井底的气液经油管或油套环空流到井口，在整个油气井生产系统中，总的压降大部分消耗于克服气液的重力、摩阻损失和滑脱损失。

（1）泡沫排水采气机理。

泡沫排水采气就是向井底注入某种遇水产生稳定泡沫的表面活性剂即起泡剂，起泡剂的作用是降低水的表面张力，水的表面张力随表面活性剂浓度增加而迅速降低，表面张力随浓度下降的速度体现了起泡剂的效率（图 6-9），当起泡剂注入浓度大于临界胶束浓度时，表面张力随浓度变化不大。

注入井内的起泡剂借助于天然气流的搅动，把水分散并生成大量低密度的含水泡沫，从而改变了

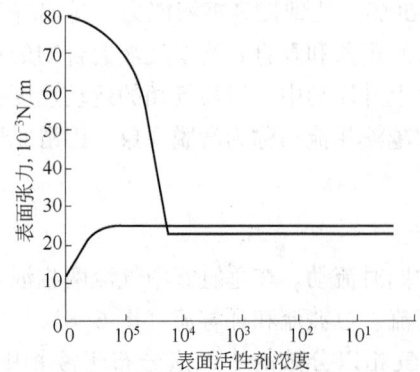

图 6-9　表面张力随浓度变化曲线图

井筒内气水流态，这样在地层能量不变的情况下，提高了气井的带水能力，把地层水举升到地面。同时，加入起泡剂还可提高气泡流态的鼓泡高度，减少气体滑脱损失。

研究表明，对于环雾流，由于气井自身能量足，带水生产稳定，能及时带出井底积液，不需要助采措施。泡沫排水采气的主要对象是环雾流以下的泡流、段塞流、过渡流，尤其以段塞流助采效果最佳。在段塞流时，加入一定浓度的表面活性剂，可促使气相和液相互相混合，减弱振荡效应；且浓度越大，混合越好，振荡越弱，能量损失也越低。处于段塞流的气井，一旦加入适量的起泡剂，表面张力下降使水相分散，段塞流将转变为环雾流。

（2）举升能量的来源与能量的损耗。

气井举升能量主要来源于气液本身的压力能。由地层流入井底的流体具有一定的压力能，当这种压力能大于井筒气液柱的重力能、摩阻损失能和滑脱损失能的总和时，井底气液就会喷出井口。所以举升能量大部分消耗于举升管柱中的重力、摩阻损失和滑脱损失。

气藏开采中期、后期，地层压力降低，即举升能量降低，达不到临界携液流速，致使气井井底积液不能及时排出，造成气井水淹。向气井井底注入起泡剂，与井底积水混合，在气流搅动下生成大量低密度的含水泡沫，从而改变了井筒内气水流态，这就降低了举升管柱的重力和滑脱损失。在地层能量不变的情况下，降低了临界携液流速，提高了采气井的带水能力，把地层水举升到地面。

二、工艺流程及主要设备

1. 工艺流程

泡沫排水采气工艺流程通常如图6-10所示。液体起泡剂从套管环空注入，与井底气液混合后经油管排出（若用套管生产的气井，则由油管注入）。起泡剂相态不同，加注方式不同，其加注装置也不同。如固体起泡剂，则由井口加注筒投入，经油管投到井底，再由油管

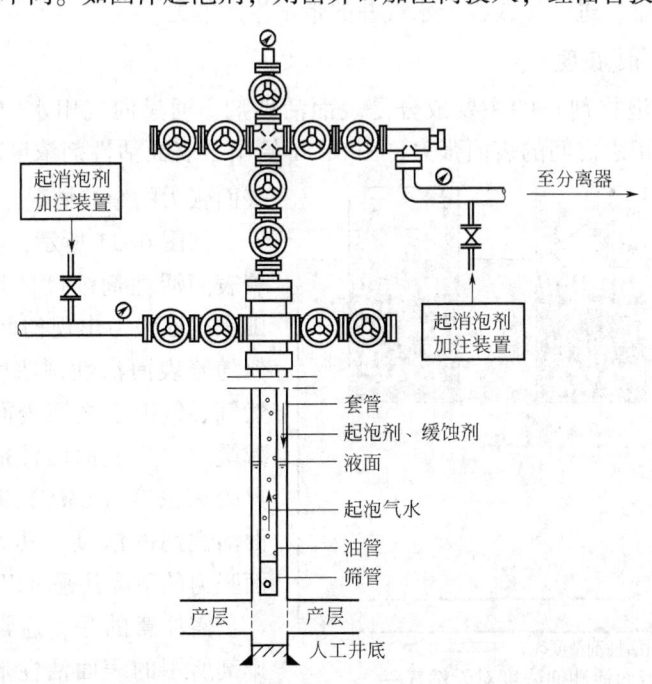

图6-10 泡沫排水采气工艺流程图

或套管排出。消泡剂的注入部位一般是在井口气液流出处,这是因为该处距分离器较远,与气水混合时间长,达到消泡和抑制泡沫再生的效果,进入分离器便于分离。

2. 主要设备

1) 固体起泡剂加注

固体起泡剂利用安装在采气井口 7 号阀门上固体起泡剂加注筒加注,通过该装置将固体起泡剂(如棒状起泡剂)从油管投入井内,在重力的作用下落入井底。主要用于间隙生产井、无人看守的边缘气井,水气比一般小于 $30m^3/10^4m^3$,产水量小于 $80m^3/d$,液体在井筒内的流速不宜过高,或井下有封隔器的产水气井。例如,孔滩气田孔 27 井使用了这种装置。

2) 液体起泡剂加注

液体起泡剂利用安装在井口的起泡剂加注装置进行加注,加注装置有平衡罐加注装置、计量泵加注装置、泡排车加注装置和小直径管加注装置。

三、影响因素及工艺设计

1. 影响因素

泡沫排水采气举升系统的影响因素包括:井口压力、表面活性剂浓度、表面活性剂亲憎平衡值、温度、凝析油含量、气田水矿化度、固体颗粒、甲醇、破乳剂、气液比、气流速度、泡沫密度和腐蚀环境。

1) 井口压力

根据特纳的气井连续携液临界流量方程,降低井口压力有利于改善产水气井的连续携液能力,同时井口压力的降低也会直接减小井筒对地层的回压,增大地层的生产压差,从而增加产水气井的产气量,进一步改善产水气井的带水生产能力。

2) 表面活性剂浓度

起泡剂(又称泡排剂)的主要成分是表面活性剂,通过向气田水中加入表面活性剂,可降低天然气与气田水之间的表面张力,图 6-11 给出了表面活性剂浓度对天然气—气田水表面张力的影响情况。

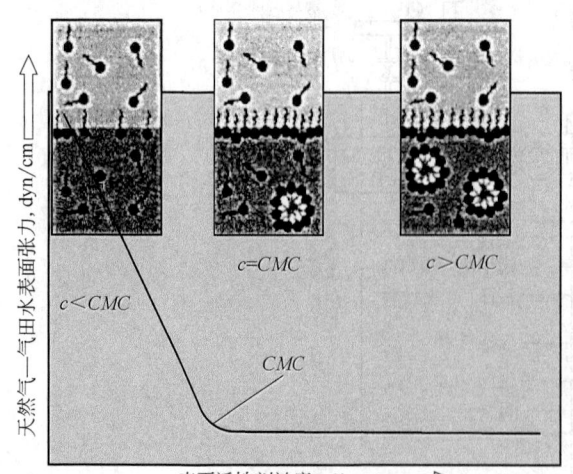

图 6-11 表面活性剂浓度对天然气—气田水表面张力的影响

如图 6-11 所示,在初始状态下,随着表面活性剂浓度的增大,天然气—气田水表面张力出现初期的快速下降阶段,但随着表面活性剂浓度的继续增加,天然气—气田水之间表面张力的下降趋势减缓。一旦表面活性剂的浓度达到其临界胶束浓度(CMC)时,再继续加大表面活性剂的浓度,其天然气—气田水表面张力的下降几乎可以忽略不计。

需注意的是,通常情况下,配制泡排剂所用的表面活性剂的有效浓度典型值为 0.1%~0.5%。

3) 表面活性剂亲憎平衡值

亲憎平衡值是度量表面活性剂亲水性能的特征参数。亲憎平衡值越大，表面活性剂的亲水性能越好，在水中越易形成稳定的泡沫。通常情况下，非离子表面活性剂的亲憎平衡值为0~20。亲憎平衡值小于9，说明非离子表面活性剂是油溶性的；亲憎平衡值大于11，则说明非离子表面活性剂是水溶性的。另外，大多数离子表面活性剂的亲憎平衡值大于20。

4) 温度

泡沫排水采气所使用的泡排剂主要由表面活性剂组成，并根据实际需要添加了相应的添加剂，泡排剂的发泡能力主要受所含表面活性剂的温度控制。

(1) 非离子型表面活性剂。对于非离子型表面活性剂，其发泡能力随着温度的升高而下降，且一旦表面活性剂的工作温度达到其浊点温度时，其发泡能力会急剧下降，因此非离子型表面活性剂的使用温度应低于其浊点温度。

从图6-12可知，在温度达到聚氧乙烯苯酚浊点温度之前，其泡沫高度基本上处于很缓慢的下降过程中。但当温度大于其浊点温度〔约148℉(64.4℃)〕后，聚氧乙烯苯酚的发泡能力急剧下降。当温度上升至约164℉(73.3℃)时，其泡沫高度仅为浊点温度时的18%。

(2) 离子型表面活性剂。对于离子型表面活性剂，其发泡能力随温度的升高而增大，原因在于随着温度的升高，离子型表面活性剂的溶解度增大，因此离子型表面活性剂的使用温度应高于其Krafft温度（即表面活性剂溶解度急剧升高的温度）。需注意的是，随着温度的升高，离子型表面活性剂的发泡能力增强，但泡沫的稳定性会变差，最终导致其半衰期缩短。

5) 凝析油含量

对于产水气井所用的泡排剂来说，凝析油的作用相当于一种消泡剂，它的存在会抑制泡沫的携液能力。

图6-13给出了凝析油+气田水体系中凝析油体积分数对十二烷基硫酸钠泡沫携液能力的影响情况。

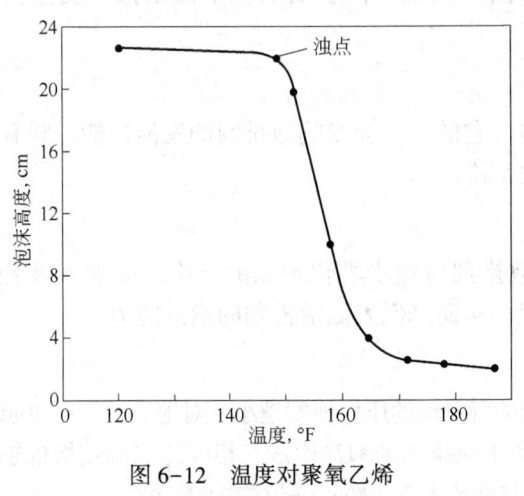

图6-12 温度对聚氧乙烯苯酚发泡能力的影响情况

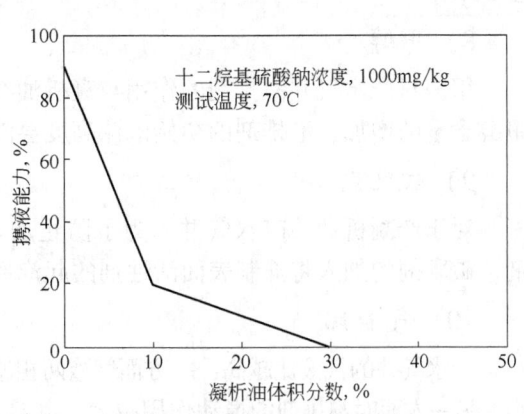

图6-13 凝析油与十二烷基硫酸钠泡沫携液能力的关系

从图6-13中可以发现，随着凝析油体积分数的增加，表面活性剂——十二烷基硫酸钠的泡沫携液能力呈现不断下降趋势，其下降趋势可分为两个阶段，即凝析油体积分数从0升至10%的快速下降阶段和凝析油体积分数由10%升至30%的慢速下降阶段。一旦凝析油体积分数等于或大于30%，十二烷基硫酸钠的泡沫携液能力将下降为零。

针对高体积分数凝析油的产水气井，需采用特殊的表面活性剂，如碳氟化合物表面活性剂。

需注意的是，对于大多数普通表面活性剂来说，一旦液体中凝析油的体积分数占整个产出液量的50%以上，表面活性剂的活性会受到严重抑制，甚至会出现无泡沫产生的现象。

6) 气田水矿化度

图6-14给出了气田水矿化度对聚氧乙烯苯酚发泡能力影响的实验室测试结果。

从图6-14中的测试结果可知，气田水矿化度主要影响聚氧乙烯苯酚水溶液的初始泡沫高度和初始泡沫高度增长速度。但是，与聚氧乙烯苯酚蒸馏水溶液相比，含盐量为5%的聚氧乙烯苯酚水溶液泡沫高度，从最高点至30min时的变化区间明显收窄。

对于非离子型表面活性剂来说，气田水矿化度的变化还会影响其浊点温度。气田水矿化度越高，非离子型表面活性剂浊点温度下降越大，从而间接影响了非离子型表面活性剂的应用环境温度。

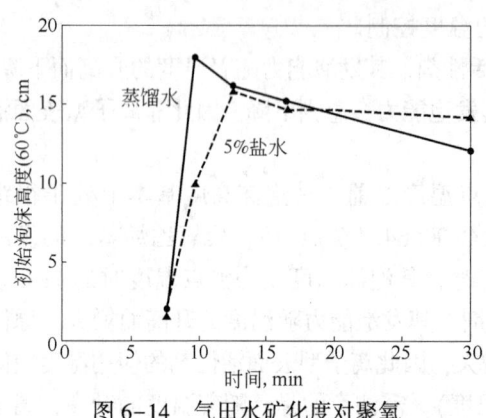

图6-14 气田水矿化度对聚氧乙烯苯酚发泡能力的影响情况

需注意的是，气田水矿化度越高，表面活性剂的半衰期下降越快。当矿化度超过一定的数值后，可能无法形成稳定的泡沫。

7) 固体颗粒

不溶性的0.2~1μm的固体颗粒也能影响表面活性剂的携液能力。实验室采用1∶1的凝析油+气田水体系进行的携液能力研究表明，仅1%的泥质固体颗粒就会导致泡沫携液能力下降为零。通过过滤滤除0.2μm以上的泥质固体颗粒后，表面活性剂的携液能力上升至30%。

8) 甲醇

甲醇对产水气井泡排剂的作用与凝析油类似，它的出现会影响泡排剂的发泡性能。随着甲醇含量的增加，泡排剂的初始泡沫高度会随之下降。

9) 破乳剂

对于产凝析油的产水气井，为了防止加入泡排剂后油水乳化现象的产生，需加入破乳剂。破乳剂的加入将抑制表面活性剂的起泡性能，从而降低表面活性剂的携液能力。

10) 气液比

产水气井的气液比越高，一方面气液两相流沿油管流动的压力梯度越小，对地层的回压也越小；另一方面对泡排剂的搅动作用越大，也越有利于泡排剂的泡沫生成，相应地泡排效果也越好。采用泡沫排水采气技术的产水气井，最好选择气液比大于178m³/m³的产水气井。

11) 气流速度

产水气井气流速度对泡沫携液能力的影响随着气流速度的变化，图6-15给出了两种泡排剂的室内试验结果。

从图 6-15 可知，两种泡排剂的泡沫携液能力与气流流速的关系曲线均存在一个极小值，因而从有利于泡沫携液的观点来看，可通过两种途径来改善泡排剂的泡沫携液能力：一是选择泡沫携液能力—气流速度曲线最低点高的泡排剂；二是可通过合理控制井口针形阀的开度，使气体的流速避开泡沫携液能力最差的气流流速区间。

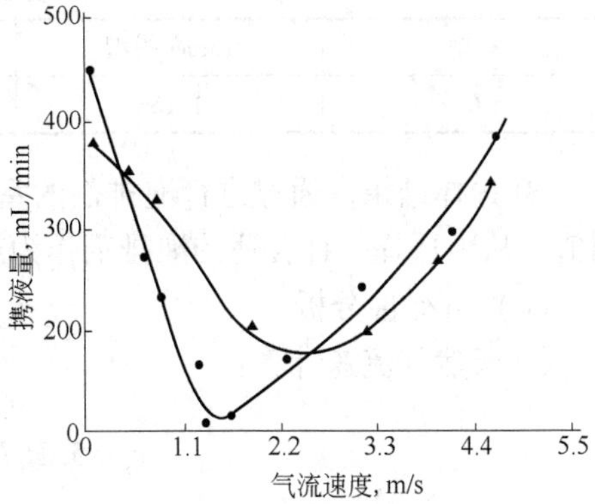

12) 泡沫密度

图 6-15 气流速度对泡沫携液能力的影响

气田水加入泡排剂后形成的泡沫密度越低，井筒流体的压力梯度也越低，实现产水气井连续携液所需的临界流量也越低，越有利于产水气井的正常带水生产。

13) 腐蚀环境

产水气井中 CO_2 和 H_2S 等腐蚀介质会影响泡排剂的性能，因而应考虑泡排剂与缓蚀剂的兼容性。

2. 工艺设计

1) 设计过程

(1) 天然气偏差系数计算。

选择合适的天然气偏差系数计算方法计算天然气偏差系数 Z。

(2) 天然气密度计算。

$$\rho_g = 3.4832 \times 10^3 \frac{\gamma_g p_{wh}}{Z(t+273.15)} \tag{6-27}$$

式中 ρ_g——天然气密度，kg/m^3；

γ_g——天然气相对密度；

p_{wh}——井口油管压力，MPa；

t——井口温度，℃；

Z——天然气偏差系数。

(3) 泡排剂选择。

① 泡排剂室内试验筛选。在给定产水气井条件下，测试不同泡排剂与气田水所形成的液体泡沫密度和天然气—气田水表面张力。

② 连续携液临界流速计算：

$$v_c = C \left(\frac{\rho_{wf} - \rho_g}{\rho_g^2} \sigma_{gw} \right)^{0.25} \tag{6-28}$$

式中 v_c——连续携液临界流速，m/s；

ρ_{wf}——气田水泡沫密度，kg/m^3；

σ_{gw}——天然气—气田水表面张力，mN/m；

C——与所选择的连续携液临界流速模型有关的常数，取值见表 6-4。

表 6-4　常数 C 的取值

模型	Turner 模型	Coleman 模型	Limin 模型
C	1.166	0.972	0.442

③ 选择结果。通过进行泡排剂的室内试验筛选，并分别计算泡排剂的最小携液流速预测值，从中选择一种合适的泡排剂作为产水气井所需的泡排剂。

(4) 可行性分析。

① 天然气流速计算：

$$v_\mathrm{s} = 5.167 \times 10^{-3} \frac{Q_\mathrm{g}(t+273.15)Z}{ID_\mathrm{t}^2 p} \tag{6-29}$$

式中　v_s——天然气流速，m/s；

Q_g——天然气产量，m³/d；

ID_t——油管内径，mm。

② 若 $v_\mathrm{s} \geqslant v_\mathrm{c}$，则选择的泡排剂符合现场要求，可实施现场泡沫排水采气。否则，应重新进行室内试验筛选，选择合适的泡排剂，直至 $v_\mathrm{s} \geqslant v_\mathrm{c}$ 为止。此时所选择的泡排剂可投入现场使用。

2) 泡排剂注入浓度

泡排剂注入浓度可从表 6-4 中查得。

需注意的是，若无实验室测试的最佳注入浓度数据，可采用下面的方法来确定最佳泡排剂注入浓度，即根据确定泡排剂注入浓度的一个经验法则：泡排剂的临界胶束浓度可作为泡排剂的最大注入浓度。基于这样的原则，将临界胶束浓度作为泡排剂的初始注入浓度，并在此基础上，逐渐降低泡排剂的注入浓度，且每改变一次，相应地记录下产水气井产气量和产水量。通过对比、分析不同泡排剂注入浓度条件下，产水气井产气量和产水量的变化趋势，从中优选出适合产水气井实际情况的、效果最佳的泡排剂注入浓度或将厂家推荐的注入浓度作为初始注入浓度，并在此基础上通过增加或降低注入浓度，从中优选出适合产水气井实际情况的、效果最佳的泡排剂注入浓度。

3) 泡排剂注入量

泡排剂注入量可根据泡排剂的注入浓度和产水气井的产水量来加以确定：

$$M_\mathrm{z} = 10^3 b_\mathrm{d} V_\mathrm{w} \tag{6-30}$$

式中　M_z——泡排剂注入量，kg；

V_w——产水量，m³；

b_d——泡排剂注入浓度，mg/L。

需注意的是，应注意观察产水气井产水量的变化情况，及时调整泡排剂的注入量，确保产水气井的正常带水生产。

第五节　气举排水采气工艺

气举排水采气工艺技术是从地面向气井中注入高压的气体，它与气层的流体进行充分的汇合，利用高压气体的膨胀作用来降低井中积液的密度，从而将其排出地面的一种举升方式。经过长期开发，我国很多气田的气井井筒均出现了程度不同的积液现象，导致气田因水淹而停产，严重阻碍了我国的能源长期稳产的发展战略。因此，掌握气举排水采气的发展历程及具体工艺原理具有较好的现实意义。

本节重点介绍气举排水采气工艺的发展历程，在分析总结气举排水采气的机理及特点的基础上，详细介绍气举方式、管柱结构和工艺优化设计，为有效提高水淹气井产能提供参考。

一、技术发展及机理

1. 技术发展

国外柱塞气举的研究和应用开始于 20 世纪 50 年代，美国的 Beeson、Knox、Stoddard 和苏联学者 Muraviev 等人对柱塞气举的生产规律进行研究。早期对于柱塞气举的理论研究比较简单，研究仅仅在简单的设计之上，方法的局限性极大，并且在实际应用中没有得到应用。进入 21 世纪，柱塞气举排水采气工艺理论和实验研究的不断深入，在国外各大油田现场得到了广泛的应用（视频 6-1）。

气举排水采气工艺技术从 1982 年在四川气田试验成功以来，由于适用范围广、增产效果显著成为我国气田排水采气主力工艺技术，该工艺由间歇气举发展到连续气举，由开式气举发展到半闭式、闭式、喷射式气举，由注气压力操作气举阀发展到生产压力操作气举阀，形成了开式、闭式、半闭式、柱塞气举、气举+泡排等一系列气举排水技术。

视频 6-1 智能柱塞排水采气简介

2005 年，何顺利根据动量平衡方程和质量守恒原理建立了柱塞气举的理论模型，给出了油、套压计算方法，编制了柱塞气举动态模型计算程序，为柱塞气举优化设计提供了理论基础。随后，他们将柱塞气举影响因素分为动力、阻力和体积三大因素，利用柱塞气举动态模型分析了各种因素变化对柱塞气举的作用及其他们的限制条件，提出了优化柱塞气举参数的作用。

2018 年，刘丽萍等人从苏东南区柱塞气举井分类对比评价入手，提出投产时间越早，气井在同一时期实施柱塞后受产能递减、井筒积液等因素影响越突出，甚至导致柱塞无法运行。然后，她们根据柱塞运行阶段划分，优化了运行参数，引进柱塞气举生产制度的载荷因数计算方法，降低了调参工作量，并提出柱塞分类管理思路。

2020 年，姜维根据柱塞气举的工艺特点及适用条件，进行了智能柱塞现场应用试验，为大牛地气田排水采气工艺体系的优化完善进行探索尝试，计算了最小套压、下入深度、临界流量、最小需气量、运行周期等柱塞运行参数。

如今，气举排水采气工艺技术在中原、大庆、吉林、川渝、新疆、苏里格和海上等气田基本都已经广泛的应用，应用的工艺种类比较多但大部分都处于应用的初级阶段；油田科研部门对柱塞气举的研究还不够全面，理论研究还存在很多难题需要进一步解决。

2. 机理及特点

气举排水采气工艺是将高压气体（天然气或氮气）注入井内，借助气举阀实现注入气与地层产出流体混合，降低注气点以上的流动压力梯度，减少举升过程中的滑脱损失，排出井底积液，增大生产压差，恢复或提高气井生产能力的一种人工举升工艺。

如图 6-16 所示，设 A—A 是气井水淹后的静液面位置，当从套管注入高压气时，高压气促使套管液面下降而油管液面上升。当套管液面降低到第一只气举阀入口 B—B 时，气举阀被高压气的压力打开，高压气经气举阀进入油管，在气体膨胀力作用下，B—B 界面以上的液体被举升到地面。同时，由于高压气大量进入油管，套管压力降低，当套管压力降到气举阀的关闭压力时，第一只气举阀关闭。接着，高压气又迫使套管液面下降，油管液面上升，当套管液面降低到第二只气举阀入口 C—C 时，第二只气举阀被高压气打开，把 C—C 至 B—B 界面以上的液体举升到地面，如此连续不断地降低油管内的液面，直到气井恢复生产。

气举排水采气工艺具有以下特点：
(1) 适用于不同产水量的气水同产井，适应性强；
(2) 满足含腐蚀介质、出砂等气水同产井需要；
(3) 举升高度高；

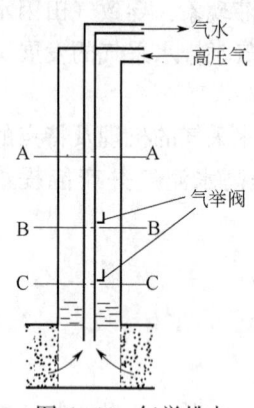

图 6—16　气举排水采气工艺原理图

(4) 不受井斜限制，直井、斜井、定向井等皆可运用；
(5) 操作管理简单，改变工作制度灵活；
(6) 需要高压气源，主要是天然气或氮气；

二、气举方式及管柱结构

1. 气举方式

气举方式按进气的连续性，分为连续气举和间歇气举两种，其中间歇气举又包括常规间歇气举、柱塞气举等。

1) 连续气举

连续气举是气举排水采气最常用的方式。它是将高压气体连续地注入井内，使其和地层流入井底的流体一同连续从井口喷出的气举方式，适用于地层渗透性好、供液能力强及因井深造成井底压力较高的气水同产井。

2) 常规间歇气举

常规间歇气举是将高压气间断性注入井中，通过大孔径气举阀迅速与井筒流体混合，在井筒内形成气塞将液体举升到井口的气举方式。间歇气举主要应用于井底压力低、产液指数低的气井，尤其是低压间歇小产井。采用间歇气举比采用连续气举可以明显降低注气量、提高举升效率。

3) 柱塞气举

柱塞气举是间歇气举的一种特殊气举方式，它是在间歇气举过程中，把柱塞作为液柱和举升气体之间的一个固定界面，起到密封作用，防止气体的上窜和减少液体滑脱。柱塞气举主要适用于产液能力低的井。柱塞气举的地面装置较其他气举方式复杂，生产过程中容易在地面集输管网内造成压力波动。

按进气的通路，气举也可分为正举和反举两种方式。正举是指套管注气油管举升，对于广泛应用的 7in 套管和 $2^7/_8$in 油管而言，这种方式使举升过程中的气液混合流速高，滑脱损失小，能最大限度地保护套管，但摩擦阻力大；反举是指油管注气套管举升，这种方式气液混合流速低，砂等固体杂质易沉积，滑脱损失大，气液混合后对套管有冲蚀、腐蚀影响，但摩擦阻力小。对具体的气举井，举升方式取决于井的基本条件和特殊要求（表6-5）。

表 6-5 气举举升方式对比表

特点 \ 举升方式	正举	反举
优点	(1) 启动排液阶段所需气量较少； (2) 出水较均匀，波动小，利于管理； (3) 有利于保护套管	(1) 垂直管流动压力损失较小； (2) 排液量大，建立压差速度快； (3) 回压低，对低压、大水量井可建立较大的生产压差
缺点	(1) 垂直管流动压力损失较大； (2) 通过流量较小，排液速度较慢； (3) 建立的生产压差较小	(1) 启动排液阶段所需注气量大； (2) 波动较大，管理较难； (3) 对保护套管不利

2. 管柱结构

气举排水采气工艺按下入井中的管柱数分为单管柱气举和多管柱气举。多管柱气举可同时进行多层开采，但其结构复杂，井下作业难度大，施工费用高，气举阀的设计、配置比较困难，一般很少采用。简单而又常用的单管气举管柱有开式、半闭式和闭式三种（图6-17）。

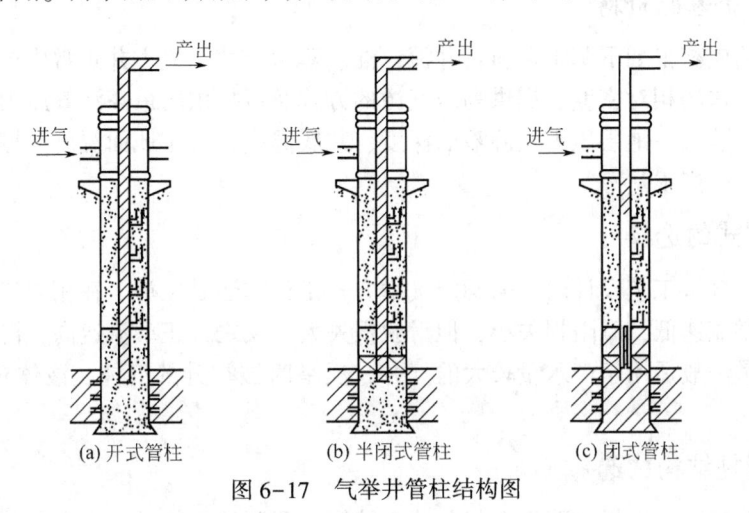

图 6-17 气举井管柱结构图
(a) 开式管柱 (b) 半闭式管柱 (c) 闭式管柱

1）开式管柱

开式管柱的油管管柱不带封隔器且被直接悬挂在井筒内，气举阀安装在油管柱一定深度上，如图6-17(a)所示。开式管柱井下工具简单，施工作业方便，适用于直井、斜井、定向井，对不带单流阀的气举阀还能改变气井的举升方式，但每当气举井关井后再重新启动时，由于液面重新升高，必须将工作阀以上的液体重新排出去，不仅延长了开井时间，而且液体反复通过气举阀，容易对气举阀造成冲蚀，降低阀的使用寿命。同时，高压气体直接作用到井底，对地层产生一定的回压，不能最大限度降低井底流压。开式管柱只适用于连续气举生产方式。

2）半闭式管柱

半闭式管柱在开式油管柱结构的基础上，在最末一级气举阀以下安装一封隔器，将油管和套管空间分隔开［图6-17(b)］。半闭式管柱能防止油管下部的液体再次进入套管环空，避免了每次关井后重新开井时的重复排液过程，减少了对气举阀的冲蚀。但封隔器下井作业对井斜有一定的要求，作业难度加大，在井下安装时间较长时，易造成封隔器失效或检阀作业时解封困难，增加修井作业难度，甚至难以起出，无法继续作业。半闭式管柱既适用于连续气举也适用于间歇气举，是气举井较好的管柱结构。

3）闭式管柱

闭式管柱在半闭式管柱结构的基础上，在油管底部装有单流阀［图6-17(c)］。闭式管柱除具有半闭式管柱的特点外，举升过程中无论注入的高压气体还是进入油管内的地层流体均不会对地层造成回压，能最大限度降低井底流压，增大生产压差，但气举阀设计相对复杂。闭式管柱一般应用在间隙气举井上，在气田上应用较少。

从最大限度降低井底流压、满足气井生产需要方面，闭式管柱应是较好的管柱结构。由于地层流体杂质易在封隔器处堆积、地层水因温度变化结垢等因素，检阀作业时起出封隔器存在一定风险，在川南气区后来改进的半闭式气举管柱不下封隔器，在油管底部安装单流阀，气举阀安装在油管内部，实施反举，满足了半闭式气举的需要。

三、工艺设计

1. 设计所需基础资料

气举设计前应获得如下基本资料：井深；油、套管尺寸；气举井正常生产的产气量、产水量；天然气、水的相对密度；提供高压气源的方式及可提供的最高注气压力、注气量；气举井目前的井口装置、地层压力、静液面深度、井底温度、常年地面温度、输气压力；预测气举井的产气量、产水量等。

2. 气举方式的选择

气举井进行气举工艺设计时，需确定气举方式是正举还是反举。在相同流量的气体、液体流动时，反举流速低，摩阻损失小，但滑脱损失大；反之，正举流速高，滑脱损失小，摩阻损失大。反举一般适用于产水量较大的气井，反举时被举升的气体、液体对套管有冲刷、腐蚀作用。

3. 井下管柱结构的选择

气举井下管柱结构选择主要根据气井井身结构、预测的产气量、产水量及试井需要等因素综合考虑。理论上优先考虑半闭式管柱，其次是开式管柱。

4. 气举阀及工作筒类型的选择

气举阀类型的选择应考虑气举阀抗外压大小、气举阀依靠地面注气压力打开还是生产压力打开、气举阀入井方式等。气举阀的抗外压要大于气井目前地层压力，大于地面注气压力，对带气举阀酸化作业井还应大于酸化的最高泵压。连续气举井一般采用注气压力操作阀，间歇气举井一般采用生产压力操作阀。

气举工作筒应满足能承受油管柱的最大抗拉强度、耐压强度，同时满足修井作业、试井作业、举升方式改变的需要，在材质上还应满足抗腐蚀需要。

5. 注气压力、注气点深度、注气量参数的确定

注气压力根据压缩机或高压气井能提供的最大工作压力、气举阀最大承受压力，以最大可能的深度上安装气举阀，降低井底流压的原则确定。一般情况下，设计时地面注气压力为压缩机能提供最大注气压力的 80%~90%。

注气点深度的确定首先根据井口输气压力、最小的井底流压，由气井的流入动态预测气井能达到的产气量、产水量，再以井底为起点，采用多相垂直管流计算不同注气点深度下的压力；最后以井口为起点，采用动气柱管流计算不同深度下的注气压力，其压力相等点的深度即为注气点深度。对最小井底流压确定较困难的气井，注气点尽可能选择在油管鞋附近。

注气量通常以注气点为起点，以井口为终点，按多相垂直管流计算在满足井口输气压力情况下所需要的气液比，该气液比减去气举井生产的气液比，计算出最小注气量。

6. 连续气举布阀设计

大多数井除在注气点安装工作气举阀外，为了降低启动压力还需在工作阀之上安装卸载阀。卸载阀的位置及数量与气举前井内液面位置、地面注气系统所能提供的启动压力、工作压力及卸载阀的类型有关。连续气举布阀设计时，基本原则是充分利用地面能提供的高压气源，要求下阀数量最少、下入深度最大，要求下一级阀打开注气后上部各阀关闭，避免多点注气。多相垂直管流压力梯度是布阀设计的基础也是难点，一般采用图解法或计算法来确定不同深度下的垂直管流动压力。图解法主要依据许多学者对不同的边界条件下绘制的流压梯度曲线，将相关参数计算后绘制在同一坐标图板上，推绘出气举阀的布阀参数。计算法主要依据许多学者提出的垂直管流动公式，对个别参数作出修正而编制的计算机程序，计算出气举阀的布阀参数。目前，主要采用哈格多恩和布朗提出的多相垂直管流动计算方法。图解法设计过程能方便地根据气井生产特性调整参数，设计过程直观。计算法参与设计的基础数据带有共性，一般人员难以针对不同气井的生产特性对参数作出相应的调整后再进行下步计算。四川川南气区由于气井的生产特性差别较大，在实际运用中一般采用图解法进行设计。下面介绍川南气区采用美国 CAMCO 公司提供的流动压力曲线图册，利用图解法进行气举布阀的设计步骤（图6-18）。

（1）在坐标纸上以静液面深度为起点，产层深度为终点，绘制静液柱压力梯度曲线1。

（2）以井口温度为起点，井底温度为终点，假设井筒温度呈直线，绘制井筒温度分布曲线2。

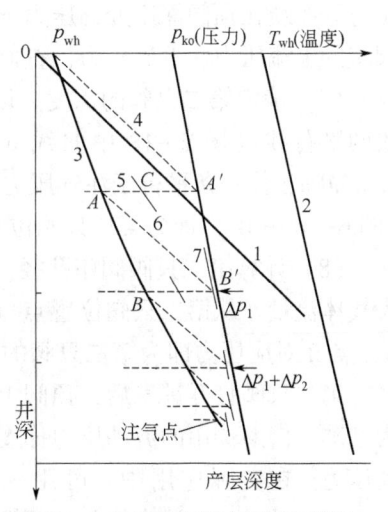

图6-18 连续气举布阀图解设计

（3）以井口注气压力 p_{ko} 为起点，采用公式计算或查随深度变化的气体压力图得出产层深度下的注气压力值为终点，绘制注气压力分布线。

（4）利用预测气井的产气量、产水量和注气量，根据油管尺寸，选择合适的流动压力梯度曲线图，以井口油压起点，绘制出井口到注气点的最小油管压力分布曲线3。该曲线表示在气举时油管最大气液比情况下的油管最小压力分布。

（5）计算顶阀深度。根据井口可用的注气压力或静液面或可压低的液面深度确定。若井筒内充满压井液，利用作图法从井口油压处作压井液梯度曲线平行线（图6-18中曲线4）与注气压力梯度曲线相交，交点（图6-18中 A′）即为顶阀深度；也可根据压井液梯度由下述计算顶阀深度。若产层吸收能力较强，注气时能压低液面深度，在井内未安装封隔器的情

况下,根据实际经验,顶阀深度可采用式(6-31)计算:

$$L_1 = H_0 + \frac{p_{ko} - p_{wh}}{G_s} - 50 \tag{6-31}$$

式中 H_0——井口压力为0时的静液面深度,m;
　　L_1——顶阀深度,m;
　　p_{ko}——地面注气压力,MPa;
　　p_{wh}——井口油压,MPa;
　　G_s——压井液梯度,MPa/m。

(6) 计算顶阀阀座孔径。利用温度分布线确定顶阀深度处的温度,校正在该温度下的图表气体流量,通常情况下采用式(6-32)计算:

$$q_1 = 0.0544 q_{sc} \sqrt{\gamma_g (1.8 T_{v1} + 460)} \tag{6-32}$$

式中 q_1——注入气图表气体流量,m³/d;
　　q_{sc}——在标准状况下的注气气量,m³/d;
　　γ_g——天然气的相对密度;
　　T_{v1}——顶阀深度处的温度,℃。

从顶阀位置点向左作水平线(图6-18中曲线5)与最小油管压力线相交,交点(图6-18中A)对应压力即为顶阀的最小油管压力 p_{tmin1},也是顶阀阀座的下流压力。注气压力分布线在顶阀深度处的压力 p_{v1} 即为阀座的上流压力 p_{o1}。根据校正的图表气体流量及阀座的上流压力、下流压力,查阀座孔径图可得阀座孔径。

(7) 确定第二只阀的深度。以顶阀最小油压处(图6-18中A)为起点,作静液梯度曲线的平行线(图6-18中曲线6)。将地面注气压力降低 Δp_1,即过阀压差,推荐降低0.35MPa,作一条平行于注气压力梯度曲线的平行线(图6-18中曲线7)。两条平行的交点(图6-18中B′)即为第二只阀位置深度。

(8) 计算第二只阀阀座孔径。同顶阀一样,利用式(6-32)校正在第二只阀温度下的图表气体流量。从第二只阀位置点(图6-18中B′)向左作水平线与最小油管压力线相交于B,点B对应压力即为第二只阀的最小油管压力 p_{tmin2},也是第二只阀阀座的下流压力。

第二只阀打开进气后,顶阀上部流动压力梯度出现变化,需以第二只阀的最小油管压力为基准,借助选用的流动压力梯度曲线图,校正在顶阀深度处油管压力,即顶阀最大油管流动压力。在实际应用中,可用一条直线经过井口压力点(p_{wh} 点)和第二只阀位置点(图6-18中B′),该直线与顶阀深度水平线(图6-18中曲线5)相交,交点(图6-18中C)对应压力即为顶阀最大油管流压 p_{tmax1}。

顶阀油管压力变化其打开压力将会降低,采用式(6-33)计算顶阀打开的压力降($Add \cdot TE_1$):

$$Add \cdot TE_1 = (p_{tmax1} - p_{tmin1}) TEF_1 \tag{6-33}$$

$$TEF_1 = \frac{R_1}{1 - R_1} \tag{6-34}$$

$$R_1 = \frac{A_v}{A_b} \tag{6-35}$$

式中 $Add \cdot TE_1$——顶阀打开压力降,MPa;

TEF_1——顶阀油管效应系数；

A_v——顶阀阀座孔眼面积，mm^2；

A_b——波纹管（封包）有效面积，mm^2。

在第二只阀打开进气后，为确保顶阀可靠关闭。在选择第二只阀阀座孔径时对应的阀座上流压力按式(6-36)计算：

$$p_{o2}=p_{v2}-Add \cdot TE_1 \tag{6-36}$$

式中 p_{o2}——第二只阀打开压力，MPa；

p_{v2}——第二只阀深度处的注气压力，MPa。

利用上述校正的第二只阀温度下的图表气体流量、第二只阀阀座上流压力及下流压力查阀座孔径图可得阀座孔径。

（9）确定第三只阀等其余阀的深度及孔径。

第三只阀将地面注气压力降低 $\Delta p_1+Add \cdot TE_1$，作注气压力梯度曲线的平行线，又以第二只阀最小油压处（图6-18中B）为起点，作静液梯度曲线的平行线，其交点即为第三只阀位置深度。第四只阀将地面注气压力降低 $\Delta p_1+Add \cdot TE_1+Add \cdot TE_2$，同样的方法确定以下各级阀的位置，一直计算到注气点深度以下为止。

第三只阀打开进气后，要求顶阀及第二只阀关闭，同样需要确定第二只阀的最大油管压力 p_{tmax2}，采用同样的方法得出相成的阀座孔径。

7. 计算气举阀地面调试压力

通过图6-18及计算得出的气举阀深度、阀座孔径、上流压力，其中气举阀的上流压力为气举阀在井下的打开压力，根据气举阀的受力分析，气举阀在井下温度条件下的充氮压力用式(6-37)计算：

$$p_{bt}=p_o\left(1-\frac{A_v}{A_b}\right)+p_{tmin}\frac{A_v}{A_b} \tag{6-37}$$

式中 p_{bt}——阀深度处波纹管的充氮压力，MPa；

p_o——阀深度处的打开压力，MPa；

p_{tmin}——阀的最小压管流动压力，MPa。

由于地面与井下阀深度处温度的差异，通常气举阀在地面调试的充氮压力，可采用式(6-38)计算：

$$p_b=c_t p_{bt} \tag{6-38}$$

$$c_t=\frac{1}{1+0.00215(1.8T_v-28)} \tag{6-39}$$

式中 p_b——在地面调试温度15.6℃下波纹管的充氮压力，MPa；

c_t——氮气温度校正系数；

T_v——阀深度处的温度，℃。

根据气举阀的受力分析，气举阀在地面调试温度下的打开压力，可采用式(6-40)计算：

$$p_{vo}=\frac{p_b}{1-\dfrac{A_v}{A_b}} \tag{6-40}$$

式中 p_{vo}——在地面调试温度 15.6℃下的阀打开压力，MPa。

第六节 电潜泵排水采气工艺

电潜泵排水采气工艺是利用井下电动机带动与之相连的多级离心泵高速旋转，同时随着多级离心泵的高速旋转，井液从泵吸入口进入，经增压后从泵出口排入油管，再将井液排出井口的一种基于机械降压原理的排水采气工艺技术。

本节介绍了电潜泵排水采气工艺的发展历程，在分析总结电潜泵排水采气的机理的基础上，详细介绍举升系统及工艺设计，为实现井筒积液停喷气井的高效排水采气提供参考。

一、技术发展及机理

1. 技术发展

电潜泵用于气井排水采气是从引进油田电潜泵采油工艺逐步发展而来的。

1981年，我国的各个油田开始使用从美国引进的电潜泵，其中整机1000余套，散件800余套。大庆油田率先使用，当时其电潜泵采油井占机械采油井总数的10%左右，而其产液量达到了总产液量的30%以上。如此好的使用效果使电潜泵在各大油田广泛使用，成为油井中后期强采的主要采油设备，对油田高产、稳产起了极其重要的作用。

1984年美国研制的变速电潜泵机组首次被我国引入并被四川石油管理局采用，先后在19口处于开采中后期的剩余储量多的水淹气井进行应用，很好地解决了气井地层压力低、产水量大的问题。到1998年底成功地使其中大部分气井恢复生产，达到了累计排水 $1.3 \times 10^{10} m^3$、累计增产天然气 $3.3 \times 10^{10} m^3$ 的目标。

四川气田的桐7井自1997年6月1日开始实施电潜泵排采工艺以来经历了产纯气、气水自喷同产、气举排采、机抽排采、电潜泵排采5个生产阶段。作为"有水气藏提高采收率新技术"科技工程的试验井，引进了美国雷达电潜泵公司的专利产品AGH气体处理器，利用其扬程高、排量大的特点，有效解决了天然气对泵的干扰等问题。在此基础上做到精心选井、精心设计、精心施工、精心管理等工作，最终证明了对于此类气水井，电潜泵排水采气工艺是最好的技术，使电潜泵排水采气工艺成为又一项排水采气后续工艺。

中原油田的2-329井和2-305井均为水淹停产井，为此2001年8月中原油田从国外引入了变速电潜泵机组应用于这两口井进行排采试验。使用变速电潜泵排采工艺初期，两井日产气 $18592 m^3$，日产地层水 $157 m^3$。在此期间工作人员对电潜泵的工作情况进行数据分析和工况诊断，完善了其配套工艺技术。两口井均恢复了正常生产，取得了很好的效果。

2009年10月为满足川渝气田井深、井温高、地层压力系数低、复产后井口压力高、排液量大等特点，开展了深井电潜泵排水采气工艺技术研究，在QX12井、QX14井、TD90井等3口井开展了现场应用，创造国内泵挂最深超过4000m、入井连续运转周期近两年的国内电潜泵排水采气新纪录，工艺技术达到了国内领先水平。TD90井电潜泵连续稳定排水，排水量维持在 $300 \sim 450 m^3/d$，拉开生产压差达25MPa，压降漏斗加深，供液半径扩大。动态监测结果表明，TD90井强排水后，减缓了地层水向气藏北部的推进速度，存在出水迹象的TD91井水气比明显下降，对气藏主产气区起到了较好的保护作用，气藏整体排水采气效果明显。

苏里格气田苏77和召51区块经过多年开发，井位部署逐步向致密区、富水区推进，产建效果保障难度将逐年加大，受构造断裂及天然气逸散影响，区块含气饱和度低，气水分布关系极其复杂，气井投产需开展排水采气措施。自2017年至今，针对2口积液停喷气井采用电潜泵双管排水采气工艺，井口部分设计特殊的同心双管悬挂采气树，累计排水量超30m³，气井逐渐恢复自喷生产能力。

2. 机理

对于电潜泵排水采气工艺的举升系统来说，井下多级离心泵是实现产水气井正常排水的核心设备之一，通过井下电动机带动井下多级离心泵旋转，将井液从泵吸入口吸入，再经多级叶轮、导轮增压后，从泵排出口排入油管，经井口排出，同时产水气井产出的天然气则经油套环空产出。

多级离心泵的工作原理如图6-19所示。当采用花键套将电动机轴、保护器轴、井下气水分离器轴和多级离心泵泵轴连接在一起时，电动机轴旋转，带动多级离心泵泵轴旋转，这样固定在泵轴上的叶轮也随泵轴高速旋转，进入泵内的井液在离心力的作用下，从叶轮中心沿着叶轮与导轮之间形成的流道甩向导轮的内壁，使井液的势能和动能同时增加。甩向导轮内壁的井液沿导轮内壁向上流动，进入下一级叶轮、导轮副。重复上述过程，逐级增大通过叶轮、导轮副井液的势能和动能，至泵排出口时，井液所获得的势能足以将其举升至地面，不断将井液排出井筒，同时产水气井产出的天然气则经油套环空产出。

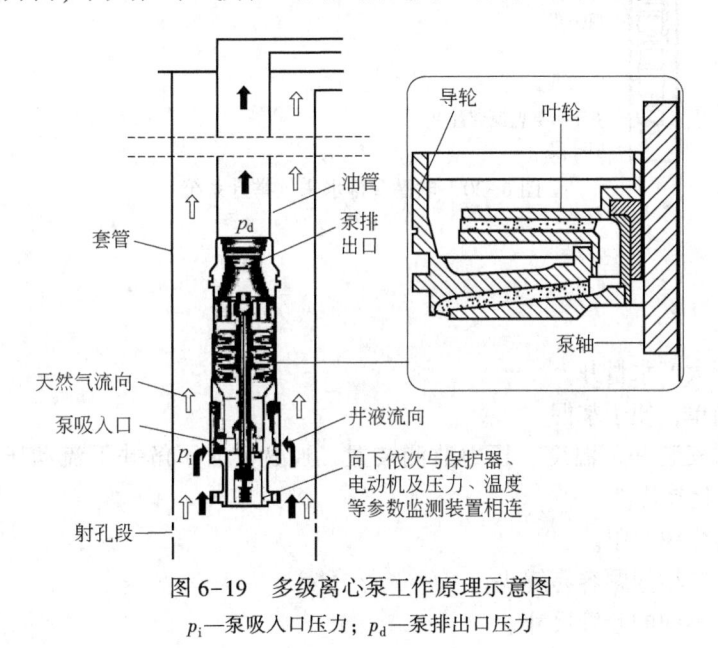

图6-19 多级离心泵工作原理示意图
p_i—泵吸入口压力；p_d—泵排出口压力

二、举升系统

为适应不同生产套管的产水气井，电潜泵排水采气举升系统被设计成不同的规格系列，可应用于API4.5~13⅜in的生产套管，其排量范围为31.8~9450m³/d。通常情况下，泵的下入深度为304.8~3048m。

对于采用4.5in和5.5in套管的产水气井，电动机和泵的直径会因套管内径的限制而减小,从而影响泵的扬程和排量。另外,若泵排量小于 63.6m³/d,则会导致系统效率大幅度下降。

举升系统极限参数最大下入深度为 4572m 或排量 9540m³/d。

1. 结构

电潜泵排水采气举升系统(图 6-20)由地面和井下两部分组成。地面部分由升压与降压变压器、变频控制器、井口装置和接线盒组成;井下部分由电动机、保护器、井下气体处理装置、多级离心泵、动力电缆和相关附属设备组成。

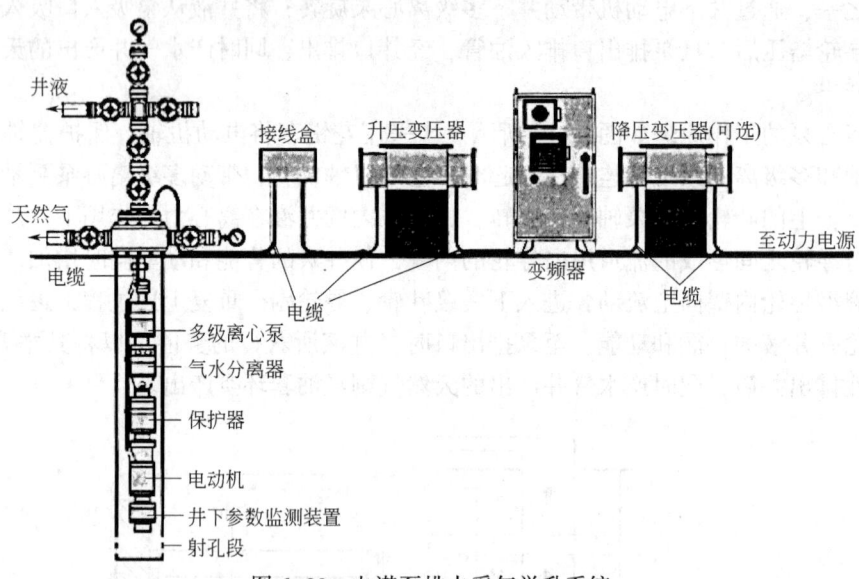

图 6-20 电潜泵排水采气举升系统

2. 优缺点

1)优点

(1)适用于大产水量井。

(2)操作简单,便于掌握。

(3)可同时安装井下温度、压力监测装置,通过实时了解井下流动压力的变化情况,分析井的生产变化趋势。

(4)可下入弯曲井眼。

(5)腐蚀和结垢问题容易解决。

(6)适用于不同的套管尺寸。

(7)可使用天然气发电机或高压电作为动力。

(8)采用变频机组,可更好地适应气井产水量的变化。

(9)对于大排量举升,如用于气藏排水,其举升成本会明显降低。

2)缺点

(1)不适合用于多产层完井。

(2)电缆在起下过程中易出现机械损伤。若采用连续油管+电潜泵机组,则能更好地保护动力电缆,减少起下过程中动力电缆可能受到的机械损伤。

（3）对于高温井，应考虑高温对电缆性能的不利影响。如若环境温度超过电缆的允许工作温度，则温度每升高10℃，电缆的经济使用寿命会降低一半。

（4）下入深度受到电缆成本和电动机功率的限制。

（5）易于受到井液中的气体和固体颗粒的影响，气体可能造成泵频繁气锁。

（6）砂（固体颗粒）会加剧泵和井下气水分离器的磨损。

（7）除非有丰富的现场经验和相关的专业知识，否则，要对现场故障作出准确的分析和判断，存在相当大的难度。

（8）受到套管尺寸的限制。

（9）通常安装在产层之上；除非采用了电动机护罩，否则不得安装在产层之下。

（10）当井下机组出现问题时，需起出检查或更换，因而停产时间较长。

三、影响因素及工艺设计

1. 影响因素

电潜泵排水采气举升系统的影响因素包括井口压力、气液比、温度、套管尺寸、油管尺寸、结垢、砂（固体颗粒）和腐蚀环境。

1）井口压力

井口油管压力越低，多级离心泵的扬程越低，因而在泵功率不变的情况下，多级离心泵的排量越大。

井口套管压力越高，泵沉没度越小，导致泵吸入口处的游离气体积分数越高，致使泵越容易受到气体的干扰。

需注意的是，由于受到井口电缆密封或井口电缆穿越器承压能力的影响，井口套管压力应低于二者的承压值。

2）气液比

气井的气液比越高，多级离心泵越易气锁。将电潜泵用于气井排水采气，为确保多级离心泵的正常工作，必须在多级离心泵的吸入口安装井下气水分离器，尽可能将井液中的气体分离出来，由油套环空排出，以确保多级离心泵不会气锁。通常在低吸入口压力的情况下，泵吸入口处10%~15%（体积分数）的游离气不会影响泵的正常工作。

3）温度

对于整个电潜泵井下机组，最易受到温度影响的是随油管一同下入的动力电缆。由于动力电缆的绝缘层采用的是橡胶材料，因而对环境温度特别敏感，一旦环境温度高于电缆的允许工作温度，动力电缆的经济使用寿命将急速下降。

4）套管尺寸

电潜泵井下机组的最大投影尺寸由电动机的投影尺寸所决定，因而套管内径决定了电动机的最大外径。根据不同外径电动机所配套的多级离心泵尺寸，套管内径也间接限制多级离心泵外径的大小，多级离心泵外径的大小决定了其叶轮、导轮的外径大小，最终决定了多级离心泵的排量大小。

5）油管尺寸

在排量一定的条件下，井液流过油管的摩擦阻力与油管内径4.86次方成反比。据此可知油管内径越大，井液流过油管的摩擦阻力损失越小，电动机的输出功率也越小，最终反映为电动机的运行电流越小。

6）结垢

气田水结垢将产生两种不利后果：一是多级离心泵会因结垢而缩小流体的过流面积，导致多级离心泵的排量降低；二是限制了多级离心泵的停泵时间，其原因在于长时间停泵会导致多级离心泵出现卡泵现象，严重时，会导致多级离心泵无法启动，需起井检修。

7）砂（固体颗粒）

由于多级离心泵工作于高速旋转状态，一旦井液中含砂（固体颗粒），将产生两种不利后果：一是会加剧对叶轮、导轮的磨损。井液含砂量越多，叶轮、导轮之间的磨损越严重，最终导致多级离心泵的使用寿命明显缩短。二是会出现卡泵现象，主要发生在多级离心泵停机后再启动的过程中，严重时会导致多级离心泵因卡泵而无法启动。

通常情况下，对于标准泵来说，固体颗粒的含量应小于 $(100\sim200)\times10^{-6}$ mg/L。若固体颗粒含量在 $(200\sim2000)\times10^{-6}$ mg/L 之间，则要求进行特殊的设计；另外，若固体颗粒含量在 $(2000\sim5000)\times10^{-6}$ mg/L 之间，则需注意固体颗粒的锐度和棱角。

需注意的是，可通过材质选择来改善多级离心泵的耐磨损性能。

8）腐蚀环境

产水气井中 CO_2 和 H_2S 等腐蚀介质会影响井下机组防腐蚀技术措施的选择，如碳钢+缓蚀剂、耐蚀合金等。

2. 工艺设计

1）排量选择

设计排量见表6-6《××井电潜泵工艺设计数据表》中的设计参数，其设计排量从表中查得。

表6-6 ××井电潜泵工艺设计数据表

基本数据					
构造位置	补心海拔，m	完钻井深，m	产层层位	产层井段，m	产层中深，m
砂面深度，m	目前地层压力，MPa	井口温度，℃	井底温度，℃	采出程度，%	剩余储量，10^8m³
完井方式	完井套管程序		完井油管程序	位置（X, Y）	最大井斜，（°）
生产情况					
天然气相对密度	产气量，10^4m³/d			H_2S 含量，%	CO_2 含量，%
气田水相对密度	产水量，m³/d			水型	矿化度，mg/L
是否产砂	是（g/m³）				
	否				

续表

生产情况				
是否结垢	是			
	否			
设计基础参数				
井口油管压力，MPa	设计排量，m³/d		扬程，m	
泵挂深度，m	井底温度，℃	H₂S 含量，%	CO₂ 含量，%	

2）总扬程计算

多级离心泵的总扬程由三部分组成，即多级离心泵的净扬程、井口油管压力的折算扬程和井液流过油管的摩阻损失折算扬程（图 6-21）。

多级离心泵设计扬程可表示为：

$$H_z = H + H_t + H_f \tag{6-41}$$

式中　H_z——总扬程，m；
　　　H——设计扬程，m；
　　　H_f——井液流过长度为 L（单位：m）的油管摩阻损失折算扬程，m；
　　　H_t——井口油管压力折算扬程，m。

（1）井口油管压力折算扬程：

$$H_t = \frac{p_t}{0.00981\gamma_w} \tag{6-42}$$

式中　H_t——井口油管压力折算扬程，m；
　　　p_t——井口油管压力，MPa；
　　　γ_w——气田水相对密度。

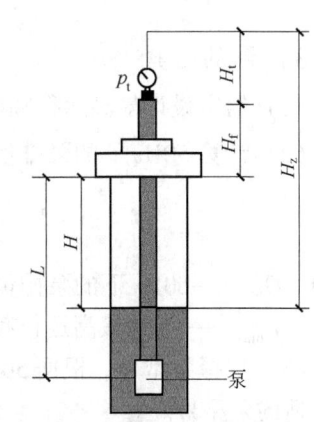

图 6-21　多级离心泵总扬程计算图例

（2）摩阻损失折算扬程：

① 计算法：

$$H_f = 3.0518 \times 10^9 \left(\frac{Q_j}{C}\right)^{1.85} \frac{L}{ID_t^{4.86}} \tag{6-43}$$

式中　H_f——井液流过长度为 L 的油管摩阻损失折算扬程，m；
　　　L——泵挂深度，m；
　　　Q_j——设计排量，m³/d；
　　　ID_t——油管内径，mm；
　　　C——常数，对于使用年限超过 10 年的油管，$C=100$；否则，$C=120$。

② 查图法：

首先，从图 6-22 中查得每 1000m 油管摩擦阻力损失系数 f_L。

其次，基于从图 6-22 查出的油管摩擦阻力损失系数 f_L，再乘以泵挂深度 L，即可求得油管摩阻损失折算扬程。

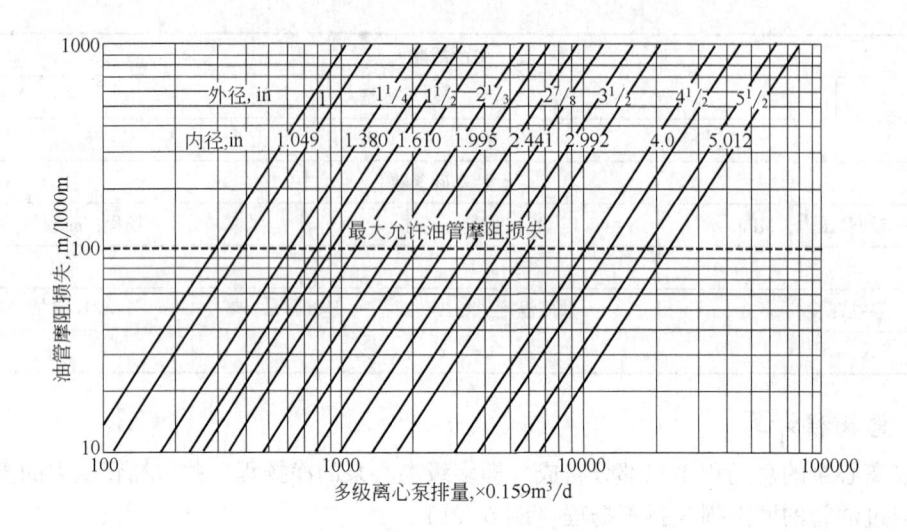

图 6-22 油管摩阻损失与排量的关系

3）泵的选择

（1）给定设计最高运行频率 F_{max}。

（2）计算 50Hz 下的泵排量：

$$Q_{50} = \frac{50Q_j}{F_{max}} \tag{6-44}$$

式中 Q_{50}——50Hz 下的泵排量，m³/d；

F_{max}——设计最高运行频率，Hz。

（3）选择泵型号。根据 50Hz 下的泵排量、生产套管尺寸和厂家提供的泵特性曲线，选择合适的泵型号。

（4）确定泵级数。

50Hz 下的泵扬程：

$$H_{50} = \frac{2500H_z}{F_{max}^2} \tag{6-45}$$

式中 H_{50}——50Hz 下的泵扬程，m³/d。

泵级数：

$$N = \frac{H_z}{H_D}(取整) + 1 \tag{6-46}$$

式中 N——泵级数，级；

H_D——单级扬程，m。

4）最高运行频率（F_{max}）下的电动机功率设计

井下机组的结构从下至上依次为电动机、保护器、下气水分离器和多级离心泵，因此，电动机的输出功率 HP_D 应是 F_{max} 下的保护器消耗功率 HP_P、井下气水分离器消耗功率 HP_F 和多级离心泵所需功率 HP_B 之和，即

$$HP_D = HP_B + HP_P + HP_F \tag{6-47}$$

（1）F_{max}下的泵功率：

$$HP_B = \frac{\gamma_w H_z' Q_z'}{8813 \eta_B} \tag{6-48}$$

其中 $H_z' = \dfrac{F_{max}^2 H_{50}}{2500}$ $Q_z' = \dfrac{F_{max} H_{50}}{50}$

式中 HP_B——F_{max}下的泵功率，kW；

η_B——泵效，%；

（2）保护器消耗功率HP_P。根据套管尺寸选择合适的保护器系列号、型号，再基于图6-22查出对应的保护器消耗功率HP_P。

（3）井下气水分离器消耗功率HP_F。根据套管尺寸选择合适的井下气水分离器系列号、型号，再基于厂家提供的井下气水分离器给定频率下的功率，计算F_{max}下的井下气水分离器消耗功率：

$$HP_F = \left(\frac{F_{max}}{50}\right)^3 HP_{50} \tag{6-49}$$

式中 HP_{50}——50Hz下的井下气水分离器功率，kW。

需注意的是，若井下机组加装了气体处理器，则还应加上气体处理器消耗功率。

5）50Hz下电动机输出功率计算

$$HP_{D50} = \frac{50}{F_{max}} HP_D \tag{6-50}$$

式中 HP_{D50}——50Hz下电动机输出功率，kW。

根据计算出的电动机功率，尽可能按高电压、低电流进行配置。

第七节 机抽排水采气工艺

机抽排水采气工艺是利用抽油机将电动机输出的旋转运动转换为抽油机驴头的上下往复运动，并通过井下抽油杆柱与抽油泵连接在一起，带动抽油泵柱塞也做上下往复运动，不断通过油管将井液排出井口的一种基于机械降压原理的排水采气技术。

本节介绍了机抽排水采气工艺的发展历程，在分析总结机抽排水采气机理的基础上，详细介绍举升系统及工艺设计，为实现气井的高效排水采气提供参考。

一、技术发展及机理

1. 技术发展

国外对机抽排水采气的技术应用较早，技术也相对更成熟。国内虽然跟进并取得了良好效果，但机抽排水采气相应研究成果并不多，工艺设计也有待完善。

1978年12月首次引用成熟的机抽采油技术与设备在威40井开展机抽排水采气的研究与试验，从此拉开了川南气区人工举升排水采气序幕。该次试验验证了机抽采油设备与技术应用到气田排水采气是可行的，但由于气田流体性质的特殊性，需对油田设备进行必要的改进与完善：一是要充分考虑气田流体中H_2S、CO_2等酸性气体对井下设备的腐蚀；二是要解决地层出砂及气田水结垢导致的泵卡技术难题；三是要研制井下气液分离器，减少气体对泵效的影响。

1987年后采用强度更高的K级抽油杆代替D级抽油杆，基本解决了杆柱表面局部坑蚀、泵挂深度提高到 1400m。采用整体泵筒代替衬套泵，减少泵筒因衬套错位导致的泵卡。1984 年在纳 1 井、威 93 井试验了 44mm 软密封柱塞泵，泵筒或柱塞偏磨程度有所减少，但因沉砂导致的泵卡仍然未得到解决。

2009 年，杨志等人对机抽排水采气配套的设备进行了优化，对通常使用的有杆泵排水采气工艺存在的不足改进后，机抽排水采气功能有了很大的提升。同年，吐哈油田对米气 5 井进行了机抽排水采气工艺的实施，使得其泵深达到了 2800m，泵效也达到了 50%，新型光杆放喷器、特殊密封圈的应用使得工艺更加高效。

2010 年为了解决气井异常高压的状况，新疆油田石西油田作业区形成了一套适用于井筒排水采气的机抽配套工艺，研究应用了新型光杆密封器，将耐压值由 15MPa 提高到了 40.0MPa。通过现场应用，取得了良好的应用效果。

2011 年，马玉花等人研究了吐哈丘东气田应用的机抽排水采气技术，在气井井筒有积液的富水凝析气藏，完成了良好的增产稳产目标。试验表明机抽技术可以应用于水淹井复产及低压气井的强排采气。

2012 年，河南油田研发出的防高压喷抽吸井口和井下气液高效分离装置可以更好地实现井底气液两相分离，提升了可进口的耐高压能力，并将此装置应用于 9 口生产井中，都有很好的现场表现。

苏里格气田召 51 区块普遍产水，水气比高，平均水气比达 $2m^3/10^4m^3$，产量递减快，部分气井地层出水严重，正常生产困难，井底积液严重。2019 年李勇龙等人通过分析水淹气井地质条件、井身结构，制定机抽排水采气工艺措施，完善配套工艺设备，开展现场应用。研究认为机抽排水采气影响其最终采收率的关键因素是泵挂深度的合理选定，合理的泵挂深度不仅有利于该工艺的正常实施，同时可最快实现气井复产，防止井下设备砂卡等故障。

2. 机理

对于机抽排水采气工艺的举升系统来说，井下抽油泵是实现产水气井正常排水的核心设备之一，井下抽油泵柱塞的上下往复运动将进入泵筒的井液排出井口，同时产水气井产出的天然气则经油套环空产出。抽油泵的工作原理如图 6-23 所示。

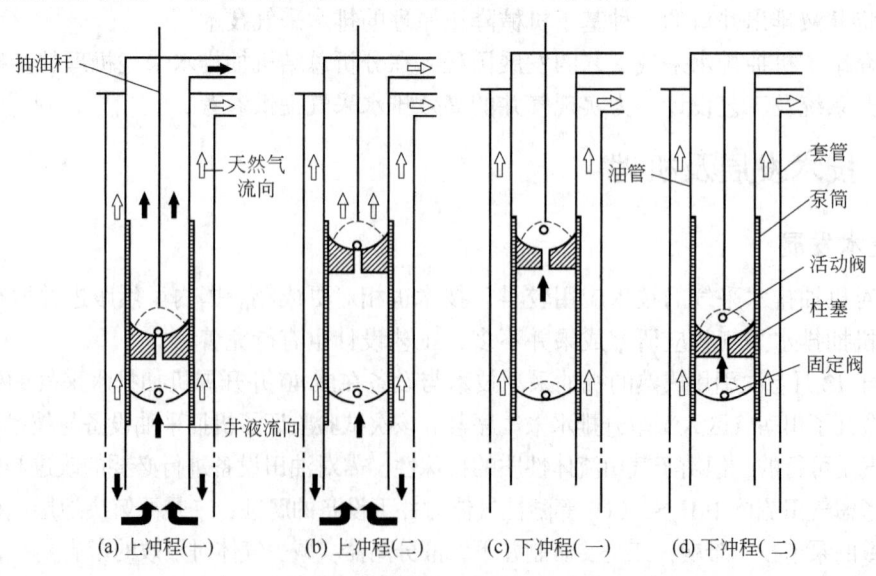

图 6-23 抽油泵工作原理示意图

首先，在柱塞的上冲程过程中，位于柱塞上部的活动阀关闭，将进入油管的井液排至地面，同时位于泵筒底部的固定阀打开，来自地层的井液被吸入泵筒，如图 6-23(a) 和图 6-23(b) 所示。上冲程直至柱塞到达其上死点为止，随后柱塞运行方向由上行阶段转换为下行阶段。

其次，在柱塞的下冲程过程时，位于泵筒底部的固定阀关闭，随着柱塞的下行，已进入泵筒的井液经柱塞上部的活动阀排入油管，如图 6-23(c) 和图 6-23(d) 所示。下冲程直至柱塞到达其下死点为止，随后柱塞运行方向再次由下行阶段转换为上行阶段。

通过柱塞运行上行阶段与下行阶段的交替重复，不断将井液排出井口，同时产水气井产出的天然气则经油套环空产出。

二、举升系统

机抽排水采气工艺举升系统的举升能力受到抽油杆强度和柱塞直径的限制与制约。通常情况下，泵的下入深度小于 3352.8m，排量小于 15.9m³/d。对于泵下入深度为 4572m 的产水气井，泵的有效排量接近 23.85m³/d。

对于采用 4.5in 和 5.5in 套管的产水气井，其排量不会受到套管尺寸的影响，但需考虑套管尺寸对井下气水分离效果的影响。

举升系统极限参数为最大下入深度为 4878m 或最大排量 954m³/d。

1. 系统结构

机抽排水采气举升系统（图 6-24）由地面和井下两部分组成。地面部分由抽油机、光杆密封器和控制器组成；井下部分由抽油杆、抽油泵、井下气体处理装置和相关附属设备组成。

2. 优缺点

1）优点

（1）系统设计相对简单。

（2）安装费用低。

（3）操作简单、容易，现场人员容易掌握。

（4）可用于小井眼完井和多产层完井。

（5）适用于低压井，其下入深度取决于井深和排量。

（6）灵活性强，可随着井的产能变化，及时调整其排量。

（7）可采用示功图测试仪及时了解机抽工艺井的运行情况，从而对其运行参数进行调整。

（8）可采用天然气或电作为动力。

（9）对于存在的腐蚀和结垢问题，处理起来很方便。

（10）采用电动机作为动力来源，可配备抽空（或变频）控制器，防止柱塞出现干磨损坏的

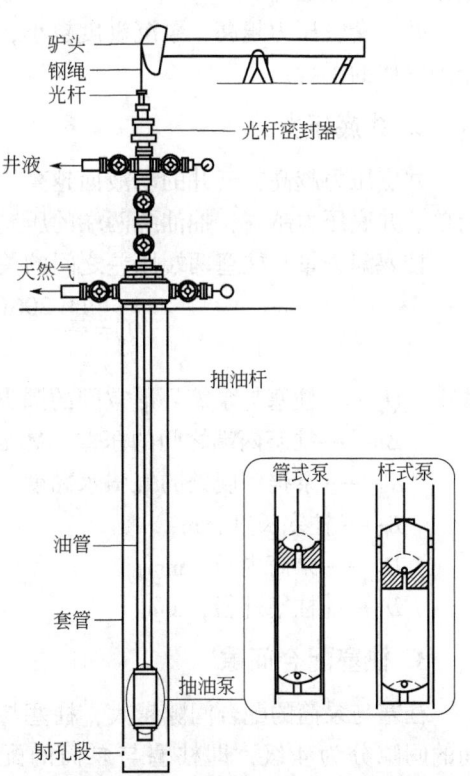

图 6-24 机抽排水采气举升系统

现象。

（11）柱塞尺寸成系列，可根据井的产液量大小，配备不同直径的柱塞。

（12）对于小井眼完井，可采用空心抽油杆或连续油管，防腐处理方便。

（13）可提供双阀泵。

2) 缺点

（1）弯曲井段存在杆管磨损问题，从而造成抽油杆磨损或油管穿孔。

（2）对于高含砂井，不宜选用。

（3）气体的出现会降低其效率，严重时会出现频繁的气锁现象。

（4）受到抽油杆强度的限制，其下入深度有限。

（5）不能使用带内防腐涂层的油管。

（6）对于小直径套管来说，其抽油泵的尺寸受到一定的限制。

三、设计影响因素

机抽排水采气工艺举升系统的影响因素包括井口压力、井底压力、柱塞配合间隙、气液比、杆管磨损、冲次（冲程）、砂（固体颗粒）和腐蚀环境。

1. 井口压力

井口油管压力的影响有两个：一是井口油管压力越大，折算成抽油杆的轴向载荷也越大；二是由于受到井口光杆密封器承压能力的影响，井口油管压力应低于井口光杆密封器的承压值。井口油管压力越低，不仅抽油杆柱承受的轴向载荷越小，而且井口光杆密封器的安全密封效果也越好。

井口套管压力越高，泵沉没度越小，导致泵吸入口处的游离气体积分数越高，泵越容易受到气体的干扰。

2. 井底压力

井底压力越高，气井的动液面越高，抽油泵的泵挂深度越浅，井下抽油杆柱的结构也越简单。井底压力越高，抽油泵两端的压差越小，柱塞的漏失量也越小。

柱塞漏失量与柱塞两端压差之间的关系可用如下方程来表示：

$$Q_e = \frac{11.206(D_2-D_1)^{2.9}(D_2+D_1)}{\mu_w L D_2^{0.1}} \Delta p \tag{6-51}$$

式中　Q_e——柱塞与泵筒环形空间的漏失量，m^3/d；

Δp——柱塞两端之间的压差，MPa；

μ_w——泵挂深度处的气田水黏度，$mPa \cdot s$；

L——柱塞长度，m；

D_2——泵筒内径，mm；

D_1——柱塞外径，mm。

3. 柱塞配合间隙

柱塞与泵筒的配合间隙越大，柱塞与泵筒之间的漏失量越大，泵效越差。柱塞与泵筒之间的间隙分为4级，即柱塞与泵筒的配合间隙分别为 0.0254mm、0.0508mm、0.0762mm 和 0.127mm。

4. 气液比

井下抽油泵正常工作涉及如下两个前提条件：

一是下冲程开始至井下柱塞开始下行时刻，柱塞顶部、泵筒与活动阀所形成封闭腔体内的压力大于活动阀上部的液柱压力，确保活动阀能及时开启，将柱塞上部的液体及时排入油管，同时柱塞底部、泵筒与固定阀所形成封闭腔体内的压力大于泵吸入压力，固定阀正常关闭。

二是上冲程开始至井下柱塞开始上行时刻，柱塞顶部、泵筒与活动阀所形成封闭腔体内的压力小于活动阀上部的液柱压力，确保活动阀能及时关闭，将已进入油管的井液排出井口，同时柱塞底部、泵筒与固定阀所形成封闭腔体内的压力小于泵吸入口压力，固定阀正常开门，井液通过固定阀进入泵筒。

综上所述，一旦气体进入泵筒，将会导致下冲程过程中活动阀不能及时开启，上冲程过程中固定阀不能及时开启。进入泵筒的气体体积分数越高，活动阀与固定阀的开启和关闭越不正常，且一旦进入泵筒的气体体积分数超过一定的数值，将导致泵气锁，井口无井液产出。因此，若未采取相应的井下气水分离措施，将导致产水气井的气液比增高，井下抽油泵的泵效降低，严重时将导致抽油泵因气锁而无井液排出。

5. 杆管磨损

在抽吸的过程中，随着抽油泵做上下往复运动，油管内的井液所产生的液柱压力会在抽油杆和油管之间来回转换，导致抽油杆和油管不断受到拉伸、压缩，致使抽油杆发生弯曲，从而加剧抽油杆和油管之间的磨损。严重时，出现油管穿孔现象，致使井口无井液产出，不得不进行修井作业来加以解决。

防止抽油杆与油管之间发生磨损的方法是在油管柱上安装油管锚和（或）在抽油杆柱上安装抽油杆扶正器。

6. 冲次/冲程

根据泵排量的计算公式可知，随着柱塞冲次和冲程的增加，泵的排量也随之增大。但由于受到下冲程过程中抽油杆柱下落速度的限制，冲程和冲次的变化受到相互影响和制约，即冲程的增加会相应地导致冲次的下降；反之亦然。二者之间的相互制约和限制可用如方程来加以说明：

$$SN^2 \leq C \tag{6-52}$$

式中 S——光杆冲程，m；

N——冲次，次/min；

C——常数，普通型抽油机 $C=0.7$，气动平衡型抽油机 $C=0.63$，MARK-II 型抽油机 $C=0.56$。

从式(6-52)可以看出，光杆冲程与冲次的平方成反比。

若已知设计的光杆冲程，则可采用如下公式来计算柱塞的最大容许冲次：

$$N = C\sqrt{\frac{1524}{S}} \tag{6-53}$$

7. 砂/固体颗粒

地层产砂，会加剧柱塞密封面的磨损，导致抽油泵与泵筒之间的间隙增大，增大柱塞与泵筒之间的漏失量,导致其实际排量下降,泵效降低。

需注意的是,正常情况下,抽油泵可处理井液的含砂量不超过0.1%。

8. 腐蚀环境

产水气井中CO_2和H_2S等腐蚀介质会影响抽油杆的强度性能,因而在进行抽油杆的强度校核时,应根据其腐蚀环境的腐蚀严重程度,选择合适的腐蚀安全系数。同时,也应根据腐蚀环境的腐蚀严重程度,合理选择井下抽油泵、井下气水分离器和油管锚防腐技术措施,如碳钢+缓蚀剂、耐蚀合金等。

四、工艺设计

下面按抽油机型号分类进行设计,所选择的抽油机型号为普通型、气动平衡型和MARK-Ⅱ型三类。

1. 普通型抽油机

(1) 抽油机型号选择。

① 净举升深度计算。抽油泵的净举升深度(图6-25)由三部分组成:一是泵挂深度;二是井口油管压力的折算举升深度;三是泵沉没度。泵的净举升深度可表示如下:

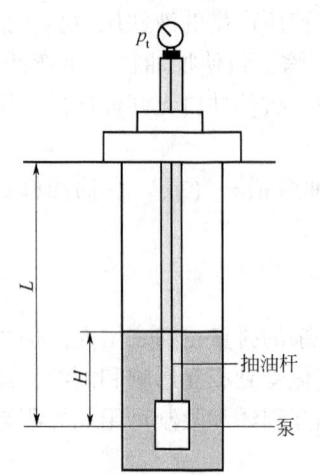

$$L_s = L + \frac{p_t}{0.00981\gamma_w} - H \tag{6-54}$$

式中 L_s——净举升深度,m;
L——泵挂深度,m;
H——泵沉没度,m;
p_t——井口油管压力,MPa;
γ_w——气田水相对密度。

② 泵排量计算。假设一个设计排量Q_j,根据设计排量Q_j和泵效η_B,计算应选择的泵排量Q_B:

$$Q_B = \frac{Q_j}{\eta_B} \tag{6-55}$$

式中 Q_B——泵排量,m^3/d;
Q_j——设计排量,m^3/d;
η_B——泵效,%。

图6-25 抽油泵净举升深度计算图例

(2) 冲程—冲次组合。

在确定冲程—冲次组合时,应按长冲程、低冲次的原则进行选择。

根据所选定的抽油机型号,查出该型号抽油机的最大光杆冲程,并在此基础上假定一冲程初值S,则与之相对应的最大冲次N_{max}为

$$N_{max} = C\sqrt{\frac{1524}{S}} \tag{6-56}$$

式中 N_{max}——最大冲次,次/min。

基于上面的计算,给出一组冲程—冲次组合$[S, N(\leq N_{max})]$。

(3) 柱塞直径：

$$D_z = 29.73\left(\frac{Q_B}{S_0 N}\right)^{0.5} \tag{6-57}$$

式中　D_z——柱塞直径，mm；
　　　S_0——有效冲程，m。

需注意的是，要给定一个有效冲程初值，才能求出柱塞直径 D_z，通常取有效冲程为额定最大冲程的 80%。

将计算出的柱塞直径 D_z 与表 6-7 中可供选择的柱塞直径进行比对，选择合适的柱塞直径。

表 6-7　柱塞直径系列表

油管直径，in (mm)	1.9 (48.3)	2.375 (60.3)	2.875 (73.0)	3.5 (88.9)	4.5 (114.3)
柱塞直径，in (mm)	1.0625 (27.0) 1.25 (31.8)	1.0625 (27.0) 1.25 (31.8) 1.5 (38.1) 1.75 (44.5)	1.5 (38.1) 1.75 (44.5) 2.0 (50.8) 2.25 (57.2)	2.25 (57.2) 2.5 (63.5) 2.75 (69.9)	3.75 (95.3)

(4) 抽油杆组合。根据选定的柱塞直径，选择合适的抽油杆组合。
(5) 将选定的抽油杆组合、光杆冲程、冲次等基本参数进行验证。
(6) 根据抽油杆柱组合及柱塞直径，查出与抽油杆柱组合及柱塞直径相对应的单位长度抽油杆重量 W_r、抽油杆弹性常数 E_r、抽油杆频率系数 F_c 和油管弹性常数 E_l。
(7) 无量纲变量。
① 整个柱塞横截面上的液柱载荷：

$$F_0 = 7.6911 \times 10^{-5} \gamma_w D_z^2 L_s \tag{6-58}$$

式中　F_0——作用在柱塞横截面积上的液柱载荷，kN；
　　　L_s——作用在柱塞截面积上的液柱长度，m。

② 抽油杆总弹性常数：

$$k_r = \frac{1}{E_r L} \tag{6-59}$$

式中　k_r——抽油杆总弹性常数，kN/m；
　　　L——泵挂深度，m；
　　　E_r——抽油杆弹性常数，kN^{-1}。

③ 油管总弹性常数：

$$k_t = \frac{1}{E_t L} \tag{6-60}$$

式中　k_t——油管总弹性常数，kN/m；
　　　E_t——油管弹性常数，kN^{-1}。

④ $\dfrac{N}{N_o}$ 和 $\dfrac{N}{N_o'}$：

$$\frac{N}{N_o}=\frac{NL}{74676} \tag{6-61}$$

$$\frac{N}{N'_o}=\frac{N}{N_o F_c} \tag{6-62}$$

式中 N_o——单级抽油杆柱固有频率，次/min；
N'_o——多级抽油杆柱固有频率，次/min；
N——冲次，次/min；
F_c——频率系数。

（8）有效冲程：

$$S_p=\left(\frac{S_p}{S}\times S\right)-\frac{F_0}{k_t} \tag{6-63}$$

式中 S_p——有效冲程，m。

注：$\frac{S_p}{S}$ 由图 6-26，通过 $\frac{N}{N'_o}$ 查得。

（9）排量：

$$Q_{BB}=1.1313\times10^{-3}S_p ND_2^2 \tag{6-64}$$

式中 Q_{BB}——排量，m³/d。

若计算出的排量 Q_{BB} 与 Q_B 之差超出规定的误差范围，则应修改冲程—冲次组合，再次重复（2）~（9）步骤，直至前后两次的计算结果符合要求为止。

（10）无量纲参数 $\frac{W_{rf}}{Sk_r}$：

$$\frac{W_{rf}}{Sk_r}=\frac{W}{Sk_r}(1-0.128\gamma_w) \tag{6-65}$$

式中 W_{rf}——抽油杆柱在液体中的总重量，kN；
W——抽油杆柱在空气中的总重量，kN；
Sk_r——单级抽油杆柱伸长长度等于 S 时所施加的载荷，kN；

（11）无量纲参数 $\frac{F_1}{Sk_r}$、$\frac{F_2}{Sk_r}$、$\frac{2T}{S^2 k_r}$、$\frac{F_3}{Sk_r}$ 和 T_a，其中，F_1、F_2、F_3 分别为相应的载荷系数，T_a 为 $\frac{W_{rf}}{Sk_r}\neq0.3$ 时的扭矩调整系数。

根据 $\frac{N}{N_o}$ 查图 6-27，求出 $\frac{F_1}{Sk_r}$；根据 $\frac{N}{N'_o}$ 查图 6-28，求出 $\frac{F_2}{Sk_r}$；根据 $\frac{N}{N_o}$ 查图 6-29，求出 $\frac{2T}{S^2 k_r}$。

根据 $\frac{N}{N_o}$ 查图 6-30，求出 $\frac{F_3}{Sk_r}$；根据 $\frac{N}{N'_o}$ 查图 6-31，求出 T_a（图中百分数）。

需注意的是，图中查得的峰值扭矩是 $\frac{W_{rf}}{Sk_r}=0.3$ 时的值。若 $\frac{W_{rf}}{Sk_r}\neq0.3$，则应考虑进行扭矩调整。假定 $\frac{W_{rf}}{Sk_r}$ 大于 0.3，按 $\frac{W_{rf}}{Sk_r}$ 每增加 0.1，校正系数增加 3% 的原则来计算。若 $\frac{W_{rf}}{Sk_r}$ 小于

0.3，则校正系数为负值。

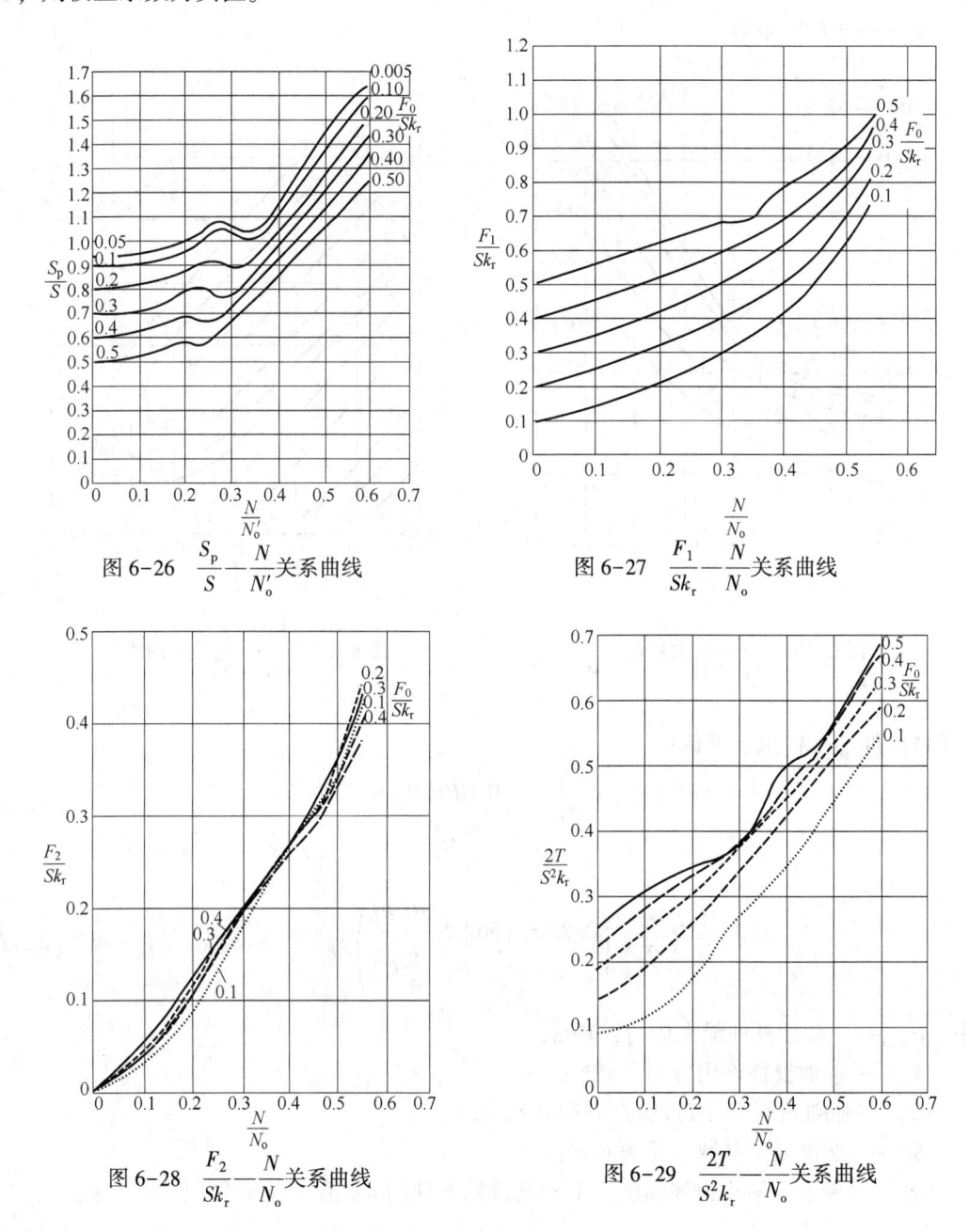

图 6-26 $\dfrac{S_p}{S}$ — $\dfrac{N}{N_o'}$ 关系曲线

图 6-27 $\dfrac{F_1}{Sk_r}$ — $\dfrac{N}{N_o}$ 关系曲线

图 6-28 $\dfrac{F_2}{Sk_r}$ — $\dfrac{N}{N_o}$ 关系曲线

图 6-29 $\dfrac{2T}{S^2 k_r}$ — $\dfrac{N}{N_o}$ 关系曲线

（12）光杆最大载荷：

$$PPRL = W_{rf} + \left(\dfrac{F_1}{Sk_r} \times Sk_r\right) \quad (6\text{-}66)$$

式中　$PPRL$——光杆最大载荷，kN；
　　　F_1——$PPRL$ 系数。

（13）光杆最小载荷：

$$MPRL = W_{rr} - \left(\dfrac{F_2}{Sk_r} \times Sk_r\right) \quad (6\text{-}67)$$

式中 *MPRL*——光杆最小载荷，kN；
F_2——*MPRL* 系数。

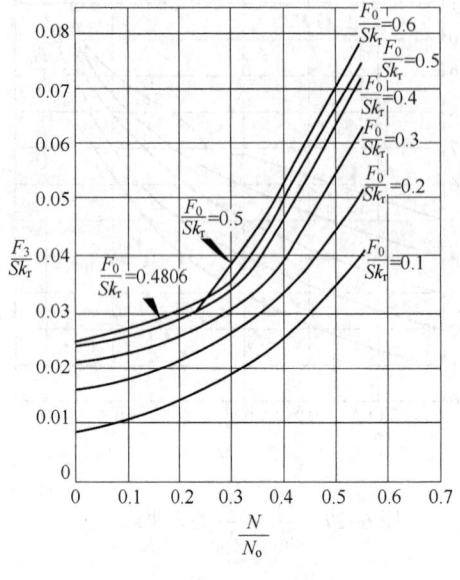

图 6-30 $\dfrac{F_3}{Sk_r} - \dfrac{N}{N_o}$ 关系曲线

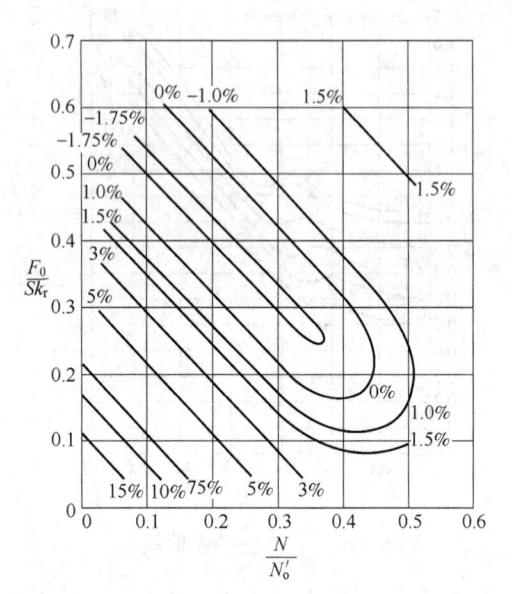

图 6-31 $\dfrac{F_0}{Sk_r} - \dfrac{N}{N_o'}$ 关系曲线

（14）抽油杆柱强度校核：

$$\sigma_{\max} = \dfrac{10^3 \times PPBL}{\dfrac{\pi}{4}D_r^2} \tag{6-68}$$

$$\sigma_y = \left(0.25\sigma_T + 562.5\dfrac{MPRL}{\dfrac{\pi}{4}D_r^2}\right)SF \tag{6-69}$$

式中 $\sigma_{\max}$——抽油杆柱最大应力，MPa；
σ_y——抽油杆柱许用应力，MPa；
D_r——抽油杆柱最上部的抽油杆直径，mm；
SF——腐蚀安全系数，见表 6-8；
σ_T——抽油杆最小拉伸强度，不同钢级抽油杆的 σ_T 值见表 6-8。

表 6-8 抽油杆机械性能及腐蚀安全系数选择

API 钢级	最小屈服强度，MPa	最小拉伸强度，MPa	最大拉伸强度，MPa
K	414	620	793
C	414	620	793
D	586	793	965

续表

腐蚀安全系数选择		
井下环境	API C 级杆	API D 级杆
无腐蚀	1.00	1.00
盐水	0.65	0.90
含 H_2S	0.50	0.70

若 $\sigma_{max} \leq \sigma_y$，则所选抽油杆柱组合有效；否则，应重新选择抽油杆柱组合和（或）抽油杆钢级，直至满足 $\sigma_{max} \leq \sigma_y$ 为止。

（15）平衡重：

$$CBE = 1.06(W_{rf} + 0.5F_0) \qquad (6-70)$$

式中　CBE——平衡重，kN。

（16）曲柄最大扭矩：

$$T_{max} = \frac{2T}{S^2 k_r} \times Sk_r \times \frac{S}{2} \times T_a \qquad (6-71)$$

其中

$$T_a = 1 + 0.1\left(\frac{W_{rf}}{Sk_r} - 0.3\right)C$$

式中　T_{max}——曲柄最大扭矩，kN·m；
　　　T——曲柄扭矩，kN·m；
　　　T_a——$\frac{W_{rf}}{Sk_r} \neq 0.3$ 时的扭矩调整系数；
　　　C——校正系数，%。

（17）光杆功率：

$$RPHP = 1.6698 \times 10^{-2} \times \frac{F_3}{Sk_r} \times Sk_r \times S \times N \qquad (6-72)$$

式中　$RPHP$——光杆功率，kW；
　　　F_3——RPHP 系数。

（18）电动机功率：

$$HP_d = \frac{RPHP \times CF}{\eta_j} \qquad (6-73)$$

式中　HP_d——电动机功率，kW；
　　　η_j——抽油机地面功率，%；
　　　CF——电动机交变载荷因子。

（19）变频控制器容量：

$$KVA_b = 1.732 \times 10^{-3} V_{Fmax} I_e \qquad (6-74)$$

式中　KVA_b——变频控制器容量，kV·A；
　　　V_{Fmax}——F_{max}（单位 Hz）下的电动机电压，V；
　　　I_e——电机额定电流，A。

2. 气动平衡型抽油机

气动平衡型抽油机的设计方法与普通抽油机设计方法的区别在于如下参数的计算不同：

$$PPRL = W_{rf} + 0.15F_0 + 0.85 \times \frac{F_1}{Sk_r} \times Sk_r \tag{6-75}$$

$$MPRL = W_{rf} + 0.15\left(F_0 - \frac{F_1}{Sk_r} \times Sk_r\right) - \frac{F_2}{Sk_r} \times Sk_r \tag{6-76}$$

$$T_{max} = 0.96 \times \frac{2T}{S^2 k_r} \times Sk_r \times \frac{S}{2} \times T_a \tag{6-77}$$

$$CBE = 0.53(PPRL + MPRL) \tag{6-78}$$

3. MARK II 型抽油机

采用 MARK II 型抽油机的设计方法与采用普通抽油机的设计方法的区别在于如下参数的计算不同：

$$PPRL = W_{rf} + 0.25F_0 + 0.75 \times \frac{F_1}{Sk_r} \times Sk_r \tag{6-79}$$

$$MPRL = W_{rf} + 0.25\left(F_0 - \frac{F_1}{Sk_r} \times Sk_r\right) - \frac{F_2}{Sk_r} \times Sk_r \tag{6-80}$$

$$CBE = 0.52(PPRL + 1.25MPRL) \tag{6-81}$$

$$T_{max} = 0.25S(0.93PPRL - 1.2MPRL) \tag{6-82}$$

思考题

一、名词解释

1. 临界携液流量。
2. 优选管柱排水采气。
3. 泡沫排水采气。
4. 气举排水采气。
5. 电潜泵排水采气。
6. 机抽排水采气。

二、简答题

1. 简述气井出水原因及产水危害。
2. 简述泡沫排水采气工艺原理及垂直管流中气液混合物的流型有哪些。
3. 气举方式及管柱结构有哪些？简述气举举升方式的优缺点。
4. 简述电潜泵排水采气工艺的优缺点。
5. 简述机抽排水采气工艺的机理及优缺点。

参考文献

[1] 赵章明. 排水采气技术手册 [M]. 北京：石油工业出版社，2014.

[2] 乐宏，唐建荣，葛有琰，等. 排水采气工艺技术［M］. 北京：石油工业出版社，2011.
[3] Turner R G, Hubbard M C, Dukler A R. Analysis and Prediction of Minmum Flow Rate for the Continuous Removal of Liquids from Gas Wells［J］. （Gas Technology）SPE. Reprint Series No.13，1977（11）：93-100.
[4] 杨川东，张宗福. 合理选择有水气井自喷管串数学模式的研究与应用：兼谈 TI-59 计算程序和数学模式诺模图［J］. 天然气工业，1985，5（1）：63-73.
[5] Boyun Guo, Ali Ghlambor. A Systematic. Approach predicting LiquidLoading in Gas Wells［J］. SPE94081，2006.
[6] 郑有成，韩旭，曾冀，等. 川中地区秋林区块沙溪庙组致密砂岩气藏储层高强度体积压裂之路［J］. 天然气工业，2021，41（2）：92-99.
[7] 王旭. 川西中浅层气藏泡沫排水采气工艺技术研究与应用［J］. 钻采工艺，2020，43（2）：68-71，4-5.
[8] 彭杨，叶长青，孙风景，等. 高含硫气井罐装电潜泵系统排水采气工艺［J］. 天然气工业，2018，38（2）：67-73.
[9] 熊杰，王学强，孙新云，等. 深井电潜泵排水采气工艺技术研究及应用［J］. 钻采工艺，2012，35（4）：60-61，125-126.
[10] 甘宝安，聂旸，路春明，等. 水力泵独立排水采气工艺［J］. 石油钻采工艺，2012，34（4）：75-76.
[11] 于淑珍，胡康，王惠，等. 优选管柱排水采气工艺技术在靖边气田的应用分析［J］. 石油化工应用，2012，31（1）：14-16，29.
[12] 贾浩民，李治，张耀刚，等. 气举排水采气工艺技术研究及应用［J］. 石油化工应用，2010，29（12）：35-38，56.
[13] 杨志，栾国华，梁政，等. 机抽排水采气配套新技术的研究与应用［J］. 天然气工业，2009，29（5）：85-88，142.
[14] 黄焕兵. 川东石炭系气藏气举排水采气工艺研究［D］. 青岛：中国石油大学（华东），2007.
[15] 周权，文成槐. 机抽排水采气工艺技术取得新突破［J］. 钻采工艺，2002（1）：52.
[16] 陈玉飞，贺伟，罗涛. 裂缝水窜型出水气井的治水方法研究［J］. 天然气工业，1999（4）：76-78.
[17] 乐宏. 排水采气工艺技术［M］. 北京：石油工业出版社，2011.
[18] 杨川东. 采气工程［M］. 北京：石油工业出版社，2001.
[19] 廖锐全，曾庆恒，杨玲. 采气工程［M］. 2版. 北京：石油工业出版社，2012.
[20] 金忠臣，杨川东，张守良，等. 采气工程［M］. 北京：石油工业出版社，2004.

第七章　气井井场工艺

气井井口产生的天然气，在井场或集气站首先要经针形阀节流，由于气体节流要吸热，采用加热的方法对节流后的天然气进行保温。之后天然气被送入分离器进行分离，从分离器分离出的天然气，经过温度计量和流量计量后，进入集气干线；分离出的水经过计量后进入污水池，处理达标后集中排放。因此，本章主要针对气田常用的集气工艺流程、气液分离、气体流量计量等几个重要井场工艺作简要介绍，同时对气田开发的安全环保技术进行简要说明。

第一节　天然气集气工艺流程

由于天然气从地层开采出来时压力一般很高，而且气体中含有水分、凝析油及一些岩屑、砂粒等固体杂质，不宜直接输往用户，需对天然气进行必要的预处理，因此天然气勘探开发、净化提纯及成品输送过程（视频7-1）各个环节缺一不可。针对天然气预处理的方式不同，天然气的集气就具有不同的工艺流程，一般可以分为井场流程和集气站流程。

视频7-1　天然气勘探开发、净化提纯、成品输送过程

与油田集输系统类似，气田集输系统（集气系统）的功能为：收集各气井流体，并进行必要的净化、加工处理，使其成为商品天然气及气田副产品（液化石油气、稳定轻烃、硫磺等）；同时还提供气藏动态基础信息，如各井的压力、温度、天然气和凝析液产量、气体组分变化等，使气藏地质师能适时调整气田开发设计方案和各气井的生产制度。

集气系统主要由气井井场、集气站、天然气处理厂及其相连的管线组成，井场与集气站的管网连接形式有放射状、树枝状和环状，如图7-1、图7-2和图7-3所示。

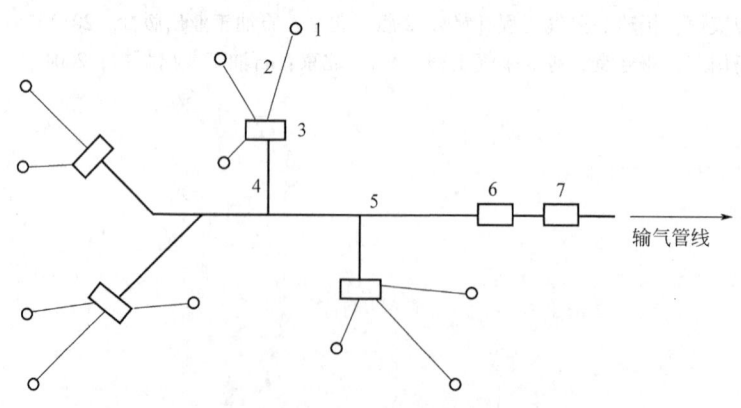

图7-1　放射状管网集气系统
1—井场；2—采气管线；3—集气站；4—集气支线；5—集气干线；
6—集气总站；7—天然气处理厂

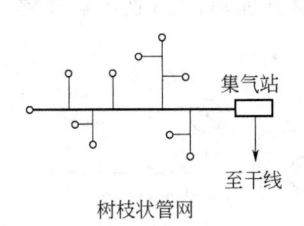

图 7-2 树枝状管网集气系统　　图 7-3 环状管网集气系统

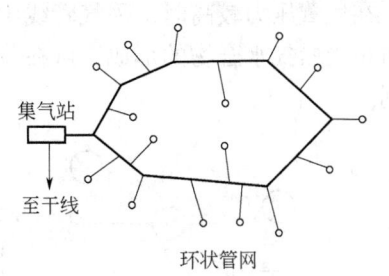

一、井场流程

井场最重要的装置是采气树，它是由阀闸、四通（或三通）等部件构成的一套管汇。在节流阀之后，接有控制和测量流量、压力及温度的仪表，以及用于处理气体中凝析液和固体杂质的设备，构成了一套井场流程，如图 7-4 所示。在该流程中，所有用于调节气井工作、分离和计量气体中的杂质、计量气量和凝析油量、防止天然气水合物形成等的设备与仪表，都布置和安装在井口附近。

(a) 单井集气的井场仪表组成

(b) 单井集气的工艺流程

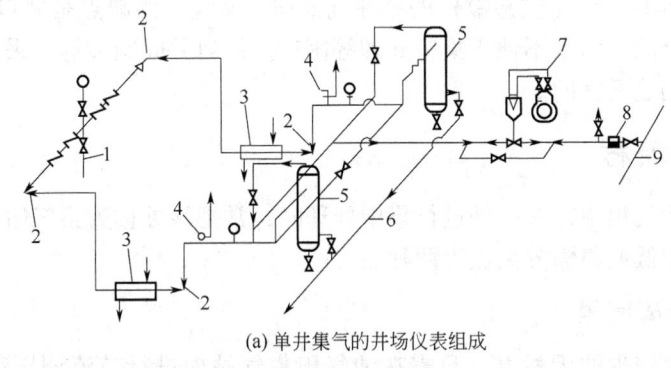

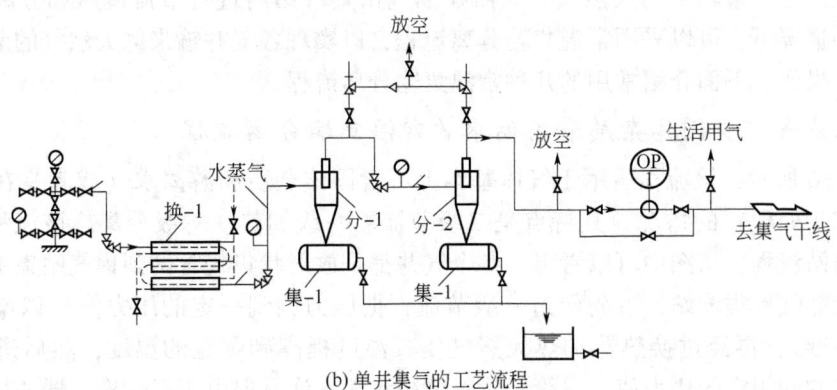

图 7-4 单井集气的井场流程
1—采气树；2—节流阀；3—换热器；4—安全阀；5—分离器；6—排液阀；
7—气体流量计；8—单向阀；9—集气管道

由于气井压力较高，从气井出来的气体往往经过多级节流才能进入采气管线，如图 7-5 所示。气体先经采气树节流阀，后经一级节流阀控制气井产量，再经二级节流阀控制阀后采气管线压力。在气藏压力较高时，采气管线压力常由气体处理厂外输商品天然气所需压力确定。同时为防止天然气水合物的形成，可在节流阀间设置加热炉，或在采气树节流阀后注入水合物抑制剂。

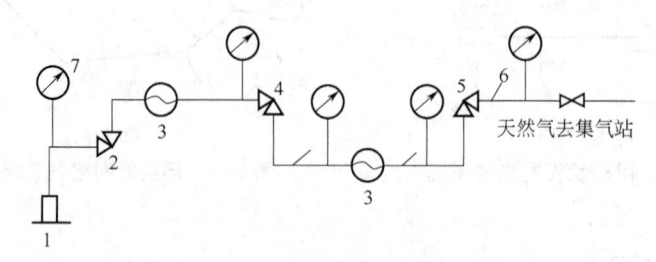

图 7-5　气井井场多级节流简单流程

1—气井；2—采气树针形阀；3—加热炉；4——级节流阀；5—二级节流阀；6—温度计；7—压力表

天然气自井中采出经针形阀降压、水套炉加热，再经二级节流阀降压后进入分离器，在分离器中分离游离水、凝析油和固体杂质，气体通过计量后进入集气干线。从分离器分出的液体经计量、油水分离后，水可回注入地层，液烃输至处理厂进行处理。

井场单井常温分离工艺流程一般适用于气田建设初期气井少、分散、压力较低、用户少、供气量小、气体不含硫（或甚微）的单井气处理。该流程的缺点是井口必须有人值守，造成定员多、管理分散、污水不便于集中处理等困难。但对井间距离远、采气管线长的边远井，这种集气方式仍是适宜的。

二、集气站流程

当多口井的天然气集中在某一处进行集中处理时，常把该处称为集气站。集气站流程有常温集输分离流程和低温集输分离流程两种。

1. 常温集输分离流程

对于凝析油含量较少的天然气，只需在油气田集气站内进行节流调压和分离计量等操作。在这种情况下，可以采用常温集输分离流程，以实现各气井输来的天然气的节流调压和分离计量等操作。下面介绍常用的几种常温集输分离流程。

1）气体含较少固体杂质和游离水的常温集输分离流程

如图 7-6 所示，该流程适用于气体基本上不含固体杂质和游离水（或者是在井场已对气体进行初步处理）的情况，其特点是二级节流、一级加热、一级分离。该流程是属于 8 口井的集输站流程。从图中可以看出，各个气井都是放射状集气管网到集气站集中的。任何一口井的天然气到集输站，首先经过一级节流，把压力调到一定的压力值（以不形成天然气水合物为准），再经过换热器加热天然气使其温度提高到预定的温度，然后进行二级节流，把压力调到规定的压力值。尽管天然气中饱和着水汽，但由于经过换热器的加热提高了天然气的温度，所以节流后不会形成天然气水合物。经过节流降压后的天然气，再通过分离器将天然气中所含的固体颗粒、水滴和少量的凝析油脱出后，经孔板流量计测得其流量，通过管汇送入输气管线。然后从分离器下部将液体引入计量罐，分别量得水和凝析油数量后，再将水和凝析油分别送至水池和油罐。

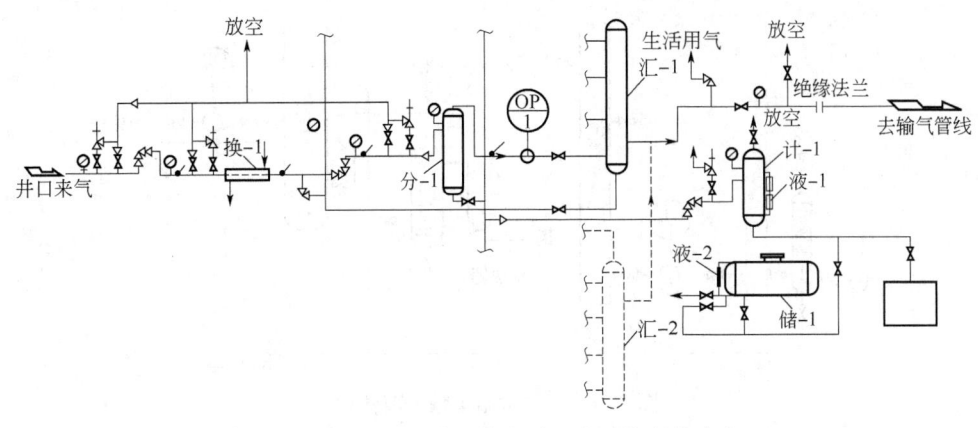

图 7-6　多井（8 口井）集气站工艺及控制仪表流程
液-1、液-2—透光式玻璃板液位计；分-1—分离器；换-1—换热器；
汇-1、汇-2—汇管；计-1—计量罐；罐-1—储罐

2) 气体含较多固体杂质和游离水的常温集输分离流程

如图 7-7 和图 7-8 所示的流程，适用于气体中含有固体杂质和游离水较多的情况，其特点是二级节流、一级加热、二级分离。从气井来的天然气经一级节流降压后进入一级分离器，气体中含有的游离水和固体杂质被分离掉，以免堵塞换热器和增加热负荷。气体经换热器温度提高到预定的值后，再进行二级节流，降到规定的压力值，然后进入二级分离器，将天然气中含有的凝析液和固体杂质等分离。最后，气体经过流量计到汇管集中，再输入输气管线。从分离器下部分出的液体（水和凝析油）引入计量罐，分别测得其数量后，再将水和凝析油引至水池和油罐。

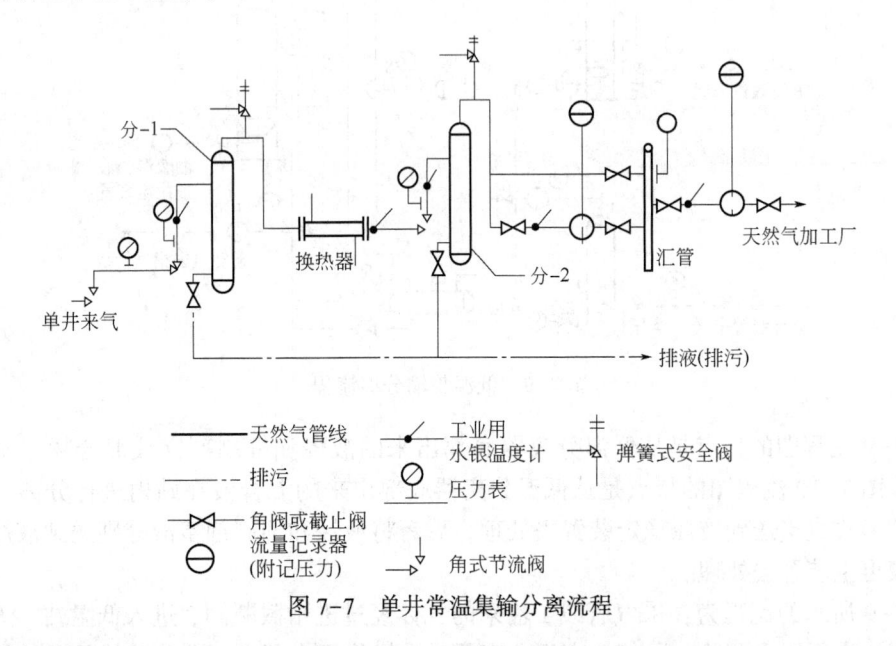

图 7-7　单井常温集输分离流程

多井常温集输分离流程与单井常温集输分离流程相比，具有设备和操作人员少、人员集中和便于管理等优点，在气田上得到了广泛的应用。

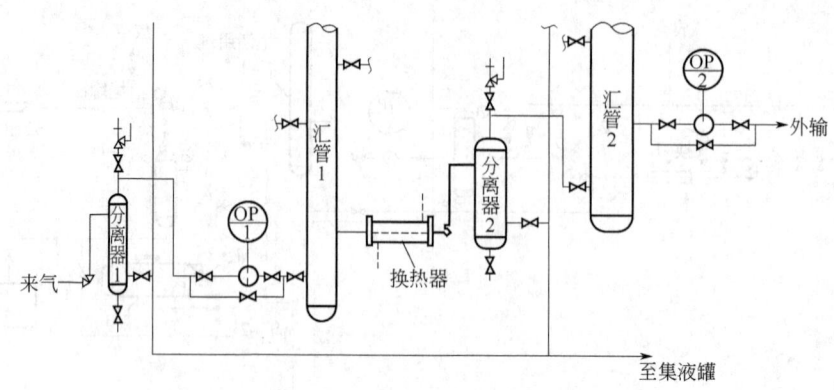

图 7-8　多井常温集输分离流程

随着集输技术水平的不断提高，天然气常温集输分离工艺流程已逐渐趋于标准化、设备系列化、安装定型化、布局规格化。分离计量、水套加热炉、缓蚀剂罐等均可采用橇装式，可缩短工程项目设计和施工时间，降低工程费用，提高工程质量。

2. 低温集输分离流程

对于压力高、凝析油含量大的气井，采用低温分离可以分离和回收天然气中的凝析油，使管输天然气的烃露点达到管输标准要求，防止轻烃液析出影响管输能力。对含硫天然气而言，脱除凝析油还能避免天然气净化过程中的溶液污染。

比较典型的两种低温集输分离流程，分别如图 7-9 和图 7-10 所示。

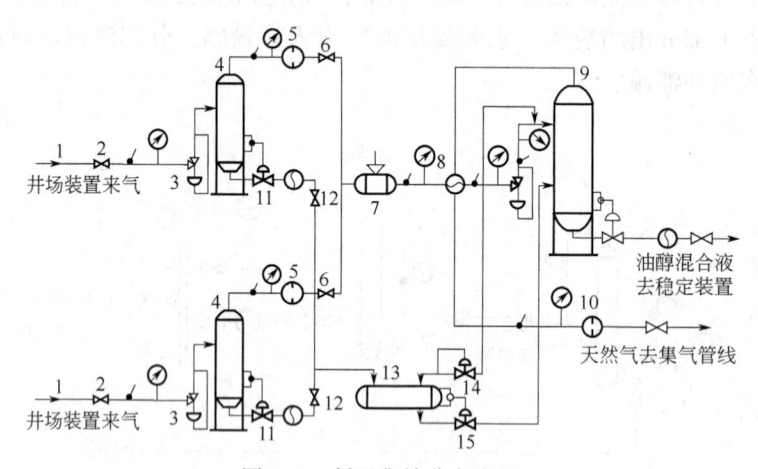

图 7-9　低温集输分离流程

图 7-9 流程图的特点是从低温分离器底部出来的液烃和抑制剂富液混合物在站内未进行分离。图 7-10 流程图的特点是从低温分离器底部出来的混合液在站内进行分离。前者以混合液的形式直接送到液烃稳定装置去处理，后者将液烃和抑制剂富液分别送到液烃稳定装置、富液再生装置去处理。

图 7-9 所示的流程为：采气管线 1 输来的气体经过进站截断阀 2 进入低温站。天然气经过节流阀 3 进行压力调节，以符合高压分离器 4 的操作压力要求。脱除液体的天然气经过孔板计量装置 5 进行计量后，再通过装置截断阀 6 进入汇气管。各气井的天然气汇集后进入抑制剂注入器 7，与注入的雾状抑制剂混合，部分水汽被吸收，使天然气水露点降低，然后进

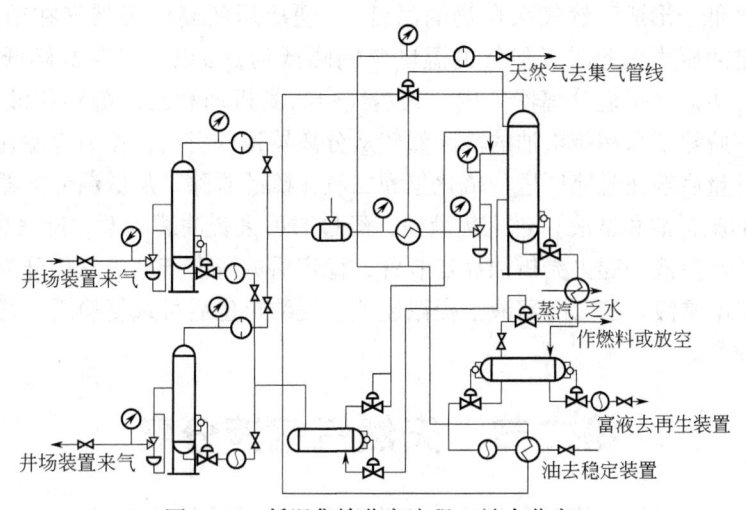

图 7-10 低温集输分离流程（站内分离）

入气—气换热器 8 使天然气预冷。降温后的天然气通过节流阀进行大压差节流降压，使其温度降到低温分离器所要求的温度。从分离器顶部出来的冷天然气通过换热器 8 后温度上升至 0℃以上，经过孔板计量装置 10 计量后进入集气管线。从高压分离器 4 的底部出来的游离水和少量液烃通过液位调节阀 11 进行液位控制，流出的液体混合物计量后经装置截断阀 12 进入汇液管。汇集的液体进入闪蒸分离器 13，闪蒸出来的气体经过压力调节阀 14 后进入低温分离器 9 的气相段。从闪蒸分离器底部出来的液体再经液位控制阀 15，然后进入低温分离器底部液相段。

多井集气站的低温分离实际流程如图 7-11 所示。气井来气进站后，经一级节流阀节流调压到规定压力，节流后的气体温度高于形成天然气水合物的温度。气体进入一级分离器脱除游离液（水和凝析油）和固体杂质、流经流量计后，进入混合室与高压计量泵注入的浓度为 80% 的乙二醇水溶液充分混合，再进入换冷器，与低温分离器出来的冷气换冷，遇冷

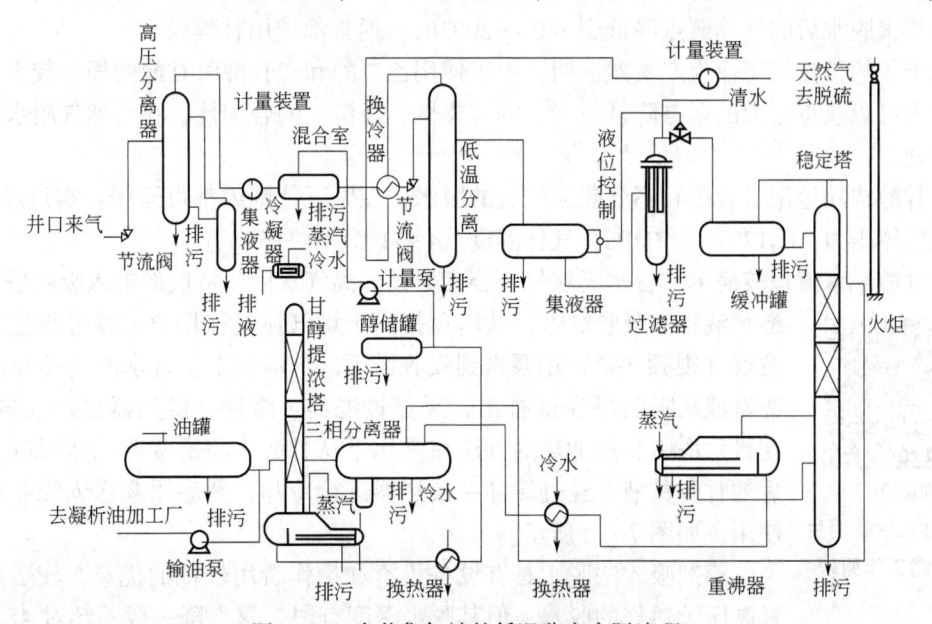

图 7-11 多井集气站的低温分离实际流程

到规定的温度（低于形成天然气水合物的温度），遇冷后的高压天然气在节流阀处节流膨胀，降压到规定的压力，此时天然气的温度急剧降低到0℃以下。在这样低温冷冻的条件下，在第二级分离器（低温分离器）内，天然气中的凝析油和乙二醇稀释液（富液）大量地被沉析下来，脱除了水和凝析油的冷天然气从分离器顶部引出，作为冷源在换热器中换热后，在常温下计量后输往脱硫厂进行硫化氢和二氧化碳的脱除。从低温分离器底部出来的冷冻液（未稳定的凝析油和富液）进入集液灌，经过滤后去缓冲罐闪蒸，除去部分溶解气后，凝析油和乙二醇水溶液一起去凝析油稳定装置，稳定后的液态产品进三相分离器进一步分离成凝析油和乙二醇富液。乙二醇富液去提浓装置，提浓再生后可重复使用，稳定后的凝析油输往炼油厂作原料。

第二节 天然气气液分离

天然气作为一种多组分的混合气体，从井中采出后或多或少都带有一部分液体（凝析油、矿化水）和固体杂质（岩屑、砂粒），这些液体和固体杂质会堵塞管线、磨损设备。因此，在井场和集气站都安装有分离器，对天然气进行脱水处理。

一、天然气脱水方法

从天然气中脱除水汽以降低露点的工艺，称为天然气脱水。天然气脱水实质就是使天然气从被水饱和状态变为不被水饱和状态，达到天然气净化或管输标准。天然气脱水方法有液体吸收法、固体吸附法（干燥法）和冷冻法。

1. 液体吸收法

液体吸收法是目前天然气工业中使用较为普遍的脱水方法，虽然有多种溶剂（或溶液）可以选用，但绝大多数装置都用甘醇类溶剂，在天然气脱水中最常用的液体吸收剂（干燥剂）有四种：乙二醇（EG）、二甘醇（DEG）、三甘醇（TEG）和四甘醇（T_4EG）。

当要求脱水后的气体露点降低到-40~-20℃时，通常都选用甘醇脱水。

几十年的天然气工业生产实践证明，由于使用乙二醇和二甘醇时甘醇的损失较大，而三甘醇因为可以获得更大的露点降及技术上的可靠性、经济上的合理性，在天然气脱水中使用最为普遍。

三甘醇成功地用于含硫和不含硫天然气的脱水，在以下范围内都可运转：露点降：22~78℃；气体压力：0.172~17.2MPa；气体温度：4~71℃（40~160°F）。

三甘醇脱水流程较简单，含水天然气经分离器预分离气水后，从底部进入吸收塔，三甘醇贫液将水吸收脱除，从塔顶排出干燥气体输往用户。经过再生的甘醇贫液（视频7-2）用泵送到吸收塔顶部的塔板上。含水的（稀释的）甘醇富液从吸收塔底部排出，经过过滤器、缓冲—换热器再进入再生塔。在再生塔中，用加热的方法在常压下从甘醇中将所吸收的水脱除。再生后的甘醇贫液，经过缓冲—换热器进行冷却，然后用泵送入吸收塔循环使用，如图7-12所示。

视频7-2
集气站三甘醇再生缓冲罐工作原理

溶剂吸收法脱水具有设备投资和操作费用较低的优点，较适合大流量高压天然气的脱水。但其脱水深度有限，露点降一般不超过45℃，对于诸如天然气液化等需要原料气深度脱水的工艺过程，则必须采用固体吸附法脱水。

2. 固体吸附法

吸附是用多孔性的固体吸附剂处理气体混合物，使其中所含的一种或数种组分吸附于固体表面上以达到分离目的的操作。吸附有两种情况：一种是固体和气体间的相互作用并不是很强，类似于凝缩，引起这种吸附所涉及的力同引起凝缩作用的范德华分子凝聚力相同，称为物理吸附；另一种是化学吸附，这一类吸附需要活化能。物理吸附是可逆过程，而化学吸附是不可逆的，被吸附的气体往往需要在很高的温度下才能逐出，且所释出的气体往往已发生化学变化。

由于天然气脱水的大多数固体吸附剂是可以再生的吸附剂，因此可以进行多次吸附和再生循环。

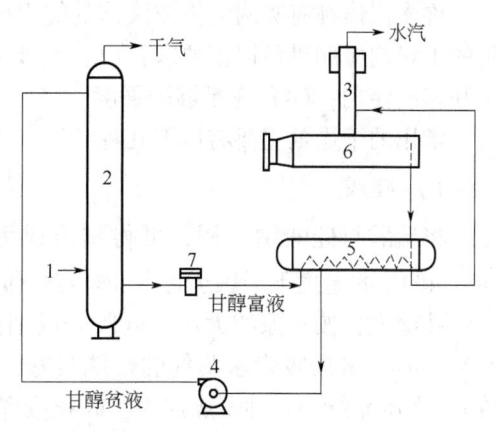

图7-12 三甘醇脱水原理流程
1—湿天然气；2—吸收塔；3—汽提塔；
4—甘醇循环泵；5—缓冲—换热器；
6—重沸器；7—过滤器

固体吸附工艺装置中至少必须有两个吸附床层，脱水过程是循环进行的。在一给定的床层上，一定时间内让它进行吸附；而在另一给定的床层上，这段时间内让它进行加热解吸（用加热的方法使被吸附的水分脱除）。然后切换流程，使原吸附床层（已被天然气中水汽饱和）切换为加热再生，原加热再生床层切换为吸附。流程中必须有热源，用于加热床层再生（一般吸附剂的再生温度为175~260℃），还必须有热气流过床层，用以除去被解吸出来的水汽。

用这类方法脱水后的干气，含水量可低于 $1mL/m^3$，露点可低于 $-50℃$，而且装置对原料气的温度、压力和流量变化不太敏感，也不存在严重的腐蚀和发泡问题。因此，尽管固体吸附法脱水在天然气工业上的应用不及三甘醇脱水法那样广泛，但在露点降要求超过44℃时就应考虑采用，在三甘醇脱水法脱水装置后面串接一个这样的设备。

在天然气 H_2S 含量较高时，H_2S 溶解于三甘醇溶液后，不仅导致溶液pH值下降，而且也会与三甘醇反应而导致溶液变质。所以在井场有时采用抗硫型分子筛脱天然气中的水，以解决在天然气集输过程中 H_2S、CO_2 对管道的腐蚀问题。

典型的固体吸附脱水流程如图7-13所示。

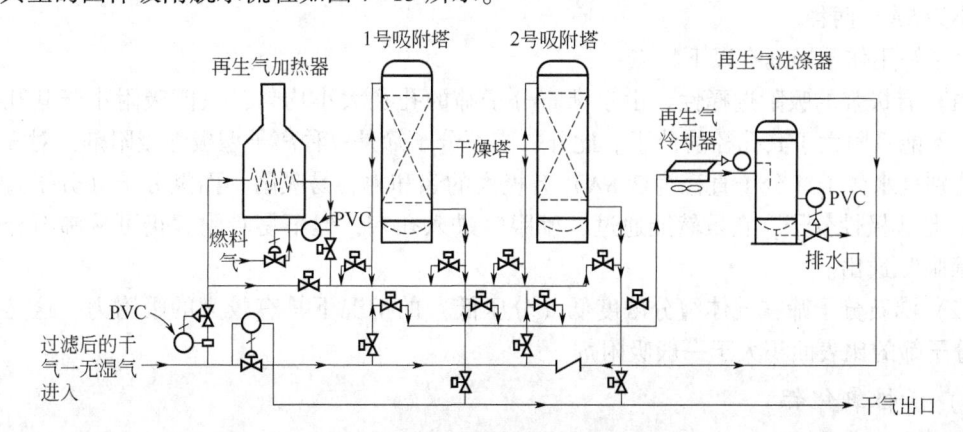

图7-13 典型的固体吸附脱水流程

许多固体都有吸附气体或液体的能力,但只有少数能作为工业上用的干燥剂,选择脱水用的干燥剂应能满足以下要求:(1) 对水有高的吸附能力;(2) 有高的选择性;(3) 能再生和多次使用;(4) 有足够的强度;(5) 化学性质稳定;(6) 货源充足,价格便宜。

常用的干燥剂主要有以下几种。

1) 硅胶

将硫酸与硅酸钠作用,可得到组成为 $SiO_2 \cdot nH_2O$ 的硅酸凝胶,用水洗涤,然后在388~403K 的温度下干燥至含水 5%~7% 即得硅胶。干燥后的硅胶为硬的玻璃状物,具有较大的孔隙度,按孔隙的大小,硅胶分成细孔和粗孔两种。一般使用粒状的硅胶,其直径为 0.2~7mm。硅胶吸附水蒸气的性能很好,干燥后的气体水分含量可低于 10mg/L(体积分数)。在所介绍的几种干燥剂中,硅胶最容易再生。硅胶也吸附重烃,但在再生过程中,被吸附的重烃也容易被释放出来。

2) 分子筛

分子筛又称泡沸石或沸石,是一种结晶型的铝硅酸盐,其晶体结构中有规整而均匀的孔道,孔径为分子大小的数量级,它只允许直径比孔径小的分子进入,因此能将混合物中的分子按大小加以筛分,故称分子筛。

分子筛有天然沸石和合成沸石两种。天然沸石大部分由火山凝灰岩和凝灰沉积岩在海相或湖相环境中发生反应而形成。目前已发现有1000多种沸石矿,较为重要的有35种,常见的有斜发沸石、丝光沸石、毛沸石和菱沸石等,主要分布于美国、日本、法国等国,中国也发现有大量丝光沸石和斜发沸石矿床,日本是天然沸石开采量最大的国家。因天然沸石受资源限制,从20世纪50年代开始,大量采用合成沸石。

气体行业常用的分子筛型号如下:

A 型:钾 A (3A),钠 A (4A),钙 A (5A);

X 型:钙 X (10X),钠 X (13X);

Y 型:钠 Y,钙 Y。

分子筛为粉末状晶体,有金属光泽,硬度为 3~5,相对密度为 2~2.8,天然沸石有颜色,合成沸石为白色,不溶于水,热稳定性和耐酸性随着 SiO_2 与 Al_2O_3 组成比的增加而提高。分子筛有很大的比表面积,达 800~1000m²/g,内晶表面高度极化,是一类高效吸附剂。至今,分子筛的种类已不下50种,目前常用的型号是 4A(孔径大小为 4Å)和 5A(孔径大小为 5Å)两种。

分子筛用作干燥剂有以下特点:

(1) 有极强的吸附选择性。由于沸石分子筛的孔径大小均匀,只能吸附小于其孔径的分子,不能吸附大于其孔径的分子。此外,沸石分子筛是一种离子型极性吸附剂,对极性分子,特别是水分子(分子直径为2.8Å)有极大的亲和力,易吸附。而氢分子(分子直径为2.4Å)是非极性分子,它虽然能通过"筛眼"进入孔穴,但不易吸附,仍可从沸石分子筛的"筛眼"逸出。

(2) 沸石分子筛在气体组分浓度低(分压低)的情况下具有较大的吸附力,这是因为沸石分子筛的比表面积大于一般吸附剂。

3) 活性氧化铝

活性氧化铝是由氧化铝的水合物加热脱水制成的多孔凝胶和晶体的混合物,活性氧化铝颗粒直径一般为3~7mm，化学性能稳定，机械强度较高。

常用吸附剂的性能见表7-1。

表7-1 常用吸附剂的性能表

性能	硅胶 细孔	硅胶 粗孔	活性氧化铝	活性炭	沸石分子筛 4A	沸石分子筛 5A	沸石分子筛 13X
堆密度①，kg/m³	670	450	750~850	400~500		400~500	
视密度②，kg/L	1.2~1.3		1.5~1.7	0.7~0.9		0.9~1.2	
直密度③，kg/L	2.1~2.3		2.6~3.3	1.6~2.1		2~2.5	
空隙率④，%	43	50	44~50	44~52			
孔隙率⑤，%	24	30	40~50	50~60	47	47	50
孔径，Å	25~40	80~100	72	12~32	4.8	5.5	10
粒度，mm	2.5~7	4~8	3~6	1~7		3~5	
比表面积，m²/g	500~600	100~300	300	800~1050	800	750~800	800~1000
导热系数，W/(m·K)	0.198	0.198	0.13	0.14		0.589	
比热，J/(kg·K)	1	1	0.879	0.837		0.879	
再生温度，K	453~473	453~473	553	378~393		423~573	
机械强度，%	94~98	80~95	95			790	
pH值			7~9			9~11.5	

①堆密度为包括孔隙和粒间空隙体积在内的单位体积质量；②视密度包括孔隙的单位体积质量；③真密度为除去大孔隙和粒间空隙体积的单位体积质量；④空隙率是吸附颗粒之间的空隙与整个吸附剂堆积体积之比；⑤孔隙率是吸附颗粒内的孔体积与颗粒体积之比。

3. 冷冻法

冷冻法可采用节流膨胀冷却或加压冷却两种方式，它们一般和轻烃回收过程相结合。节流膨胀的方法适用于高压气田，它使高压天然气经过所谓的焦耳—汤姆逊效应制冷而使气体中的部分水蒸气冷凝下来。为了防止在冷冻过程中生成水合物，可在过程中注入乙二醇作为水合物抑制剂（在-40~-18℃的范围内有效）。如需进一步冷却，可再使用膨胀机制冷。加压冷却是先用增压的方法使天然气中的部分水蒸气分离出来，然后再进一步冷却，此法适用于低压气田。

用冷冻法进行天然气脱水时，当天然气田的压力不能满足制冷要求、增压或由外部供给冷源又不经济时，就应采用其他类型的脱水方法。

二、气液分离设备

气液分离包括相平衡分离和机械分离。相平衡分离是指在一定的分离条件下，将液相物料送进分离器进行闪蒸（闪急蒸馏），或将气相物料送进分离器进行部分冷凝，两者都可能分离出气、液两相产品。机械分离主要靠重力作用，通过分离器及其部件，实现气液两相的重力分离，分离成气、液两相产品。气液分离应是相平衡分离与机械分离的统一。物料经过相平衡分离获得不同数量和质量（组成）的气液两相，而机械分离是按两相密度差异将它们分开。机械分离的主要设备是分离器，集输系统分离器种类繁多，按其作用原理可分为重

视频 7-3
天然气卧式生产分离器工作原理

力分离器和旋风分离器两大类。

分离器的类型有立式分离器、卧式分离器（视频 7-3）和球形分离器等类型。立式分离器中又有重力式和离心式之分，后者为 20 世纪 50 年代从苏联引进的，至今还能在站场看到，如图 7-14 所示。

无论其名称和类型如何，就分离气井产出的流体来说，分离器应具有以下功能：

（1）实现液相和气相的初次分离。例如，气井产出的流体包括天然气和自由水，初次分离要实现气、水分开。

（2）改善初次分离效果，将气相中夹带的雾状液滴分离；

（3）进一步将液相中夹带的气体分离；

（4）在确信气体中无液滴、液体中无气体的情况下，连续地将气体和液体分别排出分离器。

1. 重力分离器

重力分离器有各种各样的结构形式，按其外形可分为卧式分离器和立式分离器，按功能可分为油气两相分离器、油气水三相分离器等，但其主要分离作用都是利用天然气和被分离物质的密度差（即重力场中的重力差）来实现的，因而称为重力分离器。除温度、压力等参数外，最大处理量是设计分离器的一个主要参数，实际处理量在最大处理量的范围内，重力分离器能适应较大的负荷波动。在集输系统中，由于单井产量的递减、新井投产及配气要求等原因，气体处理量变化较大，因而集输系统中，重力分离器的应用比其他类型分离器的应用更为广泛。

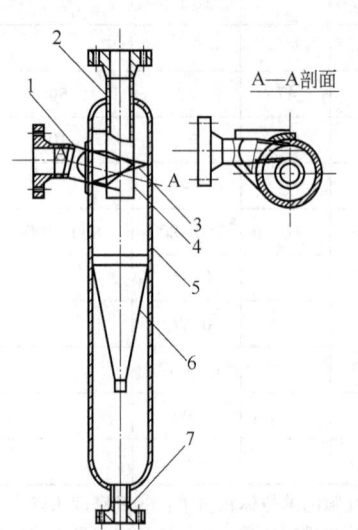

图 7-14 立式旋风分离器
1—井流进口管；2—气体出口；3—螺旋叶片；4—内管；5—分离器筒体；6—锥形管；7—排污管

1）立式重力分离器

立式重力分离器的主体为一立式圆筒体，气流一般从该筒体的中段（切线或法线）进入，顶部为气流出口，底部为液体出口，结构如图 7-15 所示。

（1）初级分离段，即气体入口处气流进入筒体后，由于速度突然降低，成股状的液体或大的液滴由于重力作用被分离出来直接沉降到积液段。

（2）二级分离段，即沉降段，经初级分离后的天然气流携带着较小的液滴向气流出口以较低的流速向上流动。此时，由于重力的作用，液滴则向下沉降与气流分离。本段的分离效率取决于气体和液体的特性、液滴尺寸及气流的平均流速与扰动程度。

（3）积液段，本段主要收集液体。在设计中，本段还具有减少流动气流对已沉降液体扰动的功能。对三相分离而言，积液段也是油水分离段。分离器的液体排放控制系统也是积液段的主要组成部分。

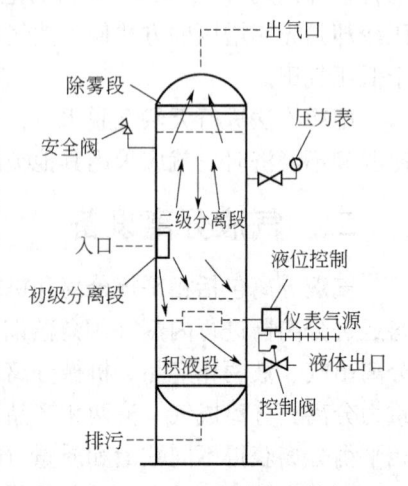

图 7-15 立式重力分离器结构图

(4) 除雾段，通常设在气体的出口附近，由金属丝网等元件组成，用于捕集沉降段未能分离出来的较小液滴（直径 10~100μm）。微小液滴在金属网上发生碰撞、凝聚，最后结合成较大液滴下沉至积液段。

立式重力分离器占地面积小，易于清除筒体内污物，便于实现排污与液位自动控制，适用于处理较大含液量的气体。

2) 卧式重力分离器

卧式重力分离器的主体为一卧式圆筒体，气流从一端进入，另一端流出，其作用原理与立式重力分离器大致相同，结构如图 7-16 所示。

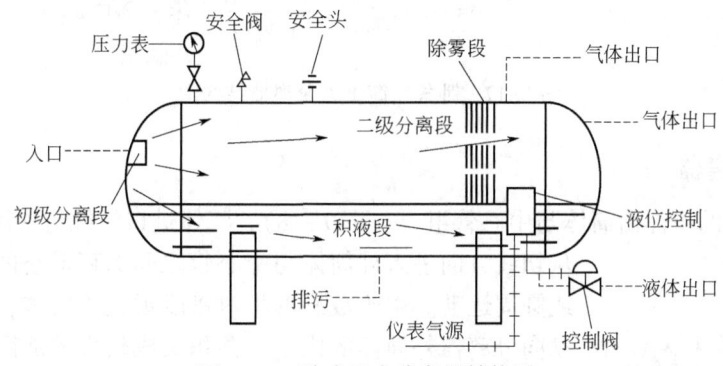

图 7-16 卧式重力分离器结构图

(1) 初级分离段，即气流入口处。气流的入口形式有多种，其目的在于对气体进行初级分离。除了入口处设挡板外，有的在入口内增设一个小内旋器，即在入口处对气、液进行一次旋风分离；还有的在入口处设置弯头，使气流进入分离器后先向相反方向流动，撞击挡板后再折返向出口方向流动。

(2) 二级分离段，即沉降段，此段是气体与液滴实现重力分离的主体，其各种参数为设计卧式重力分离器的主要依据。在立式重力分离器的沉降段内，气流向上流动，液滴向下沉降，两者方向完全相反，因而气流对液滴下降的阻力较大；而在卧式重力分离器的沉降段内，气流水平流动与液滴运动的方向成 90°夹角，因而对液滴下降的阻力小于立式重力分离器，通过计算可知卧式重力分离器的气体处理能力比立式重力分离器的气体处理能力大。

(3) 除雾段，此段可设置在筒体内，也可设置在筒体上部紧接气流出口处。除雾段除设置纤维或金属丝网外，也可采用专门的除雾芯子。

(4) 液体储存段，即积液段，此段设计常需考虑液体必须在分离器内的停留时间。

(5) 泥沙储存段，此段实际上在积液段下部，由于在水平筒体的底部，泥沙等污物有 45°~60°的静止角，因此排污比立式重力分离器困难。有时此段需增设两个以上的排污口。

卧式重力分离器和立式重力分离器相比，具有处理能力大、安装方便和单位处理量成本低等优点；但也有占地面积大、液位控制比较困难和不易排污等缺点。

3) 卧式双筒重力分离器

卧式双筒重力分离器也是利用被分离物质的重度差来实现气液分离的，它与卧式重力分离器的区别在于它的气室和液室是分开的，即它的积液段是用连通管相连的另一个小筒体（图7-17）。由于积液和气流是隔开的，避免了气体在液体上方流过时使液体重新汽化和液体表面的泡沫被气体带走的可能性。但由于其结构比较复杂，制造费用较高，因而应用并不广泛。

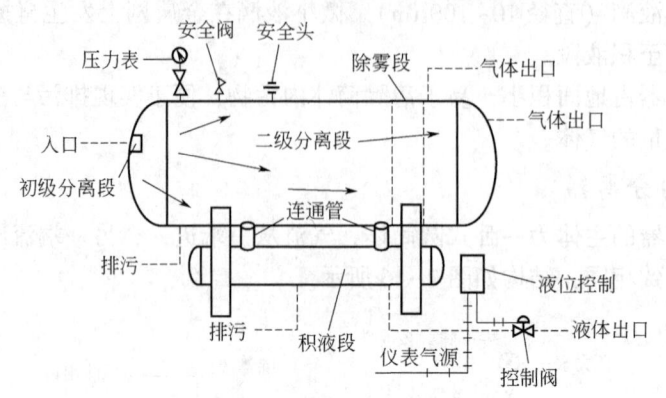

图 7-17 卧式双筒重力分离器结构图

2. 旋风分离器

旋风分离器的主体由筒体与中心管组成（图 7-18），气体进口管线与外筒体连接，气体从切线方向进入外筒体与中心管之间的环形空间后作旋转运动或圆周运动。由于液滴的相对密度远大于气体，故液滴首先被抛向分离器外筒体的内壁，并积聚成较大的液团，在重力的作用下流向积液段。在分离器下部，由于气流中心管折返向上，气液旋转速度降低，为了维持较大的离心力，故将筒体下部设计成圆锥形，以减小回转半径。

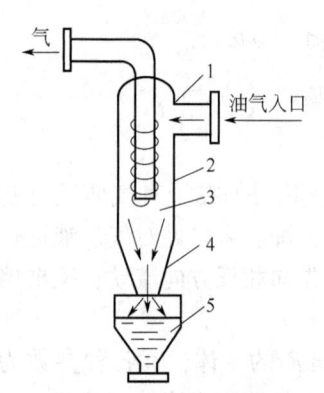

图 7-18 旋风分离器结构图
1—入口短管；2—分离器圆筒部分；3—气体出口；4—分离器锥体部分；5—集液部分

旋风分离器的离心力产生的分离力比重力分离器产生的分离力要大得多。例如，一台直径为 0.5m 的旋风分离器，当气流进口的线速度为 15m/s 时，其离心加速度为 900m/s^2，而重力加速度才 9.81m/s^2，两者相差近百倍。因此旋风分离器是一种处理能力大、分离效率高、结构简单的分离设备，可基本除去粒径 5μm 以上的液滴。但它的分离效果对流速很敏感，一般要求处理负荷应相对稳定，这就限制了它在集输系统中的应用。

3. 过滤分离器

过滤分离器（图 7-19）的主要特点是在气体分离的气流通道上增加了过滤介质或过滤元件，当含微量液体的气流通过过滤介质或过滤元件时，其雾状液滴会聚结成较大的液滴并和入口分离室里的液体汇合流入储液罐内。过滤分离器可以脱除 100% 直径大于 2μm 的液滴和 99% 直径大于 0.5μm 的液滴。过滤分离器通常用于对气体净化要求较高的场合，如气体处理装置、压缩机站进口管路或涡轮流量计等较精密的仪表之前。

4. 百叶窗式分离器

百叶窗式分离器除了综合利用入口的旋风分离作用和沉降段的重力作用外，在气流通道上还增加了百叶窗式的由折流板组成的弯曲通道。通过入口段和沉降段分离后的较小液滴，在百叶窗的弯曲通道内碰撞折流板，并因液滴的表面张力作用凝聚成较大的液滴而被分离出

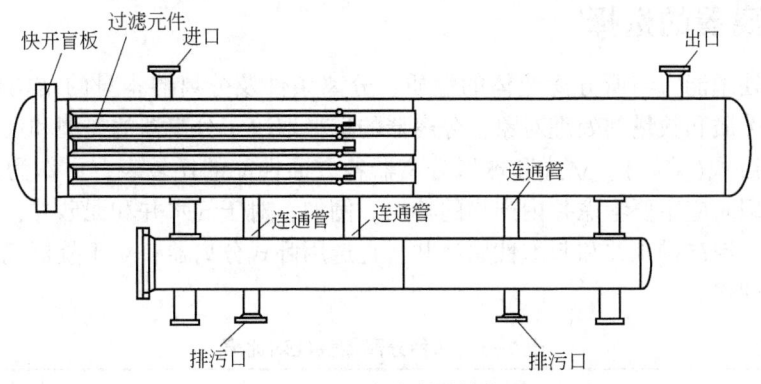

图 7-19 过滤分离器结构图

来。这类分离器虽分离效果好，但因其内部结构复杂、制造成本高，故大多只用于凝析油气田的凝液回收和压缩机站内的气液分离。

5. 螺道式分离器

螺道式分离器利用分离器筒体内壁与中心管之间的环形空间，以及中心管上的螺旋通道，为被分离的介质组成了一条专门的旋转通道，迫使天然气在螺旋通道内作旋转运动而产生离心分离作用。这种分离器目前设计处理量为 $(5～13)\times10^4 m^3/d$，要求天然气含水量小于 $200g/m^3$，虽然其内部结构不太复杂，但加工精度要求较高。该分离器虽然分离效率高，但因其制造难度较大，因此使用不如重力分离器普遍。

6. 多管干式除尘器

多管干式除尘器也是利用离心分离的原理进行工作的。天然气进入除尘器后，向下经多根除尘管分流，每根除尘管的下端均设有旋风子，气流经过旋风子时产生旋转运动，利用离心力的作用将气流中的固体颗粒与气体分离。对 $10\mu m$ 和 $10\mu m$ 以上的固体颗粒，其除尘效率达 94%。这种分离器适用于净化气的分离，因此在输气干线的中间清管站使用较多。

7. 三相分离器

三相分离器（图 7-20）与卧式两相分离器的结构和分离原理大致相同，油、水、气混合物由进口进入来料腔，经稳流器稳流后进入重力分离段，利用气体和油水的密度差将气体分离出来，再经分离元件进一步将气体中夹带的油、水蒸气分离。油水混合物进入污水腔，密度较小的油经溢流板进入油腔，从而达到油水分离的目的。

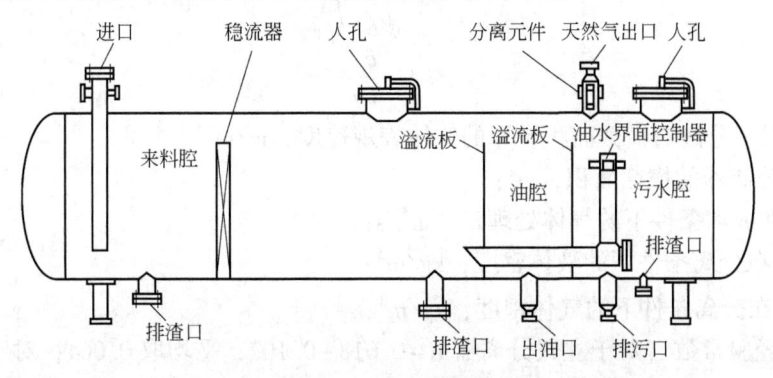

图 7-20 三相分离器结构图

三、分离器的选择

分离器的处理能力与所分离流体的性质、分离条件及分离器本身的结构形式和尺寸有关。对于一定性质和数量的处理对象，分离器的选择取决于分离器的类型和尺寸。

表7-2为卧式（单筒）、立式和球形分离器各方面性能的比较表，可作为选型参考。选择分离器的类型时应主要考虑井内产物的特点。例如，对于气水井和泥砂井，宜选用立式油气分离器；对于泡沫排水井和起泡性原油井，宜选用卧式分离器；对于凝析气井，则使用三相分离器较为理想。

表7-2 几种分离器性能对比表

性能参数 \ 类型	卧式(单筒)	立式	球形
分离效率	优	中	差
分离所得液烃的稳定程度	优	中	差
适应各种情况（如间隙流的能力）	优	中	差
操作的灵活性（如调整液面高度）	中	优	差
处理杂质的能力	差	优	中
处理起泡原油的能力	优	中	差
单位处理量的分离器价格	高	中	低
作为移动式使用的适应性	优	差	中
平面	大	小	中
立面	高	低	中
安装的简易程度	中	难	易
检查和保养的简易程度	易	繁	中

对于某一类型的分离器，铭牌上都标有工作压力、温度、直径、高度和日处理量等参数，应根据这些参数选择分离器。其他参数已定，主要计算气液处理量是否满足要求。

分离器气液处理量确定方法有查图表方法和计算方法。在国外，经常通过查图表来确定分离器的处理量。气液处理量的计算方法很多，下面介绍一种较简单、实用的计算气体通过能力的计算式：

$$v = K \left(\frac{\rho_L - \rho_g}{\rho_g} \right)^{0.5} \tag{7-1}$$

$$A = \frac{q}{v} \tag{7-2}$$

式中 v——根据分离器横截面积计算的气体表观速度，m/s；
A——分离器的横截面积，m^2；
q——在分离条件下的气体处理量，m^3/s；
ρ_L——在分离条件下的液体密度，kg/m^3；
ρ_g——在分离条件下的气体密度，kg/m^3；
K——经验常数（对于立式分离器 K=0.018~0.107，平均取0.064；对于卧式分离器 K=0.122~0.152，平均取0.137)。

对式(7-1) 和式(7-2) 进行必要的状态和实用单位换算，日处理气体能力为

$$q_{sc} = \frac{1.97 \times 10^4 D^2 pK}{ZT} \left(\frac{\rho_1 - \rho_g}{\rho_g}\right)^{0.5} \tag{7-3}$$

式中　q_{sc}——分离器日处理量，$10^4 m^3/d$；

　　　D——分离器内径，m；

　　　p——分离器工作压力，MPa；

　　　T——分离器工作温度，K；

　　　Z——在 p、T 条件下的偏差系数。

液体通过能力取决于液体在分离器中停留的时间。对于凝析气井，停留时间应保证在分离条件下气液两相建立相平衡；对于泡沫排水井，停留时间应考虑泡沫的需要。可通过下式计算停留时间：

$$t = \frac{1440V}{W} \tag{7-4}$$

式中　W——分离器日处理液量，m^3/d；

　　　V——液体停留体积，m^3；

　　　t——液体停留时间，min。

第三节　天然气流量的计量

天然气计量的精确程度关系到天然气工作的经济效益，准确地设计一个系统的合理的仪器，关系到系统的统一性和技术的全面性。因此，这里主要对天然气流量计量方式、计量仪器、孔板差压流量计测量原理（视频 7-4）和计算方法进行简要阐述。

视频 7-4
各种流量计原理

一、天然气流量计量方式

气体和液体都具有流动性和相似的运动规律，常称为流体。单位时间内流过管道横截面或明渠横断面的流体量称为流量。液体流动可以通过管道横截面或明渠横断面测量流量，而气体只能在带压和具有压力差的条件下通过管道横截面测量流量。因此，气体的流量可定义为单位时间流过输送管道横截面的气体量。流量是质量、长度、温度和时间等基本量的综合导出量，是在流动过程中通过测量得出的。

1. 体积流量计量方式

在流体流量测量技术中，体积流量测量技术发展历史悠久，应用也最为广泛，目前仍占主导地位。体积流量测量方法是一种典型的间接测量法。因为流体密度受压力、温度的变化而有所变化。在大气压力下，如果温度每变化 10℃，对液体体积流量的影响较小，其误差在±1%以下，而对气体体积流量的影响却很大。假设温度每变化 10℃，即计量参比温度由 20℃下降到 10℃，气体操作温度由 15℃上升到 25℃，则会给体积流量带来 3.3%左右的误差。一般情况下，压力对体积流量测量准确度的影响对液体来说可以不予考虑，但对于气体就不能忽略。在气体体积流量测量中，气流压力、温度是除准确测量主参数之外，必须准确测量的两个主要辅助参数。并且，在气体体积流量单位后一定要注明其所处状态条件（压

力、温度），为了使气体体积流量进行交换和贸易，用标准（或合同）规定一个参比条件（压力、温度），在此条件下一定量的气体才有相同的体积流量。气体体积流量单位用 m³/s（压力、温度）或 m³/h（压力、温度）表示。

2. 质量流量计量方式

为了使气体的体积流量不受压力、温度变化的影响，人们采用多种措施进行压力、温度补偿，但往往达不到较高的体积流量测量的准确度。而物质的质量却不受状态条件、地理位置的影响。因此，测量流体的质量流量有其独特的优越性。近几十年来，人们不懈努力于质量流量测量的研究，已研究出多种多样的质量流量计，这些质量流量计可以分为直接式质量流量计和推导式质量流量计两大类型。

直接式质量流量计除直接称量式外，还有科里奥利式、推导式和量热式质量流量计。目前，在气体计量中比较具有代表性的产品有科里奥利式流量计和量热式质量流量计等。

推导式质量流量计主要是采用各种形式的体积流量计与密度计或两种流量计相结合，运用模拟或数字式运算器间接获得天然气的质量流量，包括下列3种方式：（1）测量 ρQ^2 的流量计与密度计的组合；（2）测量 Q 的流量计与密度计的组合；（3）测量 ρQ^2 的流量计与测量 Q 的流量计的组合。

气体质量流量单位用 kg/s 或 kg/h 表示。当用气体质量流量计测得气体质量流量后需用气体体积流量交接和贸易时，可用气体密度计或气相色谱仪测量出在标准参比条件下的气体密度（kg/m³），二者相除即得出在标准参比条件下的气体体积流量。

3. 能量计量方式

所谓能量，是指天然气燃烧时所发出的热能，在数值上等于能量流量与计量时间段的积分，或者是计量时间段的体积总量（标准参比条件下）与单位体积发热量（标准参比条件下）的乘积，或质量总量与单位质量发热量（标准参比条件下）的乘积。其中能量流量是体积流量（标准参比条件下）与单位体积发热量（标准参比条件下）的乘积；或者是质量流量与单位质量发热量（标准参比条件下）的乘积。

能量流量的单位为 J/s 或 J/h。能量计量往往是计量某一段时间内通过输气管道某一横断面的能量。因此，能量计量的单位为 J（焦耳）。由于能量单位 J 值很小，在贸易计量中常用 kJ 或 MJ 作为能量计量单位。英制能量计量单位是 Btu，1Btu=1055.06J。

天然气能量计量是在体积测量或质量测量基础上增加发热量测量，进而将两种测量值综合计算出天然气的能量来。目前测量天然气单位体积（或质量）发热量基于两种不同的技术，它大致分为直接测量和间接测量，直接测量是使用一种可记录式的发热量测定仪；间接测量是采用气相色谱分析仪分析出天然气的组成并按 GB/T 11062—2020《天然气发热量、密度、相对密度和沃泊指数的计算方法》中的相关公式计算天然气单位体积（或质量）发热量。

二、气体计量的标准状态

一定量的气体，在不同压力、温度条件下，有不同的体积值。为了统一，用标准或合同规定一个特定的参比状态（压力、温度），这种状态通称标准状态或标准参比状态，目前普遍称为标准条件或标准参比条件。国际标准化组织制定了天然气标准参比条件 ISO/DIS 13443 标准，规定压力为 101.325kPa，温度为 288.15K。各国计量使用的标注参比压力都相同，均为101.325KPa，但标准参比温度不同，见表7-3。

表7-3 世界部分国家或地区计量使用的标准参比温度

国家或地区	发热计量温度，℃	体积计量温度，℃	国家或地区	发热量温度，℃	体积计量温度，℃
阿根廷		15	印度尼西亚		0
澳大利亚	15	15	伊朗		15
奥地利	25	0	爱尔兰	15	15
比利时	25	0	意大利	25	0
巴西		0	日本	0	0
加拿大	15	15	荷兰	25	0
中国内地	20	20	新西兰		15
捷克	25	25和0	挪威		15
丹麦	25	0	巴基斯坦		15
埃及	25	15	罗马尼亚	25	15和0
芬兰		15	俄罗斯	25	20和0
法国		0	西班牙	0	0
德国	0	0	瑞典		0
中国香港	25	15	英国	15	15
匈牙利		0	美国	15	15

从表7-3看出，各个国家或地区规定的计量标准参比温度各不相同。气体体积计量的标准参比温度都有规定，而发热量计量的标准参比温度有部分国家和或地区还没有规定。目前利用气体状态方程进行换算以修正各国或地区所使用的不同的标准参比温度，从而达到计量的量值在误差范围内的统一和一致。

三、天然气计量分级与仪器配备

1. 天然气计量分级

（1）一级计量：油田外输干气的交接计量。

（2）二级计量：油田内部干气的生产计量。

（3）三级计量：油田内部湿气的生产计量。

2. 天然气计量仪器配备

（1）一级计量的是油田外输气为干气，排量大，推荐选用标准节流装置（准确度为±1%）。在有条件的地方应选用高级孔板易换装置（也称高级孔板阀），可以带压更换孔板。所选孔板必须由不锈钢制造，并必须由检定单位按要求检定，获合格证书后方可安装使用。选用准确度为±0.5%的压力及温度变送器。在直管段前安装过滤器。目前，我国对天然气输量的一级计量的综合计量误差要求为±3%，标准孔板可以满足要求。

（2）二级计量的介质为干气，所以选用孔板节流装置比较合适（准确度应不低于±1.5%）。由于高级孔板易换装置造价高，为保证检测方便，推荐选用普通孔板易换装置（又称普通孔板阀）或简易孔板易换装置（又称简易孔板阀）。可选用准确度为±1%的压力及温度变送器,二级计量的综合计量误差应在±5%以内。

(3) 三级计量的介质为湿气,不适合选用孔板计量,可选用气体腰轮流量计、涡轮流量计等。仪表的准确度应不低于±1.5%,一般为离线检定,应保证拆装方便,流量计前应配过滤器。三级计量的综合计量误差应在±7%以内。

四、天然气的计量仪表

流量计种类繁多,用于计量天然气的主要有差压式流量计、容积式流量计和速度式流量计三类。

1. 差压式流量计

差压式流量计(视频7-5)是利用压差与流过的流体量之间的特定关系来测定流量的。当流速相当稳定时,其工作状态良好。这类流量计有标准型和非标准型。

视频7-5
差压式流量计
计量原理

2. 容积式流量计

容积式流量计是使气体充满一定容积的空间来测量流量的。这类流量计有腰轮流量计(罗茨流量计)、湿式流量计和皮囊式流量计等。

3. 速度式流量计

速度式流量计是利用气体流通断面一定时,气体的体积流量与速度相关的原理,用测量气体速度的方法计量气体流量的。这类流量计有多种,孔板差压流量计就是其中之一,钻井队试气常用的临界速度流量计也属这一类。

新一代气体流量计的开发研究从未中断过。质量流量计是世界各国发展的重点,这种流量计不受温度、压力和气体压缩系数的影响,具有直读瞬时和累计流量的特点,无须像孔板差压流量计那样进行复杂计算。此外,电磁流量计、超声波流量计、涡轮流量计、靶式流量计等都是国外竞相开发的新型流量计。我国正在研究的有质量流量计、涡轮流量计和靶式流量计等。

当前,我国天然气工业中使用的流量计仍以孔板差压流量计为主,采输部门的统计表明,它已占天然气流量仪表的98%以上。对于这种流量计,2008年GB/T 21446—2008《用标准孔板流量计测量天然气流量》发布,该标准对孔板计量有关的问题,如标准孔板、取压方式、管道安装等提出明确规定。从事气体流量的计量工作,一切都应按该标准执行。

五、孔板差压流量计

1. 测量原理

天然气流经节流装置时,流束在孔板处形成局部收缩,从而使流速增加,静压力降低,在孔板前后产生静压力差(差压),气流的流速越大,孔板前后产生的差压也越大,从而可通过测量差压来衡量天然气流过节流装置的流量大小。这种测量流量的方法是以能量守恒定律和流动连续性方程为基础的。

假设未经标定的节流装置与已经过充分实验标定的节流装置几何相似和动力学相似,流量计算值在国家标准所规定的范围内(即符合国家标准要求)。质量流量与差压的关系可由式(7-5)确定;体积流量与质量流量的关系可由式(7-6)确定。

$$q_{\mathrm{m}} = \frac{C}{\sqrt{1-\beta^{t}}} \varepsilon \frac{\pi}{4} d^2 \sqrt{2\Delta p \rho_1} \tag{7-5}$$

$$q_{\mathrm{v}} = \frac{q_{\mathrm{m}}}{\rho_1} \tag{7-6}$$

其中 $\beta = d/D$

式中 q_{m}——气体质量流量，kg/s；

q_{v}——气体体积流量，m³/s；

C——流出系数；

d——孔板开孔直径，mm；

D——测量管内径，mm；

ε——可膨胀性系数；

ρ_1——天然气在流动状态下上游取压孔处的密度，kg/m³；

Δp——气流流经孔板时产生的差压，Pa。

流量测量极限条件规定如下：孔板开孔直径 d、测量管内径 D、直径比和管径雷诺数 Re 的极限值应符合表 7-4 规定。

表 7-4 孔径、管内径、直径比和雷诺数限值

法兰取压	角接取压
$d \geqslant 12.5\mathrm{mm}$	
$500\mathrm{mm} \leqslant D \leqslant 1000\mathrm{mm}$	
$0.20 \leqslant \beta \leqslant 0.75$	
$Re \geqslant 1260\beta D$	$Re \geqslant 5000$，用于 $0.20 \leqslant \beta \leqslant 0.45$
	$Re \geqslant 10000$，用于 $\beta \geqslant 0.45$

孔板上游测量管内壁的相对粗糙度上限值应不大于表 7-5 规定。

表 7-5 孔板上游测量管内壁的相对粗糙度上限值

β	≤0.30	0.32	0.34	0.36	0.38	0.40	0.45	0.50	0.60	0.75
$10^4 K/D$	25.0	18.1	12.9	10.0	8.3	7.1	5.6	4.0	4.2	4.0

注：K 为等效绝对粗糙度。

等效绝对粗糙度 K，以长度单位表示，它取决于管壁峰谷高度、分布、尖锐程度及其他管壁上的粗糙性要素，部分材料的 K 值可查阅行业标准。

2. 结构

孔板压差流量计由标准孔板、取压装置、导压管和差压计组成，如图 7-21 所示。

标准孔板是一块金属板，具有与测量管轴线同心的圆形开孔，其入口直角边缘加工非常尖锐，安装时孔板开孔与测量管应在同一轴线上。气体通过标准孔板时由于截面积突然缩小，流体将在孔板开孔处形成局部收缩，流速加快，流量越大，压差越大。通过测量压差，

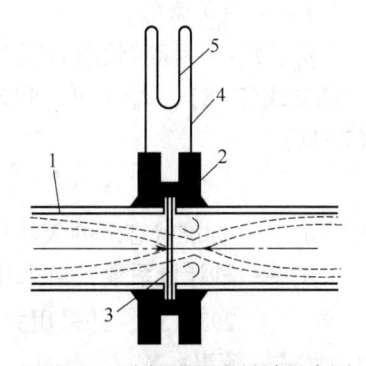

图 7-21 孔板压差流量计示意图
1—测量管；2—夹持孔板的部件；3—标准孔板；4—导压管；5—差压计

可计量流量。由于孔板产生的压差是随不同取压位置而变化的，行业标准规定标准孔板的取压方式分为角接取压和法兰取压两种。

标准孔板所产生的压差，通过导压管将压差信号传送给差压计，并由差压计显示出来。差压计的类型很多，目前气田上使用的是双波纹管差压计，占所有差压计的95%以上。CW系列双波纹管差压计是国产差压计，四川采输气生产广泛使用CW-430型双波纹管差压计。该差压计由测量和显示两部分组成，并能分别自动记录流量和压力（差压），其记录纸由钟表机构驱动顺时针方向转动，每24h转一圈，即24h更换一张记录纸。记录纸的品种也较多，气田上测量流量使用的记录纸是流量记录纸，即开方记录纸，俗称开方卡片。

六、流量计算方法

采用标准状态（压力0.101325MPa，温度293.15K）的体积流量，其计算式为

$$q_{sc} = \frac{q_m}{\rho_n} \tag{7-7}$$

式中 ρ_n——天然气在标准状态下的密度，kg/m^3。

将式(7-5)代入式(7-7)得出标准体积流量q_{sc}，计算的基本公式为

$$q_{sc} = \frac{c}{\sqrt{1-\beta^4}} \varepsilon \frac{\pi}{4} d^2 \frac{\sqrt{2\Delta p \rho_1}}{\rho_n} \tag{7-8}$$

天然气流量计算实用公式有

$$\rho_1 = \frac{M_a Z_n G_r p_1}{R Z_a Z_1 T} \tag{7-9}$$

$$\rho_n = \frac{M_a G_r p_n}{R Z_a T_n} \tag{7-10}$$

式中 ρ_1——天然气在压力p_1、温度T条件下的密度，kg/m^3；

G_r——标准状态下的天然气的真实相对密度；

Z_a——干空气在标准状态下的压缩因子；

Z_n——天然气在标准状态下的压缩因子；

M_a——干空气的分子量；

R——气体常数；

p_n、T_n——标准状态的压力和温度。

联立式(7-8)、式(7-9)和式(7-10)，整理后得到天然气标准体积流量计算的实用公式(7-11)：

$$q_{sc} = A_s C E d^2 F_G \varepsilon F_Z F_T \sqrt{p_1 \Delta p} \tag{7-11}$$

式中 q_{sc}——标准状态下的天然气体积流量，m^3/s；

A_s——秒计量系数，当采用SI制计量单位，参比条件采用标准条件0.101325MPa、293.15K，并采用立方米每秒计量时，则$A_s = 3.1794 \times 10^6$；

C——流出系数；

E——渐进速度系数；

d——孔径开孔直径；

F_G——相对密度系数;
ε——可膨胀系数;
F_Z——超压缩因子;
F_T——流动温度系数;
p_1——孔板上游侧取压孔气流绝对静压,MPa;
Δp——气流流经孔板时产生的差压,Pa。

实用流量计算公式中各参数的确定方法如下。

1. 流出系数 C

可按下式计算:

$$C = 0.5959 + 0.0312\beta^{2.1} - 0.1840\beta^2 + 0.0029\beta^{2.5}\left(\frac{10^6}{Re}\right)^{0.75} +$$
$$0.0900L_1\beta^4(1-\beta^4)^{-1} - 0.0337L_2\beta^3 \tag{7-12}$$

其中 $\quad L_1 = \dfrac{l_1}{D} \quad L_2 = \dfrac{l_2}{D}$

式中 β——孔板开孔直径与上游测量管内径之比,$\beta = d/D$,d 按式(7-16)计算,D 按式(7-13)计算;

Re——管径雷诺数,按式(7-14)确定。

当 $L_1 \geq \dfrac{0.0390}{0.0900}$ 时,$\beta'(1-\beta^2)^{-1}$ 的系数用 0.0390。当间距符合行业标准的法兰取压方式时,$L_1 = L_2 = 25.4/D$;当间距符合行业标准的角接取压方式时,$L_1 = L_2 = 0$。

测量管内径只能在实验室条件下监测,流动状态下的测量管内径 D 按下式计算:

$$D = D_{20}[1 + A_D(t - t_{20})] \tag{7-13}$$

式中 D_{20}——20℃±2℃测量管检测内径,mm;

A_D——测量管材料的线膨胀系数,可由表7-6查取,mm/(mm℃);

t——天然气流过节流装置时实测气流温度(温度计安装在孔板下游,它与孔板之间的距离应不小于 $5D$,但不得超过 $15D$),℃;

t_{20}——检测时室内温度(20℃±2℃),℃。

Re 按下式计算:

$$Re = 1.53 \times 10^6 \frac{Q_n G_r}{\mu_1 D} \tag{7-14}$$

2. 渐近速度系数 E

可按下式计算:

$$E = \frac{1}{\sqrt{1-\beta^4}} \tag{7-15}$$

3. 孔板开孔直径 d

可按下式计算:

$$d = d_{20}[1 + A_D(t - t_{20})] \tag{7-16}$$

式中 d_{20}——20℃±2℃条件下孔板开孔检测直径,mm。

表 7-6　金属材料的线膨胀系数 A_D 值表

t, ℃	20~100	20~200	20~300
材质	\multicolumn{3}{c} A_D, 10^4 [mm/(mm·℃)]		
A3 号钢，15 号钢	11.75	12.41	13.45
10 号钢	11.60	12.60	
20 号钢	11.16	12.12	12.78
45 号钢	11.59	12.32	13.09
1Cr13 2Cr13	10.50	11.00	11.50
Cr17	10.00	10.00	10.50
12CrMoV	9.8~10.63	11.30~12.35	12.30~13.35
10CrMo910	12.50	13.60	13.60
Cr6SiMo	11.50	12.00	
X20CrMoWV121	10.80	11.20	11.60
X20CrMoV121	16.60	17.00	17.20
普通碳钢	10.60~12.20	11.30~13.00	12.10~13.50
工业用钢	16.00~17.10	17.10~17.20	17.60
黄铜	17.80	18.80	20.90
红铜	17.20	17.50	17.90

4. 相对密度 F_G

相对密度是天然气流量方程推导中定义的一个系数，其值按下式计算：

$$F_G = \sqrt{\frac{1}{G_r}} \tag{7-17}$$

$$G_r = \frac{G_i Z_a}{Z_n} \tag{7-18}$$

$$G_i = \sum_{j=1}^{n} X_j G_{ij} \tag{7-19}$$

$$Z_n = 1 - \left(\sum_N^{i=1} X_j \sqrt{b_j}\right)^2 + 0.0005(2X_H - X_H^2) \tag{7-20}$$

式中　G_r——天然气的理想相对密度；

Z_a——干空气在标准状态下的压缩因子，其值为 0.99963；

Z_n——天然气在标准状态下的压缩因子；

G_i——天然气的相对密度；

X_j——天然气 j 组分的摩尔分数，由气分析给出；

G_{ij}——天然气 j 组分的理想相对密度，可由表 7-7 查取；

n——天然气组分总数，由气分析给出；

$\sqrt{b_j}$——天然气 j 组分的求和因子，可由表 7-7 查取；

X_H——天然气中氢组合的摩尔分数，由气分析给出。

表7-7 天然气各组分的理想密度、理想相对密度、求和因子和压缩因子表

组分	理想密度，kg/m³	理想相对密度 G_{ij}	求和因子 $\sqrt{b_j}$	各组分压缩因子 Z_j
甲烷	0.5669	0.5539	0.0424	0.9982
乙烷	1.2500	1.0382	0.0900	0.9919
丙烷	1.8332	1.5224	0.1349	0.9818
丁烷	2.4163	2.0067	0.1844	0.9660
2-甲基丙烷	2.4163	2.0067	0.1792	0.9579
戊烷	2.9994	2.4910	0.2293	0.9474
2-甲基烷	2.9994	2.4910	0.2045	0.9528
2.2-二甲基丙烷	2.9994	2.4910	0.1592	0.9503
己烷	3.5825	3.5825	0.2877	0.9172
2-甲基戊烷	3.5825	3.5825	0.2740	0.9249
3-甲基戊烷	3.5825	3.5825	0.2748	0.9245
2.3-二甲基丁烷	3.5825	3.5825	0.2511	0.9349
2.3-二甲基丁烷	3.5825	3.5825	0.2651	0.9292
庚烷	4.1656	3.4596	0.3538	0.8748
2-甲基己烷	4.1656	3.4596	0.3369	0.8865
3-甲基己烷	4.1656	3.4596	0.3367	0.8865
辛烷	4.7488	3.9439	0.4309	0.8143
2.2.4-三甲基戊烷	4.7488	3.9439	0.4309	0.8143
环己烷	3.4987	2.9057	0.2762	0.9237
甲基环己烷	4.0818	3.3900	0.3323	0.8896
苯	3.2473	2.6969	0.2596	0.9326
甲苯	3.8304	3.1812	0.3296	0.8912
氢气	0.0838	0.6969		1.0006
一氧化碳	1.1644	0.9671	0.0200	0.9996
硫化氢	1.4166	1.1765	0.0943	0.9911
氦气	0.1544	0.1382	0.016	1.0005
氩气	1.6607	1.3792	0.0265	0.9993
氮气	1.1646	0.9673	0.0173	0.9997
氧气	1.3302	1.1048	0.0265	0.9993
二氧化碳	1.8296	1.5195	0.0595	0.9946
水	0.7489	0.6220	0.1670	0.9720
空气	1.2041	1.000		0.9963

注：理想条件为101.325kPa，293.15K。

5. 可膨胀性系数

ε 可按下式计算：

$$\varepsilon = 1 - (0.41 + 0.35\beta^4)\frac{\Delta p}{10^6 p_1 \kappa} \tag{7-21}$$

注意：按式(7-21) 计算，应满足下述原则：

（1）孔板下游侧取压孔气流绝对静压 p_2 与孔板上游侧取压孔气流绝对静压 p_1 之比大于或等于 0.75。

（2）Δp 按实测流量时的差压计示值取值。

（3）等熵指数 κ：

$$\kappa = \frac{C_p}{C_V} \tag{7-22}$$

式中 C_p——甲烷的比定压热容，kJ/(kg·℃)；
C_V——甲烷的比定容热容，kJ/(kg·℃)。

（4）孔板上游侧取压孔气流绝对静压 p_1：

$$p_1 = p_L + p_a \tag{7-23}$$

式中 p_L——孔板上游侧取压孔实测表压值，MPa；
p_a——当地大气压值，MPa。

注意：经检查全部符合行业标准规定，式(7-22) 至式(7-23) 才是有效的。

6. 超压缩因子 F_Z

天然气超压缩因子是因天然气特性偏离理想气体定律而导出的修正系数，其定义式为

$$F_Z = \sqrt{\frac{Z_n}{Z_L}} \tag{7-24}$$

式中 Z_n——天然气在标准状态下的压缩因子；
Z_L——天然气在流动状态下的压缩因子。

7. 流动温度系数 F_T

流动温度系数是因天然气流经节流装置时，气流的平均热力学温度 T 偏离标准状态热力学温度（293.13K）而导出的修正系数，其值可按下式计算

$$F_T = \sqrt{\frac{293.15}{T}} \tag{7-25}$$

式中，$T = t + 273.15$。

8. 孔板上游侧取压孔气流绝对静压 p_1

其值可用绝对压力计实测，也可按下式计算：

$$p_L = p_1 + p_a \tag{7-26}$$

9. 差压 Δp

应考虑孔板两侧取压点之间的任何高度差，使用差压计直接测量，单位为帕斯卡（Pa）。当节流装置水平安装时，其值为

$$\Delta p = p_1 - p_2 \tag{7-27}$$

第四节　气田开发的安全环保技术

天然气在开采和集输过程中，系统存在固有的或潜在的危险，其组成成分形成了其固有的易燃易爆性。天然气中含有少量的硫化物，如硫化氢，其毒性很大，还具有一定的腐蚀性。所以，应该加强气井生产安全管理，消除或减轻其对产能的危害。

一、气井投产管理

气井投产是天然气生产中的一项极为重要的工作，特别是高压、大气量气井投产，环节多，涉及面广，存在许多不安全因素，必须高度重视，严密组织，严格按规章、标准操作。

1. 投产准备

鉴于天然气投产的特殊性，必须做好充分的投产准备工作。

1）场站及集输管线竣工验收

（1）按设计要求进行吹扫试压。吹扫（清管）试压是施工方和使用方竣工验收的一个重要环节，采气队长、工程师、维修班和采气班班长要亲自参加。吹扫（清管）、强度试压和气密封性试压按规定执行。

（2）做好竣工资料交接。为了加强生产管理，做到心中有数，确保平稳供气，要重视场站管线竣工资料交接，包括：①设计和施工资料；②锅炉、受压容器资料；③计量仪器仪表资料；④吹扫（清管）试压资料。

2）人员劳动组织

（1）选配好采气班长及各岗位人员；

（2）新井投产之初要选派有经验的操作、维修工人值班；

（3）采气队长和工程师要亲临现场值班。

3）对设备、仪表进行检查、保养

现场竣工后，在投产前还必须对设备、仪表仔细检查、保养。

（1）对设备、仪表检查、保养，其重点为：清洗井口装置、阀件，加润滑油、加密封填料，使其开关灵活；调准各级安全阀开启压力。

（2）仪表工对压力表、流量计进行调校。

（3）工程师、班长对整个流程要全面检查，发现问题，认真整改，确保无遗漏、无隐患。

（4）锅炉、水套炉试运行。

（5）各类机泵试运转。

（6）安装好各级计量仪表，检查量程、精度等级、校核时间等。

（7）准备相关资料。

（8）检查放空管和排污管有无堵塞、固定是否牢固。

（9）其他准备：通信、消防、急救。

4）足够的备件

新井投产初期会发生一些意想不到的问题，必须准备足够的易损件。

（1）仪表。高压、大产量井要多次节流，否则会引起设备震动，使压力表失灵。气量的波动也可能刺坏孔板，冲坏差压计等。

（2）阀件。气井投产初期可能出砂，返出钻井液，这些东西会刺坏井口闸阀和针形阀及各级节流阀。

5）辅助设施齐全完好

新井投产前，辅助设施如供水、供电、通信等要齐全完好。特别是通信必须保证24h通畅。

2. 投产程序

（1）编制投产方案。

（2）投产方案交底。投产前对值班人员进行方案交底，特别要对该井地质情况、井身结构、场站试压情况、井口及各级控制压力、产量、安全措施要交代清楚，并要求工人记牢。

（3）人员上岗。各岗位人员要明确自己的岗位职责。要安排有经验的工人控制井口、各级节流阀和仪表等关键部位，同时安排一定机动人员协助处理紧急情况。

（4）含硫气井加注缓蚀剂。

（5）再次检查流程。投产前要再一次检查流程，除井口节流调节阀处于关闭状态外，打开2~3级针行阀和气流通路上的所有阀门，确保设备完好，气路畅通，各级安全阀开启压力合适，灵敏可靠。

（6）检查仪表。各级压力表量程合适，表阀处于开启状态；差压计上下游阀处于关闭状态，平衡阀处于开启状态。

（7）加热炉点火升温。高压气井为防水合物堵塞，需加热。新井投产前加热炉要按操作规程先点火升温，若用锅炉则要达到规定的蒸汽压力。

（8）与调度室和用户联系。及时与调度室联系，告知投产时间及产量；若为直供用户或对某用户影响较大，还要与其取得联系，做好记录。

（9）测油压、套压。按要求测取油压、套压并做好记录。

（10）开井：

① 缓缓打开井口角式节流阀，要先小后大，平稳操作。

② 调节控制各级压力。逐渐调节各级角式节流阀，直到各级压力升至投产方案规定的压力。

③ 启动流量计，计算气井产气量。各级压力平稳后，启动流量计，先开上流阀，再开下流阀，最后开平衡阀，初算天然气瞬时流量。

④ 及时计量、排放分离器分出的油水。

3. 气井投产安全注意事项

气井投产前必须做好防憋压、防火防爆、防水合物及中毒等工作，编制好HSE安全预案。

二、天然气生产安全隐患及安全技术

1. 天然气生产安全隐患

鉴于天然气的特性和天然气生产的特点，在采气工程中往往存在如下隐患。

1) 采气井口故障

采气井口，特别是高压井口，工作条件很恶劣，易发生阀门泄漏、阀门开关失灵等问题，对安全生产构成很大威胁。

2) 管线憋飞

管线憋飞主要存在 3 种情况：放喷管线、排污管线、集输管线。

(1) 放喷管线：高压大产量气井在放喷口形成高速气流，产生很大震动和反作用力，特别是气流不均匀时破坏隐患更大。若放喷管线安装不当或管线固定不牢，管线可能失去控制，往往伴随失火，造成重大事故。

(2) 排污管线：排污管线若安装不当，固定不牢，操作过猛也可能憋飞。

(3) 集输管线：输气管线，特别是明管，若发生爆炸、断脱，由于管线压力高，天然气短时间内释放大量压能，瞬时流量又很大，管线一般未固定，极易憋飞。

3) 管线及设备爆破

天然气黏度低，流速快，管道设备被脏物或水合物堵塞，或阀门操作错误，极易发生憋压，造成管线、分离器、换热器等设备破坏。

(1) 管线爆破：管线压力超过其允许强度发生爆破；天然气中含有 H_2S 时，管线选材不当，会产生氢脆，钢材强度降低，造成管线爆破；管线因内腐蚀，管壁减薄，导致爆破。

(2) 分离器爆破：分离器是矿场的重要受压容器之一。由于容器直径大，分离器内压力升高，其钢材的应力会迅速增加，是井场设备的薄弱环节。

(3) 换热器的爆破：采气工艺上使用的水套炉是按常压设计的，若发生放空阀堵塞或操作失误，可造成水套炉产生蒸汽而带压工作，极易发生爆破。

(4) 其他设备爆破：采气中常使用锅炉，若水质不合格，排污不当，锅炉产生水垢和内腐蚀、缺水烧干锅、超压等均可产生的锅炉爆破；油罐、氧气瓶、乙炔气瓶使用不当都会发生爆炸。

4) 天然气火灾、爆炸

燃烧必须具备三个条件：一是要有可燃物；二是要有助燃剂（氧化剂）；三是要有足够高的温度。

天然气是碳氢化合物的混合物，其主要成分是甲烷、乙烷，都是易燃物，又极易与空气混合，点燃温度也很低，是一种易燃烧气体。

在常温常压下，气体正常燃烧，燃烧波传播速度为 0.3~2.4m/s。可燃气体与空气混合达到一定浓度时，遇火源就迅速燃烧。此时，燃烧波的传播速度可高达 900~3000m/s，产生局部高压，放出大量热量而产生爆炸。

可燃气体与空气混合发生爆炸的浓度范围称为爆炸极限。最低的浓度为爆炸下限，低于这个浓度混合气体不燃烧也不爆炸；最高浓度称为爆炸上限，高于这个浓度气体只燃烧，不爆炸。气体与空气混合浓度在上下限之内就有爆炸危险。爆炸下限越低，上下限范围越大，就越危险，爆炸往往引起火灾。常见可燃气体和液体爆炸极限见表 7-8。

表 7-8　甲烷等可燃气体、可燃性液体爆炸极限

物质名称	引燃温度，℃	爆炸极限（体积分数），% 下限	爆炸极限（体积分数），% 上限
甲烷	>537	5.00	15.00
乙烷	>515	2.90	13.00
丙烷	>466	2.10	9.50
丁烷	365	1.80	8.40
戊烷	285	1.40	8.30
己烷	283	1.20	7.80
庚烷	215	1.10	6.70
异辛烷	410	1.00	6.00
硫化氢	260	4.30	45.50
一氧化碳	605	12.50	74.00
甲醇	455	7.30	36.50
乙醇	422	3.50	19.00
氢气		4.10	74.20
汽油	280	1.40	7.60
乙炔	305	1.50	82.00

5) 中毒

天然气生产过程中，会接触到甲醇、硫化氢、汞、铅等有毒物，处理不好易发生中毒。

(1) 甲醇中毒。

采气过程中使用的防冻剂为甲醇，具有中等程度的毒性，可通过呼吸道、食道及皮肤侵入人体。食用时其中毒量为 5~10mL，致死量为 30mL。空气中甲醇含量达到 39~65mg/m³ 时，人在 30~60min 内就会出现中毒反应。甲醇很易透过含脂肪组织，中毒后可引起严重精神系统及视觉方面的症状。

(2) H_2S 中毒。

H_2S 是剧毒气体，当在空气中的体积浓度为 $1.0×10^{-6}$ mg/L 时，即可被人嗅到，工作环境允许的 H_2S 在空气中的浓度不大于 $1.0×10^{-6}$ mg/L。

空气中 H_2S 含量为 7.0~140.0mg/m³ 时就能引起轻度中毒，1500mg/m³ 就会引起重度中毒。

轻度中毒主症状是畏光、流泪、眼刺痛、流涕、咽干、咳嗽、轻度头痛、头晕、乏力恶心。

中度中毒症状是明显头痛、头昏、全身乏力、恶心、呕吐、短暂的意识障碍等中枢神经系统症状及明显的眼、呼吸道黏膜刺激，表现为畏光、流泪、眼刺痛、视物模糊、咳嗽、胸闷。

重度中毒症状为心悸、呕吐、呼吸困难、倒地、失去知觉、剧烈抽搐、瞬间呼吸停止，数分钟后可因心跳停止而死亡。

6) 触电

(1) 雷击。厂房和生产设施，防雷装置不合格和防雷接地电阻过大或失效都可能发生

雷击，造成人员伤亡和火灾。

(2) 触电。机电设备漏电，接地保护失灵；电话线、广播线与供电裸线接触，使电话线、广播线带电；供电线绝缘老化、磨损使之与其他导电体接触而带电；供电线断脱掉地；高压线与电话线、广播线、地面距离不够等都可能发生触电事故，造成人员触电伤亡。

(3) 电器火灾。电器或电路绝缘老化、短路、过载均能引起设备线路过热而发生火灾。

(4) 静电事故。化纤在干燥环境摩擦会产生静电，汽油、柴油、苯等易燃液体具有较大电阻，互相摩擦或流动时都会产生静电。静电聚集到一定高的电压时就可能放电，产生电火花而引起火灾。

2. 天然气生产安全技术

采气工程中有些安全技术，如机电设备安全、受压容器安全与其他行业相同。这里主要针对采气中的特殊事故隐患，总结经验教训，介绍经长期实践形成的一些安全技术。

1) 防止管线憋飞

防止管线憋飞要按规定设计、选材、安装及操作。

(1) 放喷排污管安装要求：

① 放喷管安装要平，尽量避免上坡下坎等大的起伏。

② 放喷管安装要直，尽量少拐弯，禁止90°转弯。

③ 固定牢固。放喷管线按一定间隔用地脚螺栓固定牢，放喷口要加大地脚螺栓水泥基墩，确保管线振动不会把地脚螺栓拔起。

④ 在天然气中含有硫化氢时，放喷管材要选抗硫管材。

⑤ 放喷管线不得焊接。

(2) 放喷排污操作要求：放喷排污操作要求平稳，操作不平稳会产生很大震动。排污时不得把大量天然气排入大气中。

(3) 人员远离放喷和排污口。

(4) 放喷天然气要烧掉，含 H_2S 的天然气一定要烧掉，以免污染大气。

2) 预防设备爆破

(1) 设计：锅炉、分离器、场站管线等设备，要由有资质的单位按设计规范设计。

(2) 安装：要由有资质的专业队伍安装，焊口要探伤，照片要取样做金相分析。完工后要经试压验收，合格后方能投入使用。

(3) 操作管理：

① 操作人员要持证上岗，做到"三懂四会"，即懂设备原理、懂设备性能、懂设备结构，会操作、会检查、会维护保养、会排除故障。

② 按规定时间和内容对设备维护保养，做好清洁、润滑、调整、扭紧、防腐"十字作业"，做到无脏、松、漏、缺、跑、冒。

③ 对分离器、锅炉要严格执行《固定式压力容器安全技术监察规程》。

④ 严禁压力容器、管线超压及设备超负荷运行。

3) 防火防爆

(1) 易发生天然气火灾和爆炸的情况。

① 先开气后点燃：在生产和生活用气中，由于无知或疏忽，先打开控制阀供气，然后

点火，若控制不好，天然气与空气混合浓度达到爆炸极限，就会引起爆炸。

② 停气后火灭而未关控制阀：民用和生产用气因故停气，火自然灭掉，操作管理人员未关闭控制阀，恢复供气后天然气漏入大气。当天然气与空气混合达到爆炸极限时，操作人员开灯、开电扇或盲目点火，都会引起爆炸。

③ 炉膛内有余火：炉灶熄灭后，由于控制阀内漏，炉膛内聚集天然气，若不通风置换余气就点火，也极易发生天然气爆炸。

④ 人走未灭火：民用气烤火，人离开未灭火，后因压力升高，火苗增大或软管冲掉而发生火灾。

⑤ 管线阀件泄漏：有些埋地管线微漏，往往不易发现，天然气经地下通道渗流到生产和生活场所，一遇火源就发生火灾或爆炸。

⑥ 烘烤无人看管：烘烤无人看管，衣物干后飘落到火上引起火灾。

⑦ 置换空气太快：管道用天然气吹扫，置换空气速度太快，易引起爆炸。

⑧ 硫化物自燃：输送含 H_2S 天然气，管内有硫化物，检修后，管道内有空气，恢复供气，操作不当，可由硫化物自燃引起爆炸。

(2) 防火防爆措施。

① 气田建设严格执行防火规定：气田建设的设计、施工要严格执行防火规定，认真进行竣工验收，合格后方可投入使用。

② 加强上岗前培训：安全技术既有知识管理，也有技术管理，对职工进行这两方面的培训至关重要。务必使职工对本岗位的事故隐患有深刻的认识，经严格理论和操作考察，合格者持证上岗。

③ 加强防火防爆安全教育：采气工程工作对象是易燃易爆的天然气和其他易燃液体。井口装置、集配气站、低温站、增压站、输气管道都是易燃易爆场所。因此，采气工程安全技术的重点是防火防爆。要对职工进行这方面的系统教育，对防火防爆高度重视，认真执行防火防爆规章制度。

④ 搞好"三标班组"建设：生产的基础是班组，班组安全生产搞好了，安全生产就有了保证，我国安全部门推行的"标准岗位、标准现场、标准班组"建设是工矿企业安全工作的宝贵经验，应大力推广。

⑤ 加强设备管理杜绝气、液泄漏：采气生产中使用的设备，有很多是通用机电设备。这些设备都有其使用管理制度，认真贯彻执行，就能大大减少火灾和爆炸的危险。

⑥ 易燃易爆场所不准带火种：易燃易爆场所不准带火种（火柴、打火机等）是防火防爆的硬措施，必须坚决执行。到油库罐区不得穿钉子鞋和化纤衣服。

⑦ 易燃易爆场所不得有明火：易燃易爆场所无明火，若因生产工艺需要明火，则必须有足够的防火间距，配备足够的灭火设施。

⑧ 易燃易爆场所必须使用防爆电器：易燃易爆场所的照明、机电设备，必须使用防爆电器，以免因电火花引起火灾或爆炸。

⑨ 易燃易爆场所防静电：易燃易爆场所电器、机电设备、分离器、油罐等金属容器必须接地，接地电阻小于 10Ω，以防静电放电造成火灾或爆炸。

⑩ 配备甲烷监测仪：易燃易爆场所配备甲烷监测仪，随时监测大气中甲烷浓度，若有危险，立即采取措施，这是防火防爆的一项重要措施。

⑪ 易燃易爆场所严格执行动火管理：易燃易爆场所维修动焊要由技安部门发动火证，

要由专人监测用火场所甲烷浓度。维修油罐等装过易燃易爆气体或液体的容器,要洗净并用空气或惰性气体置换干净,经仪器监测合格方能动焊。现场阀件挂开关牌,未经现场技安人员许可,不得操作。

4) 防中毒

(1) 防甲醇中毒。采气工程使用甲醇虽然不多,但还是要留意尽量不直接接触甲醇,作业场所要通风,操作人员位于上风,以免吸入甲醇蒸气。要戴防毒面具操作。

(2) 防铅中毒。日常生活接触的物质中,很多是含铅的,采气工程中常与含铅汽油、油漆、小炼厂的四乙基铅、铅印、蓄电池接触,尤其是四乙基铅有剧毒。作业时要带好劳动保护,避免与它们直接接触。有铅车间通风良好。车间铅烟浓度小于 $0.03mg/m^3$,铅尘小于 $0.05mg/m^3$,四乙基铅在空气中浓度小于 $0.005mg/m^3$。

(3) 防 H_2S 中毒。在有 H_2S 危险场所作业,要做到:①操作人员位于上风口;②佩戴安全面罩或自给式正压空气呼吸器;③用专用仪器检测硫化氢浓度;④排空硫化氢的油、气要烧掉;⑤对设备勤检验,防止硫化氢油气泄漏;⑥救护车和医务人员现场值班;⑦含 H_2S 天然气放空,必须点燃。

三、采气工程环境保护技术

"三废"是环境污染的根源,采气工程也存在"三废"排放问题。随着国家对环境保护措施的加强,我们也应积极治理"三废",保护环境,保证职工健康。

1. 采气工程的环境污染因素

1) 大气污染

(1) 采气过程中放空、排污,天然气进入大气造成空气污染,特别是天然气中含有 H_2S,污染就更加严重。

(2) 设备泄漏,油气进入大气。

(3) 设备和输气管道爆破,大量天然气进入大气。

(4) 加热炉、锅炉、尾气处理装置内的蒸气排入大气。

2) 水污染

天然气生产过程中,有的地层会产出水、原油或凝析油,这些液体排入周围环境就可能造成水污染。

地层水是一种废水,它含有多种无机盐,特别是 Na^+、Ca^{2+}、Ba^{2+}、Cl^-、CO_3^{2-}、HCO_3^-、SO_4^{2-} 等,都会对水源造成污染。

有些地层水中含有 H_2S,未经处理排入水域对水域造成严重污染。

有些气藏为凝析气藏,若排污处理不当会有烃类排入水域造成污染,特别是有的凝析油中含有 H_2S 和有机硫(硫醇和硫醚),这是剧毒物质,排到周围环境,会造成严重污染。

有些地层水含有砷等有害重金属离子。

3) 噪声污染

采气生产一般都在野外。噪声不会影响城市居民,但会影响生产现场附近住户和生产职工的正常生活,要高度重视,积极治理。

(1) 分离器啸叫:高压大产量气井生产时,气体流经阀门、调压器、引射器、喷嘴、分离器时压力降低，流速增加，气流扰动，会发出刺耳的啸叫，在 10~15m 内噪声可达 100dB 以上。

（2）压缩机噪声：天然气压缩机，特别是大排量、高压缩比多级天然气压缩机，工作时可产生很强的噪声，10~15m 内可达 100dB 以上。

（3）天然气发动机噪声：天然气生产过程中，常使用天然气发动机，大功率天然气发动机，不但噪声强度大，而且是低频噪声，使人特别难受。

（4）高压大排量多缸柱塞泵噪声：高压大排量多缸柱塞泵也会产生很大的噪声。

2. 采气过程中环境污染防治

1）大气污染防治

（1）减少天然气放空：在天然气生产过程中，有时迫不得已要放空，但合理的场站管线设计，如大管线沿线合理设计截断阀，会使每次放空量少；放空前把管线余气输往低压系统或低压用气户，把管线压力降低，也会减少放空气量。

（2）减少排污跑气：站场排污、管线放水器放水和通球清管作业应平稳操作，尽量减少排污过程中天然气放入大气。

（3）减少设备管线泄漏：搞好设备维护保养，加强输气干线监控，发现泄漏及时处理，减少设备管线泄漏。

（4）放空天然气要烧掉。

2）水污染防治

气田产出水处置不当是采气过程中的主要污染之一。气水井点多，高度分散，生产条件差，每个点的产水量不同；不同构造、不同层位地层水的有害物成分和浓度也不相同。因此应区分不同情况，因地制宜地建立产出水处理方案，力求处理方法合理，处理设备简单可靠，耗能低，操作方便，效率高，成本低。

综合利用、回注和清除有害物后达标排放是防治气田水污染的 3 个途径。

（1）综合利用。

气田水的矿化度从几千毫克每升到几十万毫克每升不等，对于矿化度高达 100000mg/L 以上，且其中含有钠、钾、硼、溴、碘等元素者，可考虑综合利用。

气田水综合利用的工艺方案之一是先制盐，后用制盐余下的母液提取化工产品，即熬盐母液法。另一种方案是用空气吹除—离子交换提取化工产品，然后再制盐，即离子交换法。

① 熬盐母液法。气田水制盐，最初是用原始的平锅制盐，后改进为扩容蒸发浓缩气田水，提高其矿化度后制盐，最后发展到较先进的真空制盐。真空制盐与平锅制盐相比具有单耗小、成本低、经济效益好的明显优势，制盐后的母液通过浮选、过滤得到氯化钾和粗硼；余下的料液再通过氯气氧化、蒸馏分离出精溴；提溴后的母液再提氯化钡；然后母液经过中和、沉淀、过滤，最后得到碳酸锂。采用此方法，化工产品回收率低，一般只有 30%~40%。

② 离子交换法。该工艺流程为气田水经酸化、脱硫，用氯气把溴离子氧化成溴，然后用空气吹除，用氨碱液吸收得到氯化钠；吸溴后的气田水加入芒硝除钡；然后进入树脂柱进行离子交换，经洗脱、浓缩、分离、沉淀、烘干得碳酸锂；剩下的母液送去真空制盐。这种工艺化工产品回收率比第一种方案高 25%~60%，见表 7-9。

表7-9　离子交换法熬盐母液化工产品回收率表

产品名称	方法	
	离子交换法回收率，%	熬盐母液法回收率，%
KCl	62.22	39.07
Br		32.56
NaBr	80.95	
LiCO$_3$	82.0	18.63

如果气田水矿化度低，有用化工元素少，从经济方面考虑，综合利用就不再合适。

（2）回注。

气田水回注是解决气田水污染的优选办法，其关键是选好回注层。选择回注层的原则为：地层有足够的容积；地层封闭性好，能耐一定压力；注入的气田水与原始地层水和地层岩石不发生化学反应。

回注有以下三种方法：

① 钻浅井回注。钻浅井投资不大，注水成本低，但浅井回注有污染地下淡水层和气田水返出地面的危险，应慎重应用。

② 射开漏失层回注。钻井过程中发现一些漏失层，人们自然想到选为回注层，并寄予很大的希望，但实施起来却碰到了很多难题。一是射开漏失层作业费用高；二是多数井射开后漏失量远小于钻井过程中漏失量；三是若地层封闭良好，由于水不可压缩，注水泵压高，总注水量就小，若地层封闭不好，可能有露头和地面供水区连通，有二次污染的危险。所以这种方式也渐渐被否定。

③ 枯竭井回注。采枯竭的气井回注是一种有效的方式。这种井地层有一定容积，地层封闭良好，地层能耐压，往往可以采用自流回注。

（3）达标排放。

气田水无综合利用价值，又没有回注条件的就除去其中的有害成分，达标排放。气田水排放标准见表7-10。

表7-10　气田水有害物排放标准

污染物	一级标准	二级标准	三级标准
pH值	6~9	6~9	6~9
色度（稀释倍数），mg/L	100	300	—
悬浮物（SS），mg/L	100	800	—
五日生化需氧量（BOD$_5$），mg/L	100	150	500
化学需氧量（COD），mg/L	100	150	500
石油类，mg/L	10	10	30
动植物油，mg/L	20	20	100
挥发酚，mg/L	0.5	0.5	1.0
总氰化合物，mg/L	0.5	0.5	1
氨氮，mg/L	15	50	—
氟化物，mg/L	10	10	20
磷酸盐（以P计），mg/L	0.5	1.0	—

续表

污染物	一级标准	二级标准	三级标准
甲醛，mg/L	1.0	2.0	5.0
苯胺类，mg/L	1.0	2.0	5.0
硝基苯类，mg/L	2.0	3.0	5.0
阴离子表面活性剂（LAS），mg/L	5.0	10	20
总铜，mg/L	0.5	1.0	2.0
总锌，mg/L	2.0	5.0	5.0
总锰，mg/L	2.0	2.0	5.0
元素磷，mg/L	0.1	0.3	0.3
有机磷农药（以P计），mg/L	不得检出	0.5	0.5

注：参考《污水综合排放标准》（GB 8978—1996）。

① 清除悬浮物。气田水中都含有岩屑，钻井液和钢材腐蚀生成的微小颗粒在脱硫和降低COD的过程中也会生成悬浮物。这些悬浮物不溶于水，又因很轻而浮在水面上或悬于水中。除去悬浮物一般采用化学混凝法，就是在气田水中加入一定量的絮凝剂，充分搅拌，絮凝剂在水中形成络合物，吸附固体颗粒迅速下沉，达到清除悬浮物的目的。在自来水厂和水处理中广泛使用混凝剂，它不但能除去悬浮物，还有去油和降低COD、脱色等作用。

② 清除石油类。气田水中一般不含油类，少数凝析气田水含浓度较低的轻质油。低浓度浮在水面上的轻质油用简单的隔油池或化学混凝剂清除。对于高含油气田水，可用萃取法除油（图7-22）。萃取法就是使油溶于萃取剂中，萃取剂是一种有机溶剂，它与气田水充分混合，石油类就溶于萃取剂中并因其密度大而下沉与水分离，达到除油目的。为了回收油和萃取剂，还需对溶有油的萃取剂蒸馏分离。另外也可用超过滤法处理含油气田水。

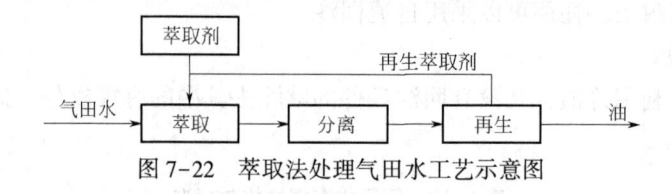

图7-22 萃取法处理气田水工艺示意图

③ 清除硫化物。基本上使用氧化法清除硫化物。气田水中硫化物浓度不同，使用氧化剂种类和浓度也不同。

曝气法：用空气压缩机向气田水中注入空气，使空气中的氧气氧化二价硫离子。其反应为

$$2H_2S + O_2 = 2H_2O + 2S \downarrow \tag{7-28}$$

这种方法简单、适用、费用低，能把硫化物浓度低于60.0mg/L的气出水处理达标。

强氧化剂氧化法：用高锰酸钾、过氧化氢和漂白粉等强氧化剂处理低含硫气田水。其化学反应式为

$$2KMnO_4 + 3H_2S \longrightarrow 2MnO_2 + 2KOH + 2H_2O + 3S \downarrow \tag{7-29}$$

$$4KMnO_4 + 3H_2O \longrightarrow 2K_2SO_4 + S \downarrow + 3MnO + MnO_2 + 3H_2O \tag{7-30}$$

$$H_2O_2 + H_2S \longrightarrow 2H_2O + S \downarrow \tag{7-31}$$

$$Ca(ClO)_2 + 2H_2S \longrightarrow CaCl_2 + 2H_2O + 2S \downarrow \tag{7-32}$$

这三种氧化剂都能把含硫小于20.0mg/L的气田水处理达标，但$Ca(ClO)_2$使用更方便，价格更便宜，使用更广。自来水厂用它来脱硫、杀菌和脱色。

次氯酸钠氧化法：对高含硫气田水可采用次氯酸钠脱硫，其反应式为

$$NaClO_2 + 2H_2S =\!=\!= NaCl + 2S\downarrow + 2H_2O \tag{7-33}$$

这种方法是将含硫气田水直接加到次氯酸钠发生器（一种电解槽），电解气田水中的氯化钠产生次氯酸钠来氧化气田水中二价硫离子。硫化物浓度高达 1000.0mg/L 的气田水都可用此方法处理达标，硫化氢浓度越高，电解时间越长。

以上几种脱硫方法都要产生元素硫和其他杂质，使水的浊度增加，为此需要加入絮凝剂除去悬浮物，使水变清。还可以用超过滤法、氧化生化法脱硫。

④ 降低化学需氧量。化学耗氧量是气田水中易受强氧化剂氧化的还原物质在氧化时所需的氧量，气田水中还原物质包括有机物、亚铁盐、硫化物等。气田水中化学需氧量一般都不太高。

3）噪声污染防治

（1）设计采输系统时充分考虑噪声影响。调压器、分离器、压缩机等产生噪声的设备应尽量远离民房和工人住宅区。

① 控制天然气流速：噪声随天然气流速增加而增加，可用管径和压降大小来控制采输系统流速。一般低压管线流速不大于 5m/s，配气管网流速不大于 15m/s，中压管线流速不大于 20m/s。

② 管线埋地。土壤能吸收噪声，管线埋地，环境噪声会大大下降。

③ 调压器和输气管线间采用钢丝橡胶管或弹性橡胶垫等柔性连接，可减少震动，降低噪声。

（2）使用隔离罩或隔声套。这些东西用吸音性好的材料制成，能大大降低环境噪声。

（3）建隔声墙。有的产生噪声的设备不便使用隔声罩和隔声套，可用吸音性好的矿渣空心砖砌围墙降低环境噪声。

（4）设备置于地下。把分离器、调压器、压缩机、天气发动机、高压多缸柱塞泵安装在地下会大大降低环境噪声。

（5）个人保护。操作工人必须操作管理高噪声设备时，要使用耳塞、护耳器、专用隔音头盔等个人防护用具。

思考题

1. 简述天然气脱水的方法及原理。
2. 气液分离器的类型有哪些？
3. 简述孔板差压流量计测量原理。

参 考 文 献

[1] 金忠臣，杨川东，张守良，等. 采气工程 [M]. 北京：石油工业出版社，2004.
[2] 杨川东. 采气工程 [M]. 北京：石油工业出版社，2001.
[3] 廖锐全，曾庆恒，杨玲. 采气工程 [M]. 2版. 北京：石油工业出版社，2012.
[4] 甘代福. 天然气脱水 [M]. 北京：石油工业出版社. 2017.
[5] 陈布. 天然气流量计量综合管理系统的开发与应用 [D]. 北京：北京理工大学，2015.

第八章　气井防水合物、防腐和防砂

天然气在开采、加工和运输过程中易形成天然气水合物（以下简称水合物），会堵塞井筒、管线、阀门等设备。在开采含硫、CO_2 天然气时，酸性腐蚀性气体的存在会对管道、仪器等产生腐蚀而发生事故。在开发胶结程度较差的气藏过程中，由于储层内的砂粒运移，往往会导致渗流孔道的堵塞和渗流能力的下降，影响气井的产能。本章主要针对气井水合物的预防、气井的防腐、气井的防砂等技术作简要介绍。

第一节　气井水合物的生成与预防

水合物是在高压低温条件下天然气中的某些组分与液态水形成的冰类冰状结晶物质。在天然气开采、加工和运输过程中易形成水合物，它们会堵塞井筒、管线、阀门等设备，从而影响天然气的开采、集输和加工的正常运转。随着天然气的开发，又发现水合物可在钻杆和防喷器之间形成环状封堵，堵塞防喷器、节流管线和压井管线，所以水合物也成为天然气开发中的一个突出问题。

一、水合物的生成条件

水合物的生成除与天然气的组分、组成和游离水含量有关外，还需要一定的热力学条件，即一定的温度和压力。可用如下方程表示出水合物自发生成的条件：

$$M + nH_2O \text{ 固·液} \Longrightarrow M \cdot nH_2O \text{ 水合物} \tag{8-1}$$

因此，生成水合物的第一个条件为

$$p_{\text{水合物分解}} < p_{\text{系统M}} \leq p_{\text{饱和M}} \tag{8-2}$$

式中　$p_{\text{水合物分解}}$、$p_{\text{系统M}}$、$p_{\text{饱和M}}$——水合物分解压力、系统中气体 M 的压力和气体 M 的饱和蒸气压。

也就是说，只有系统中气体压力大于它的水合物分解压力时，才可能由被水蒸气饱和的气体 M 自发地生成水合物。严格地讲，式(8-2) 应用逸度 f 表示如下：

$$f_{\text{水合物分解}} < f_{\text{系统M}} \leq f_{\text{饱和M}} \tag{8-3}$$

生成水合物的第二个条件为

$$p_{H_2O,g}^{\text{水合物}} < p_{H_2O,g}^{\text{系统}} \leq p_{H_2O,g}^{H_2O,s,l} \tag{8-4}$$

式中　$p_{H_2O,g}^{\text{水合物}}$——水合物中气态水的压力，即水合物晶格表面水的蒸汽压；

$p_{H_2O,g}^{\text{系统}}$——系统中气态水的压力，即系统中的蒸汽压；

$p_{H_2O,g}^{H_2O,s,l}$——水的饱和蒸汽压。

由第二个条件可以看出，从热力学观点来看，水合物的自发生成绝不是必须使气体 M 被水蒸气饱和，只要系统中的蒸气压大于水合物晶格表面水的蒸汽压就足够了。概括起来讲，水合物的主要生成条件有：

(1) 有自由水存在，天然气的温度必须等于或低于天然气中水的露点；

(2) 低温，体系温度必须达到水合物的生成温度；

(3) 高压。

除此之外，在下列因素的影响下，也可生成或加速水合物的生成，如高流速、压力波动、气体扰动、H_2S 等酸性气体的存在和微小水合物晶核的诱导等。在同一温度下，当气体蒸气压升高时，形成水合物的先后次序分别是硫化氢→异丁烷→丙烷→乙烷→二氧化碳→甲烷→氮气。在确定岩石水合物的生成条件时，必须考虑多孔介质中毛管现象的影响。在人工多孔介质样品中，气体水合物生成条件的首批研究工作证明：间隙水生成水合物比自由接触时需要更低的温度或更高的压力。

二、防止水合物生成的措施

预防水合物的方法很多，提高温度、加防冻剂、干燥气体等均可预防生成水合物。干燥气体是用固体干燥剂（分子筛、硅胶等）或液态脱水剂（二甘醇、三甘醇等）在脱水塔中对气体进行逆流脱水，由于设备复杂，只用于大型气体处理站。采气矿场多用较简单的提高温度法和加防冻剂法。

1. 提高温度法

提高温度防止生成水合物的实质是把气流温度提高到生成水合物的温度以上。具体加温方法有蒸汽加热法和水套炉加热法两种。

1) 蒸汽加热法

(1) 加热原理及循环过程。

利用锅炉产生的蒸汽加热天然气，以提高气流温度（图8-1）。由锅炉产生的饱和水蒸气（密度 ρ_3）经蒸汽管线进入换热器的壳程，与天然气管中的天然气进行逆流换热，换热后蒸汽凝析成水（密度 ρ_1），并依靠换热器和锅炉回水之间的高差（h_1-h_4），及密度差（$\rho_1>\rho_2>\rho_3$）。ρ_2 为锅炉内的热水密度，热水在克服了回水管线的摩阻后自动流回锅炉。如此不断循环加热天然气，提高气流温度。

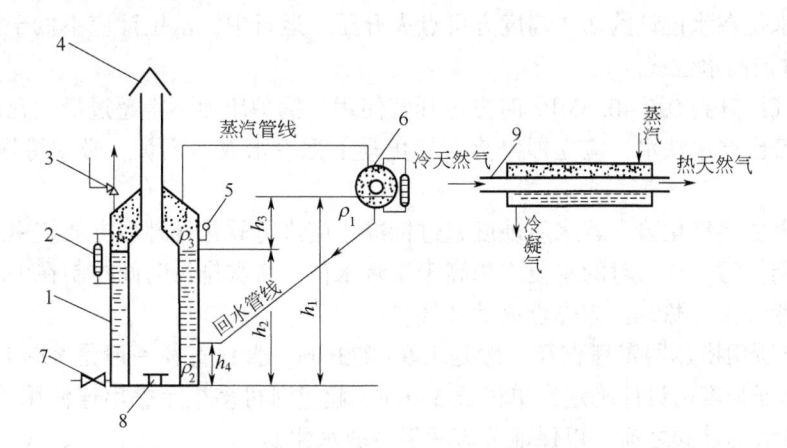

图8-1 饱和水蒸气加热装置示意图
1—炉体；2—水位计；3—安全阀；4—烟囱；5—压力表；6—套管式换热器；7—排污阀；8—燃烧器；9—天然气管

(2) 蒸汽加热设备的选择及操作注意事项。

蒸汽加热法最主要的设备是锅炉。选择锅炉前要根据天然气流量大小和需要的加热温度计算蒸汽量和压力，按表8-1选择适当规范的锅炉。锅炉安装位置要比换热器低2~3m，以保证回水畅通。锅炉附件要齐全，特别是压力表、水位计、安全阀必须齐全合格。

表8-1 常用锅炉规范表

参数 型号	蒸发量, t/h	工作压力, MPa	饱和蒸汽温度, ℃	给水温度, ℃	质量, t
LS0.4-8	0.4	0.8	174.5	20	2.5
LSG0.5-8	0.5	0.8	174.5	20	6（充满水）
KZG1	1	0.8	174.5	20	7.8

注：LS—立式水管锅炉；LSG—立式水管固定排锅炉；KZG—卧式快装纵列固定炉排锅炉。

现场上一般选用饱和水蒸气锅炉，而不用过热水蒸气锅炉，因为单位质量的饱和水蒸气比同质量的过热水蒸气在降低相同温度时，放出的热量更多，有利于提高气流温度。同时，由于过热水蒸气的温度高，若在换热器中不能凝析成水，则回水管线中的流体密度（ρ_1）下降，循环动力减小，循环困难，甚至不能循环。饱和水蒸气的温度和压力有关，它们之间的关系列于表8-2。

表8-2 饱和水蒸气的温度和压力的关系

压力（表压），MPa	温度，℃	压力（表压），MPa	温度，℃
0.05	110.7	0.35	147.20
0.1	119.62	0.40	151.11
0.15	126.79	0.45	154.70
0.20	132.88	0.50	158.08
0.25	138.19	0.60	164.17
0.30	142.92	0.70	169.61

锅炉操作注意事项如下：

① 锅炉水位在水位计的2/3高度方可点火升压。运行中，水位计应不低于最低水位线，也不允许高过最高水位线。

② 锅炉气压升到0.2~0.3MPa时方可开气使用，锅炉压力不得超过最大允许压力。

③ 锅炉若已严重缺水，应立即停火。禁止马上把冷水放入锅炉，必须待锅炉冷却后再加水。

④ 锅炉水质要经化验。若水质硬度超过标准，应进行软化处理后方能使用。

⑤ 应定期排污。排污时的水位应稍高于正常水位。每次排污时间控制在1min内。

⑥ 用天然气作火源时，应先点火后开气。

蒸汽加热所用换热器壳程直径一般是159~273mm，管程直径一般是89~114mm，按气量决定。换热器长度由设计确定，单根长3~6m，超过时可多根重叠串连使用。换热器安装在节流压降最大的针阀之前，以保证节流后不生成水化物。

锅炉、换热器和蒸汽管线必须用绝热材料包扎，防止散热。回水管线要裸露，以便使回水冷却，流回锅炉。

2）水套炉加热法

（1）加热原理及循环过程。

水套炉加热法是以水和蒸汽作传热介质的间接加热法，如图 8-2 所示。

炉膛里的火直接加热水套底部，使水套里的水处于沸腾状态上升，与气管壁接触传热后温度下降、密度增加而下沉，被加热后又因密度减低而上升，如此不断循环来加热天然气，达到提高气流温度的目的。

（2）水套炉的结构及操作注意事项。

水套炉结构如图 8-3 所示，由炉体、气管和其他附件组成。炉体和气管之间用密封圈密封，松紧由压盖法兰调节。采用这种活动密封比焊接好，可以防止炉体受热膨胀时焊缝裂开。炉体上焊有温度计插孔及压力表和安全阀接头，有利于控制水套炉的运行。通过水箱、漏斗和平衡管给炉内加水。炉体的耳朵放在用耐火材料砌成的炉墙上，顶部敷耐火材料保温。

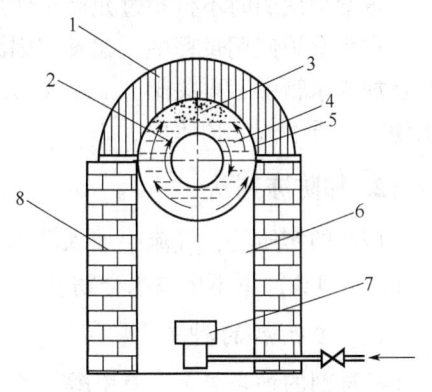

图 8-2 水套炉加热示意图
1—保温层；2—气管；3—饱和蒸汽；4—沸腾水；5—水套；6—炉膛；7—燃烧器；8—炉墙

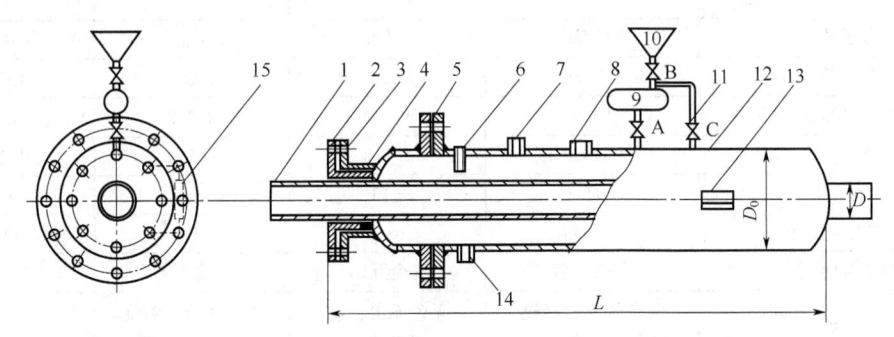

图 8-3 水套炉结构
1—气管；2—压盖法兰；3—法兰；4—密封圈；5—法兰；6—温度计插孔；7—压力表接头；8—安全阀接头；9—水箱；10—漏斗；11—平衡管；12—炉体；13—耳朵；14—排污口；15—水位计

四川石油设计院设计的水套炉规范列于表 8-3 中，可供选用参考。如经过计算的加热气管太长，可将炉体内气管线串连成三排气管。近几年国内已经研制出自动控制火焰大小和装有熄火安全阀的新式水套炉，使用安全可靠，可以实现无人管理。

表 8-3 水套炉的规格表

参数 \ 型号		1#	2#	3#	4#	5#
长度 L，m		2	3	4	5	6
炉体直径 D_0，mm		426	426	426	426	426
气管直径 D，mm		76	89	89	114	114
工作水温，℃		120	120	120	120	120
耗气量，m³/h		6	10	15	24	38
工作压力（表压），MPa	壳程	0.1	0.1	0.1	0.1	0.1
	管程	12.0	12.0	12.0	12.0	12.0
自重，kg		236	335	400	560	650
加热热量，kcal/h		54000	84000	111000	141000	171000

水套炉使用时不得超过允许工作压力,安全阀要调节到工作压力的1.05倍。

在水套炉使用过程中,如发现因漏水、漏气、排污而造成液位降低,应向炉内加水。先把水加入水箱中,再关阀B,开阀C,平衡水箱和炉体内的压力,待压力平衡后,开阀A,水便在自重下流入炉体内。

2. 加防冻剂法

该法的实质是,气流中加入防冻剂后,降低了天然气的露点温度,使气流在较低温度(-50~-30℃)下不生成水合物。

1) 防冻剂的种类

防冻剂的种类很多,有甲醇、乙二醇、二甘醇、氯化钙水溶液等,采气过程中使用最多的是乙二醇。常用防冻剂的物理化学性质列于表8-4中。

表8-4 防冻剂的物理化学性质

项目 \ 名称	甲醇	乙二醇	二甘醇	三甘醇
分子式	CH_3OH	$C_2H_6O_2$	$C_4H_{10}O_3$	$C_6H_{14}O_4$
分子量	32.04	62.1	106.1	150.2
沸点(0.1MPa下),℃	64.7	197.3	244.8	288
密度(25℃),g/cm³	0.7928	1.110	1.113	1.119
冰点,℃	-97.8	-13	-8	-7
黏度(25℃),mPa·s	0.5945	16.5	28.2	37.3
与水溶解度	完全互溶	完全互溶	完全互溶	完全互溶
形状	无色挥发,易燃液体,中等毒性	无色无毒,有甜味液体	无色无毒,有甜味黏稠液体	同左

甲醇沸点低,其水溶液的凝点比其他醇类都低。以浓度46%溶液作比较,甲醇水溶液的凝点是-48℃,乙二醇是-32℃,二甘醇是-24℃,所以甲醇在较低温度时不易冻结,适用于要求低温的场合。同时由于甲醇挥发性最强,故防冻效果较好,曾得到广泛使用。但因甲醇有毒和气相损失高,逐渐被乙二醇、二甘醇等代替。乙二醇和二甘醇沸点比甲醇高,气相损失低、无毒,可用于要求防冻温度不是很低的场合,是目前气田上广泛使用的主要防冻剂。

2) 防冻剂注入量的计算

计算方法有公式法和查图法两种,查图法使用方便。下面介绍乙二醇注入量的查图法,其他防冻剂的查图法可参考有关手册。

图8-4是生成水合物的温度降与乙二醇富液浓度(富液是乙二醇和水混合后的溶液)的关系图,图8-5是乙二醇注入速率和贫液浓度(注入浓度)的关系图。

[**例8-1**] 某井气体相对密度0.6,产气量150000m³/d,节流前压力15MPa,温度25℃,节流后压力5MPa。温度-12℃,问用乙二醇作防冻剂时,乙二醇的富液浓度和注入量是多少?

解:(1) 求生成水合物的温度降。在5MPa时,生成水合物的温度是13℃,则生成水合物的温度降 Δt 为

$$\Delta t = 13 - (-12) = 25(℃)$$

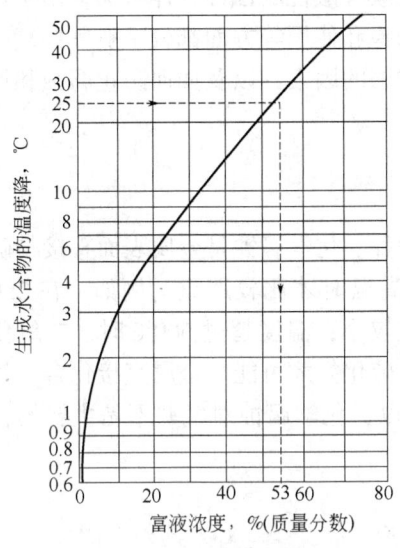

图 8-4　生成水合物的温度降与
乙二醇富液浓度的关系

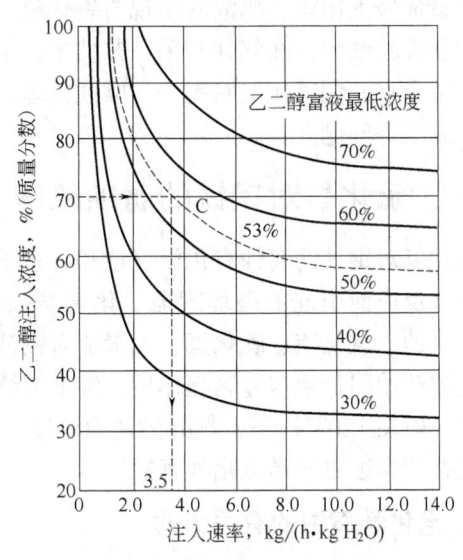

图 8-5　乙二醇注入浓度和
注入速率的关系

(2) 求乙二醇富液浓度。查图 8-4 得，温度降为 25℃时的富液浓度为 53%。

(3) 求乙二醇注入速率。注入速率与贫液浓度有关，一般选择 60%~80%的浓度，在此范围内乙二醇溶液凝点最低。设用 70%的浓度，则在图 8-5 上，过该点作水平线向右延伸，再按内插法作 53%富液浓度曲线，水平线与富液浓度曲线交于点 C，从 C 点向下作垂线与横坐标的交点就是注入速率，等于 $3.5 \text{kg}/(\text{h} \cdot \text{kg H}_2\text{O})$，即每小时脱去 3kg 水需要 3.5kg 乙二醇。

(4) 求乙二醇注入量。求经节流析出的水量：在 15MPa 和 25℃时，天然气含水量 0.3g/cm^3。在 5MPa 和 -12℃时，天然气含水量 0.06g/cm^3。
则 150000m³/d 天然气应析出水量是

$$(0.3-0.06) \times 150 = 36 (\text{kg/d})$$

日注乙二醇量是

$$36 \times 3.5 = 126 (\text{kg/d})$$

即每日需注入 70%浓度的乙二醇 126kg。

3) 防冻剂的注入方法

防冻剂的注入有自流注入和泵注法两种。自流注入是利用液柱自身的压头注入输气管，注入量受液柱高度和输气管压力影响，一般用于一年中仅有很少时间出现水合物的地方。泵注法是利用注入泵的压力将防冻剂注入管线，优点是注入均匀连续，多用于低温集气站上。泵注效率取决于泵的正确选择和喷嘴的设计，泵的能力（压力、排量）应有富余，以便必要时有调节余地。喷嘴设计应保证防冻剂以雾状与气流均匀混合，如果有液滴出现就会降低防冻效果，增加消耗。

第二节　天然气井的腐蚀与防护

在开采含硫天然气时，往往会因套管破裂、油管断落、阀板损坏、输气管爆破等事故，给生产造成极大困难，事故的出现与硫化氢、二氧化碳等酸性腐蚀性气体有关。由于这些气体存在于天然气中，在气井开采工艺技术、钢材的选择和使用等方面都较一般气井复杂。因此，本节重点介绍硫化氢对钢铁的腐蚀机理、影响腐蚀的因素，以及如何防止腐蚀和保持气井正常采气等问题。

一、硫化氢对钢铁的腐蚀机理

硫化氢对钢铁的腐蚀有化学腐蚀和电化学腐蚀两种。化学腐蚀是金属表面直接与硫化氢发生化合反应而引起的破坏现象。化学腐蚀只有在高温时才比较严重，例如：在250℃以下，干燥的二氧化硫、硫化氢、元素硫对钢铁的腐蚀较小；温度超过500℃时，二氧化硫和硫蒸气即开始明显地与金属起作用，温度继续升高，硫化氢才可能与金属直接化合。气井井底温度一般在120℃以下，气井的地面温度更低，所以，化学腐蚀对气井不是主要的，硫化氢对气井的腐蚀主要是电化学腐蚀。

1. 电化学腐蚀的有关概念

金属和外部介质发生电化学作用而引起的破坏称为电化学腐蚀，它的特点是腐蚀过程中有电流产生，电极电位较低的金属被腐蚀。例如，把锌片和铜片放在硫酸（H_2SO_4）溶液中，两极用导线连接，则由于电极电位不同，便有电流产生，如图8-6所示。由于锌的电极电位比铜低，易失去电子，锌离子（Zn^{2+}）向溶液溶解，锌片被腐蚀，即 $Zn \longrightarrow Zn^{2+}+2e$。铜的电极电位比锌高，故铜离子不向溶液中溶解，铜极表面只接受从锌极传导过来的电子，这些电子和硫酸中的氢离子（H^+）结合成为原子氢（H），氢原子互相结合又成为分子氢（H_2）从铜板放出。其过程可以写成：

$$H^+ + e \longrightarrow H$$
$$H + H \longrightarrow H_2 \uparrow$$

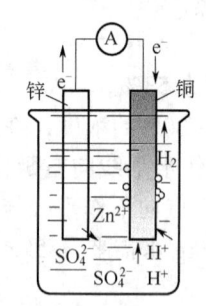

图8-6　原电池示意图

把被腐蚀的极（锌）叫作阳极，把不被腐蚀的极（铜）叫作阴极，把这种将化学能转变成电能的装置叫作原电池。

2. 硫化氢电化学腐蚀的定义

硫化氢是一种酸性气体，在水中有一定的溶解度。当硫化氢溶于水时，会成为一种弱酸，能解离成带正、负电荷的离子。当金属与硫化氢的水溶液接触时，由于金属表面的不均匀性，如金属的种类、表面粗糙度、表面处理状况等差异，在金属表面的不同部位便有不同的电极电位，形成阳极区和阴极区。阳极区和阴极区通过金属本身形成多个微腐蚀电池，使阳极区的金属被腐蚀。图8-7是钢铁的电化学腐蚀示意图，图中碳化三铁（Fe_3C）和铁（Fe）构成一对原电池，铁被腐蚀。铁在硫化氢溶液中的电化学腐蚀过程如下：

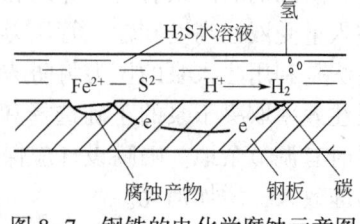

图8-7　钢铁的电化学腐蚀示意图

硫化氢在水溶液中被电离成正、负离子：

$$H_2S \rightleftharpoons H^+ + HS^- \rightleftharpoons 2H^+ + S^{2-}$$

铁原子失去电子变成铁离子：

$$Fe \longrightarrow Fe^{2+} + 2e(电子)$$

氢离子（H⁺）得到铁失去的电子形成分子氢：

$$H^+ + e \longrightarrow H, H+H \longrightarrow H_2\uparrow (分子氢)$$

铁离子与溶液中的硫离子结合生成硫化铁：

$$xFe^{2+} + yS^- \longrightarrow Fe_xS_y$$

Fe_xS_y 是各种结构的硫化铁的通式，在硫化氢的腐蚀产物中主要是 Fe_9S_8（八硫化九铁）。

从以上反应过程可以知道，硫化氢对钢铁的电化学腐蚀必须具备三个条件，即：要有水存在；硫化氢水溶液必须与钢铁表面接触；钢铁各部位的电极电位不同，能形成多个微腐蚀电池。

3. 硫化氢电化学腐蚀的类型

1) 失重腐蚀

铁离子和硫离子反应生成硫化铁，使钢铁表面形成腐蚀坑，甚至穿孔，或者使钢材厚度大面积减薄的腐蚀现象，称为失重腐蚀。顾名思义，失重腐蚀就是因腐蚀作用使钢铁的重量比原来减少的腐蚀现象。

在采气输气过程中失重腐蚀是很普通的，主要发生在油管内外壁和输气管的内壁。例如，从含硫气井起出的油管下部往往可见大面积的腐蚀坑、穿孔，以及壁厚减薄的现象，中上部则很少甚至没有腐蚀，原因是油管的下部有积液，因而产生电化学腐蚀。失重腐蚀与硫化氢的浓度有关，硫化氢浓度低时，形成致密的硫化铁膜（主要是硫化铁、二硫化铁），这种膜能阻碍铁离子通过，保护钢铁不被继续腐蚀；如果硫化氢浓度高，生成黑色疏松状或粉末状的腐蚀产物（主要是八硫化九铁），就不能阻碍铁离子通过，结果渐渐形成很深的局部蚀坑。

2) 氢脆和硫化氢应力腐蚀

氢脆的含意是钢铁因氢的作用失去韧性而变脆。氢脆的机理是电化学腐蚀中形成的原子氢，一部分在钢铁表面结合成分子氢被释放到环境中，另一部分由金属吸收在金属的晶格间，重新结合成分子氢（当金属有缺陷时，在缺陷处更易聚集分子氢），分子氢的体积比原子氢的体积大得多，所以形成极高的压力，引起氢脆或氢鼓泡，使钢铁的强度降低到许用应力以下。这样在受到不大的外力（如油管受到拉力、套管受到的压力）时，就会发生脆性破坏，这种破坏称为硫化物应力腐蚀破坏。氢脆和硫化氢应力腐蚀在气井上的表现形式是油管突然断落井底（有的仅使用了几天），井口套管焊缝破裂，采油树闸板破裂和断丝杆，以及受力远低于许用应力的输气管爆破事故。

失重腐蚀和硫化物应力腐蚀具有不同的腐蚀特征。从腐蚀部位表现形状看，失重腐蚀可表现为坑蚀，坑的深度和直径大小不一，严重的坑蚀可引起穿孔；失重腐蚀还可表现为大面积壁厚减薄形式。而氢脆引起的硫化物应力腐蚀断口呈裂缝状，断口较平整，没有或很少有失重腐蚀现象。

从破坏需要的时间看，失重腐蚀引起破坏往往需要几个月甚至几年的时间；硫化物应力腐蚀只需几个月，甚至几天就可造成破坏。从破坏时的应力看，失重腐蚀破坏的钢材，其许用应力并不降低，只是因为壁厚减薄，实际工作压力过大，使用应力超过了许用应力；硫化物应力腐蚀破坏，在其使用应力远小于钢材许用应力的情况下就会发生。

二、影响硫化氢对钢铁腐蚀的因素

1. 钢材材质的影响

1）金相组织

金相是指钢材内部的微细结构类型。金相有珠光体、索氏体和马氏体等。索氏体抗氢脆性最好，珠光体次之，马氏体最差。金相组织可以通过对钢材的热处理改变。

2）硬度

硬度对氢脆的影响很大，硬度高的钢材比硬度低的钢材容易引起氢脆破坏，含硫气田用的钢材洛氏硬度应力 HRC≤22。

3）冷加工和焊接

冷加工和焊接能够使钢材产生异常金相组织和残余应力，增强对氢脆的敏感性，降低抗硫性能；同时不均匀的金相组织会促进失重腐蚀。所以，对经过冷加工或焊接的钢材应进行热处理后再使用。对不能进行热处理的部位（如套管升高短节和采油树底法兰），只能用螺纹连接，禁止焊接。

2. 腐蚀环境的影响

1）硫化氢的浓度

硫化氢浓度越高，电化学失重腐蚀和氢脆腐蚀的速率越大，钢材越易破坏。根据国外资料，硫化氢的分压低于 350Pa 时不易发生硫化物应力腐蚀。

2）气田水的 pH 值（酸碱度）

pH 值反映溶液的酸碱性质，直接影响着钢铁的腐蚀速率。pH 值为 6 时是一个临界值，当 pH 值小于 6 时，腐蚀速率高，腐蚀液呈黑色、浑浊。气田水的 pH 值反映气田水中氢离子浓度的高低，pH 值越低，氢离子浓度越高，氢渗透的倾向性越强，对钢材的腐蚀性越大。

3）温度

温度也是影响腐蚀速率的因素之一。一般说来，温度升高，失重腐蚀加速，氢脆和应力腐蚀减缓。含硫气井井温在 80℃ 以上时很少发生硫化物应力腐蚀破坏。

4）压力

压力升高，硫化氢在水中的溶解度增加，电化学腐蚀加剧，原子氢更易渗入钢铁内部产生氢脆腐蚀。

5）流速

对地面集输管线来说，流速也影响腐蚀程度。国外高含硫气田的试验说明，层流状态时的腐蚀比紊流状态时严重，原因是紊流时的流速高，液膜难以在管壁附着，形不成电化学腐蚀，但若气流中有固体杂质，高流速将加速冲蚀作用。集输管线的合理流速应通过腐蚀挂片试验决定。

3. 钢材承受的使用应力的影响

钢材承受的使用应力越大，硫化物应力腐蚀破坏需要的时间越短，故规定用于含硫气田的钢材的使用应力不能超过其屈服强度的 50%。

三、含硫气田的防腐措施

金属的腐蚀程度既受到材料特性的影响，又受到环境介质因素的影响，此外，还受到系统的几何形状、尺寸等因素的影响。有些客观因素如压力、温度、硫化氢浓度、地层水及饱和水蒸气等，人们不能改变。但是有些因素如钢材的材质、设备的制造加工，以及有效缓蚀剂的保护措施等，经过人们的努力是可以改变成功得到解决的。

1. 选择抗硫管材和设备

经过多年的研究和实践，以下管材和设备可以用于含硫气田：
（1）API 系列的 J-55、C-75 和国产 D-Z_2 油、套管，法国 SM90SVAM 油管，日本 SM-95S 油管等。
（2）10 号、20 号优质碳素钢及 09MnV 普低合金钢可用于制造抗硫集输气管线。
（3）用以制造抗硫压力容器（分离器等）的钢材有 20g（20 号锅炉钢）、09Mnv 钢。
（4）用以制造抗硫仪表弹性元件的有奥氏体朗等。
（5）用以制造抗硫试井钢丝的有铁基新 2 号、AISI316 钢等。
（6）KQ 系列的抗硫采气井口，如 KQ-350、KQ-700，以及 KQ-1050 超高压采气井口。

2. 采用合理的设计和加工工艺

（1）设计高压容器和输送含硫天然气的管线时，要考虑足够的腐蚀裕量。腐蚀裕量是在设备（或管线）预计的使用年限内，因腐蚀可能造成的壁厚减薄量：

$$腐蚀裕量(mm) = 腐蚀率(mm/a) \times 使用寿命(a)$$

在设备（或管线）强度设计壁厚的基础上，加上腐蚀裕量，就可以使设备（或管线）在预计的使用年限内不会发生腐蚀破坏：

$$实际厚度(mm) = 强度设计厚度(mm) + 腐蚀裕量(mm)$$

用于含硫天然气的压力容器和管线，腐蚀裕量一般取 4mm。
（2）提高钢材的屈服强度可以减少硫化氢应力破坏危险。用于含硫天然气井的油管、套管和其他钢材，实际使用应力不应高于钢材屈服强度的 50%。
（3）用适当的热处理工艺对加工后的设备进行预处理，改变其金相组织、降低硬度。含硫气田用钢材的硬度，要求 HRC≤22。
（4）采气井口套管升高短节、套管头、油管头，以及采气阀门都是井口装置的高压部件。在这些部件上禁止焊接（因焊后难做热处理），应用螺纹或法兰连接。
（5）在集输含硫天然气管线的低凹部位，要安装防水包，分离器最低处要安装排污口，以及时排除积液，减少电化学腐蚀。

3. 使用缓蚀剂保护

加缓蚀剂是保护油管、套管和采气地面设备，减缓硫化氢电化学腐蚀的有效方法，广泛应用于含硫气田的开发。

1）作用原理

用缓蚀剂保护钢材不受硫化氢电化学腐蚀的原理，多数人认为是基于吸附理论，即缓蚀剂以其分子中的极性基吸附于金属表面，非极件烃基将金属表面覆盖而和硫化氢隔绝，使金属的腐蚀受到抑制。

2）常用缓蚀剂的品种和性能

缓蚀剂分有机缓蚀剂和无机缓蚀剂两类。使用中有机缓蚀剂多数不起化学变化，而无机缓蚀剂则往往发生化学变化。因此，含硫气田上多用极性的有机缓蚀剂。其品种和规格见表8-5。

表 8-5　气井缓蚀剂性能表

名称		页氮	粗吡啶	1901	7251	川天 2-1
主要成分		重质吡啶，喹啉	吡啶	甲基吡啶类	氯代烷基吡啶	酰胺类
性能	外观	棕黑色液体	棕黑色液体	棕黑色液体	黑褐色稠状物	棕黑色稠状物
	溶解性	溶于水	溶于水	溶于醇	溶于水、醇	溶于烃、醇
	气味	吡啶味	吡啶味	恶臭	微臭	微胺味
使用方法		酒精 1:1（质量）	直接用	直接用	7251：异丙醇：乌洛托平 =1:1.5:0.2	剂：煤油=1:9
用量，kg/d		40/10	40/10	40/15	2.5/10	3-9/30
缓蚀率，%		>90	>90	>90	95	>95
防腐周期		10	10	15	连续滴加	30

3) 缓蚀剂的注入方法

缓蚀剂注入气井的方法有周期注入、连续注入和挤入地层等三种，注入动力有泵注和利用自然高差的自流注入两种。气井常用周期自流注入方式，实践证明这种注入方式能够有效地保护油管、套管，同时具有不用外部动力、设备简单、操作方便的优点。其注入流程如图8-8所示。

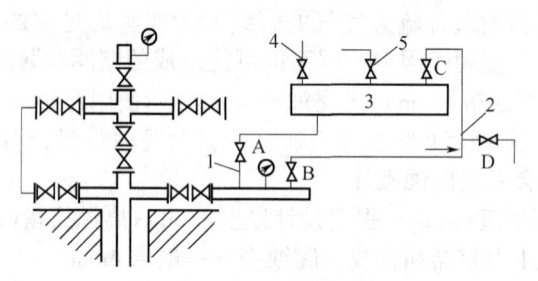

图 8-8　周期性自流注入缓蚀剂流程
1—缓蚀剂注入管线；2—压力平衡管线；3—缓蚀剂罐；4—放空阀；5—缓蚀剂加入口

打开缓蚀剂入口，加入缓蚀剂，注意不要加满（留1/3左右空间），然后上紧法兰，关好放空阀。打开阀B和阀C，使套管气进入其上部以平衡压力。压力平衡后打开阀A，缓蚀剂便在自然向差作用下慢慢流入套管。阀D可以检查缓蚀剂流入情况，管线不畅通时还可以通过阀D排放堵塞物。注入结束后关闭阀A和阀B，打开放空阀放掉注入系统中的高压天然气。缓蚀剂从油套管环空到达井底后，随气流沿油管上升到地面。这样在油管的内、外壁和套管的内壁布满了缓蚀剂膜，从而保护气井不受腐蚀。

缓蚀剂罐的位置要比注入口高1.5m以上，以形成足够高的注入压头。

下有封隔器的气井，使用图8-9所示的棒状缓蚀剂加入装置，定期把棒状缓蚀剂投入井底。

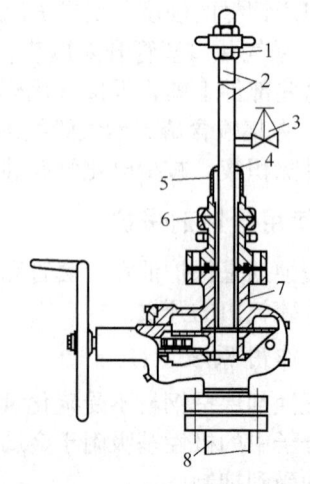

图 8-9　棒状缓蚀剂加入装置
1—活接头或阀门；2—不锈钢管；3—放空阀；4—焊口；5—管线堵头；6—带有法兰的栓接头；7—带法兰的闸阀；8—连接到采油树顶部的管线

第三节 天然气井的防砂

出砂气藏的储层一般具有岩性疏松、岩石颗粒胶结程度较差的特征，在其开发过程中，由于储层内的微粒运移，往往会导致渗流孔道的堵塞和渗流能力的下降，影响气井的产能和气井的动态控制储量。因此，本节重点介绍出砂及岩石破坏机理、影响出砂的因素、出砂预测方法和出砂预防等问题。

一、出砂及岩石破坏机理

1. 气田的地层出砂现象

对出砂气田的储层岩性和孔隙结构特征的研究表明，当气体的流速达到出砂门限压差时，在储层孔隙内部首先是填隙物作为流动砂开始随气体运移；当气体的流速增大到出砂极限生产压差时，储层岩石孔隙的骨架颗粒处于松散的点式接触状态，作用在岩石骨架颗粒表面的摩擦力使颗粒脱落而变成自由砂随气流带出，造成储层孔隙结构和骨架结构的破坏。

2. 疏松砂岩的矿物成分

伊利石吸水后膨胀、分散，易产生速敏和水敏；伊/蒙混层属于蒙皂石向伊利石转变的中间产物，极易分散；高岭石晶格结合力较弱，易发生颗粒迁移而产生速敏。疏松砂岩的这种岩石组成特征导致其岩性疏松，出砂临界流速低，而且出水降低岩石强度，将加剧出砂。

3. 出砂的力学机理

出砂的力学机理通过岩石的三种破坏类型来表示。

（1）剪切破坏。开采过程中，地层孔隙压力下降，有效应力增加，岩石将产生弹性变形（硬地层）或塑性变形（软地层），在地层扰动带将形成塑性区，塑性变形到一定程度将会引起剪切破坏，一旦剪切破坏发生，固体颗粒将被剥离。

（2）拉伸破坏。当压力骤变能超过地层拉伸强度时，将形成出砂和射孔通道的扩大。井眼处的有效应力超过地层的拉伸强度就会导致出砂。拉伸破坏一般发生在穿透塑性地层的孔眼末端口和射孔井壁上。

（3）黏结破坏。这一机理在弱胶结地层中显得十分重要。黏结强度是任何裸露表面被侵蚀的一个控制因素，这样的位置可能是射孔通道、裸眼完井的井筒表面、水力压裂的裂缝表面、剪切面或其他边界表面。当液体流动产生的拖曳力大于地层黏结强度时，地层就会出砂。在弱胶结砂岩地层，黏结强度接近0，在这些地层里黏结破坏是出砂的主要原因。

4. 出砂的化学机理

岩石内部强度由两部分组成：（1）微粒间的接触力、摩擦力；（2）颗粒与胶结物之间的黏结力。

国内某气田地层流体中含水，化学反应将溶蚀掉部分胶结物，从而破坏岩石强度。由化学作用引起砂岩破坏的程度必须通过对砂岩胶结物的检测来估计。

二、气井出砂的影响因素

1. 地应力

地应力是决定岩石原始应力状态及变形破坏的内在因素。钻井前，岩石在垂向和侧向地应力作用下处于应力平衡状态。钻井过程中，靠近井壁的岩石其原有应力平衡状态首先被破坏，井壁岩石将首先发生变形破坏。

开采过程中随着地层孔隙压力的不断下降，孔隙流体压力降低，导致储层有效应力增大，引起井壁处的应力集中和射孔孔眼的破坏包络线的平移。地层压力的下降可以减轻张力破坏对出砂的影响，但在疏松地层中剪切破坏的影响变得更加严重。因此，气藏的原始地应力状态及孔隙压力状态也是制约出砂的重要客观因素。

在断层附近或构造顶部位，构造应力将会很大，可能局部破坏原有的内部骨架，产生局部天然节理或微裂隙，这些部位的地层强度最薄弱，也是最易出砂和出砂最严重的地区。

2. 地层岩石强度

地层岩石强度反映了地下岩石颗粒的胶结程度，是影响地层出砂的主要因素。胶结性能与地层埋深、胶结物种类、胶结物数量和胶结方式、颗粒尺寸大小等有关。

一般来说，地层埋藏越浅，压实作用越差，地层岩石强度就越低。泥质胶结的砂岩较疏松，强度较低，性能还不稳定，易受外界条件干扰而破坏胶结程度。

3. 生产压差

上覆岩石压力是依靠孔隙内流体压力和本身固有的强度来平衡的。生产压差越大，气层孔隙内的流体压力就越低，导致作用在岩石颗粒上的有效应力越大，当其超过地层强度时，岩石骨架就会破坏。

对于气田，较大的生产压差还可能导致地层出水的加剧。由于流体渗流而产生的对储层岩石的冲刷力和对颗粒的拖拽力是气层出砂的重要原因。因此，生产压差、抽汲参数等气井工作制度的突然变化，会使储层岩石的受力状况发生变化，导致或加剧气井出砂。

4. 地层出水

气井在生产过程中可能出水，出水使得地层流动由单相气流动变为两相流动。对于弱胶结和欠压实，同时黏土矿物含量较高的疏松砂岩来说，地层一旦见水，黏土被水润湿，将发生水化膨胀，砂粒间的附着力减小，大大降低地层的强度，导致胶结的砂变成松散的砂。此外，在地层出水后，气水两相流动的携砂能力比单相气流的携砂能力强，地层的临界出砂速度将会降低，地层将更容易出砂。

三、气井出砂预测和防砂方法

1. 气井出砂预测方法

1) 现场观测法

（1）岩心观察：用肉眼观察、手触摸等方式来判断岩石强度与生产中出砂的可能性。

（2）DST 测试：如果 DST 测试期间气井出砂，则在生产初期就可能出砂；如果 DST 测试期间未见出砂，但发现井下工具在接箍台阶处附有砂粒，或 DST 测试完毕后发现砂面上升，则表明该井肯定出砂。

（3）邻井状态：在同一气藏中，若邻井在生产过程中出砂，则该井出砂的可能性就大。

（4）胶结物：泥质胶结物易溶于水，当气井含水量增加时，易溶于水的胶结物就会溶解而降低岩石强度；当胶结物含量较低时，岩石强度主要由压实作用提供，对出水不敏感。

（5）测井法：利用声波时差和密度测井获得岩石的强度，据此预测生产时是否出砂。

（6）试井法：对同一口井在不同时期进行试井，绘制渗透率随时间的变化曲线，从渗透率的变化来判断井是否出砂。

2）经验法

经验法主要根据岩石的物性、弹性参数及现场经验，对易出砂地层进行出砂预测。目前常用的几种经验方法如下：

（1）声波时差法。利用测井和岩心试验可求得地层孔隙度在井段纵向上的分布。孔隙度大于30%时，表明地层胶结程度差，出砂可能性大；孔隙度在20%~30%时，地层出砂可能性存在；孔隙度小于20%，地层不会出砂。

（2）组合模量法。根据声速及密度测井，计算岩石的弹性组合模量：

$$E_c = \frac{9.94 \times 10^8 \rho_r}{\Delta t_c^2} \tag{8-5}$$

式中　E_c——岩石的组合弹性模量，MPa；

　　　ρ_r——地层岩石密度，g/cm³；

　　　Δt_c——纵波声波时差，μs/m。

判断准则如下：

$E_c \geq 2.0 \times 10^4$ MPa，正常生产时不出砂；

1.5×10^4 MPa$< E_c <2.0 \times 10^4$ MPa，正常生产时轻微出砂；

$E_c \leq 1.5 \times 10^4$ MPa，正常生产时严重出砂。

（3）地层强度法。20世纪70年代初Exxon公司发现当生产压差是岩石剪切强度的1.7倍时，岩石开始破坏并出砂。

（4）双参数法。以声波时差为横轴，生产压差为纵轴，将各井的数据点绘在坐标图上，则出砂数据点形成一个出砂区。把要预测井的数据绘在同一坐标上，判断是否出砂。

3）理论计算方法

理论模型首先计算岩石强度、地应力、井眼或孔眼周围的应力分布，然后利用强度准则判断破坏。与井壁稳定性分析一样，出砂预测理论模型包括岩石力学本构模型和强度判别准则两个重要组成部分。

常规理论计算方法的最大缺陷就是没有考虑在整个开发过程中，地层岩石强度是变化的。

2. 气井防砂方法

疏松砂岩油气藏分布范围广、储量大，这类油气藏开采中的主要矛盾之一是油气井出砂。因此，油气井防砂工艺技术对疏松砂岩油气藏的顺利开发至关重要。油气井防砂主要以机械防砂、化学防砂为主。在这里简要介绍高压充填防砂技术和化学防砂技术。

1) 高压充填防砂技术

高压充填防砂是将管外充填与管内充填相结合的一种防砂工艺。首先将高压充填工具连接绕丝管柱,下至产层部位,然后投球打压,使卡瓦打开,从而固定住绕丝管柱,同时压缩密封胶皮,以密封住油套环空,并且打开充填通道。然后,使用压裂车组以高压、大排量携砂液携带一定粒径的石英砂进行地层填砂,在地层形成一定半径的高渗透性防砂体,建立起一道以砂防砂的屏障,进而再完成绕丝管外环形空间的充填,使之与管外砂体形成连续的高渗透挡砂体系,实现防砂目的。充填结束后,工具倒扣丢手,实现了生产管柱与防砂管柱的分离。因此,高压充填工艺一次性完成了地层充填和绕丝管外充填的双重任务。

常规的地层填砂+下绕丝充填施工,往往因地层填砂后需进行探冲砂、刮管热洗井等施工,加上地层压力不稳定、施工周期较长等因素的影响,而使地层填砂效果变差。而高压充填工艺技术实现了地层填砂与绕丝管外充填两道工序合二为一,从而缩短了施工周期,节约了防砂成本。另外,地层充填砂体和绕丝管外砂体是在高压下一次性形成的,砂体稳定、连续,且防砂半径大,保证了防砂效果和防砂有效期。

2) 化学防砂技术

常规的砾石充填技术在防止地层砂流入井筒方面是十分成功的,但有时这种砾石充填不能阻止细粉砂的运移,从而造成井底砂堵,不得不进行修井作业,支付昂贵的维修费用。

采用烷基聚硅酸酯(EPS)固砂能够解决上述问题。该方法的工艺原理是:将含水有机铵硅酸盐、碱金属或铵的硅酸盐溶液注入砾石充填层,使硅酸盐水溶液饱和整个层段;然后注入一定体积的烃段塞作隔离液(烃段塞隔离液可以是石蜡和芳烃液体);再注入含有烷基聚硅酸酯的可与水互溶的有机溶剂。当该溶液与保留在砂粒上的及滞留在砂粒之间接触点上的有机铵硅酸盐、碱金属或铵的硅酸盐溶液接触时发生反应,在充填层段形成硅化物水泥。所形成的硅化物水泥在pH≤7时稳定,且能耐约1000℃的高温。以上处理步骤可重复进行,直至控制住细砂粒的位移。

各种试剂的浓度、用量及注入速率与地层特性有关,因此在施工前要从被处理的层段取岩心样品来进行试验,以得出最佳参数。为了获得较高的固结强度,可以采取以下两种途径:

一是增大水段塞中硅酸盐的浓度,或者增大水溶有机溶剂段塞中所含烷基聚硅酸酯的浓度来提高胶结强度;

二是降低硅酸盐水溶液及烷基聚硅酸酯溶液的注入速率来提高胶结强度。

硅酸盐水溶液段塞及含烷基聚硅酸酯的水溶有机溶剂段塞的注入可以反复进行,直到地层的胶结强度达到一定程度、井壁不至于坍塌、不至于造成地层伤害为止。一般情况下,越浓的硅酸盐水溶液越黏,固相含量越高,生成的硅化物水泥胶结强度也就越高。

以水溶液形式作用的有机铵硅酸盐中的有机基团,包括那些含C—C烷基或芳基和杂原子的基团,最好是四甲基铵硅酸盐酯。

有机溶剂中的烷基聚硅酸酯,是烷基正硅酸酯的水解缩合产物,四甲基正硅酸酯也可以使用。制得的烷基聚硅酸酯 $n(SiO_2$ 与 M_2O 物质的量比)>0.5,最好 $n>1$,当 n 增加时,SiO_2 含量增加,胶结强度也增大。烷基聚硅酸酯中 SiO_2 含量应大于30%,最好在50%左右,为了和水中的硅酸盐充分反应,EPS、TMS(四甲基硅烷)、TEOS(正硅酸乙酯)或其他聚硅酸酯在溶剂中的含量在10%~90%(质量分数),最好为20%~80%(质量分数)。

思考题

1. 水合物形成条件主要有哪些？防治方法有哪些？
2. 简述油套管腐蚀对生产的影响。
3. 油气井生产过程中的腐蚀主要有哪些类型？简述缓蚀剂的作用原理。
4. 简述气井出砂危害及气井防砂方法。

参 考 文 献

[1] 金忠臣，杨川东，张守良，等. 采气工程 [M]. 北京：石油工业出版社，2004.
[2] 杨川东. 采气工程 [M]. 北京：石油工业出版社，2001.
[3] 廖锐全，曾庆恒，杨玲. 采气工程 [M]. 2版. 北京：石油工业出版社，2012.
[4] 甘代福. 天然气脱水 [M]. 北京：石油工业出版社，2017.
[5] 李帅. 红岗中浅层油气井防砂工艺研究与应用 [D]. 大庆：东北石油大学，2016.
[6] 李海平. 气藏工程手册 [M]. 北京：石油工业出版社，2016.
[7] 王杏尊. 疏松砂岩压裂防砂技术 [M]. 北京：石油工业出版社，2013.
[8] 陈布. 天然气流量计量综合管理系统的开发与应用 [D]. 北京：北京理工大学，2015.

第九章 采气工程新技术

经过国内外学者研究与试验，采气工程技术在负压开采、压裂工艺及人工智能应用等方面取得一定的进步与发展。国内多数气井经过长时间的开采，普遍进入低压低产阶段，而负压采气技术能够有效改善老井的低压低产状况，提高最终采出程度，使有限的能源得到充分利用。压裂改造技术的进步，使得非常规气藏（致密砂岩气藏、页岩气等）成功开发，对保障我国能源安全具有重要意义。在如今数字化时代，采气工程也逐渐与人工智能相结合，不仅改善了气井的生产状况，还提升了生产的安全性。因此本章简要介绍负压采气技术、压裂新技术及人工智能在气田开发中的应用。

第一节 负压采气技术

负压采气可将废弃井口压力抽汲至负压，从而加快开采速度和最大限度提高最终采出程度，使有限的能源得到充分利用。国内外很多气藏已经使用或正在探究使用该工艺阶段，国外的 Warren 石油公司、北方天然气公司、Long Star 公司，国内苏里格气田等都开始采用负压采气工艺，大大提高了气井产量。

一、工艺原理及适用性

1. 工艺原理

当井口压力大于大气压时，会在气井井口生成正压，从而增加气流动阻力，降低生产效率。使用真空泵和压缩机等设备来降低井口压力，使其小于大气压，此时会在井口形成负压，从而提高气井生产压差，井筒气经过抽汲实施采气，使类似于苏里格气田的致密气田采用常规采气工艺无法生产的井得到进一步开采。随着工艺的发展和不断提高，已经淘汰了负压开采初期利用真空泵和缓冲罐与压缩机设备结合的方式，负压采气主要采用螺杆式压缩机。生产实践证明，通过增加天然气压缩机进行负压采气，回收利用自产天然气，在小区块低压气藏开采中较常见，能减缓气藏的递减速度。负压采气流程如图 9-1 所示。

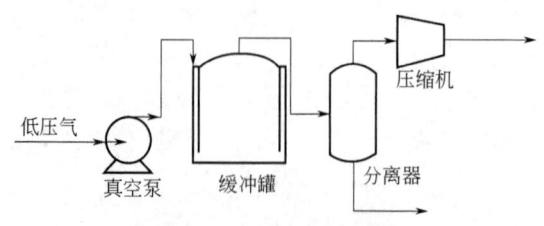

图 9-1 负压采气流程

负压采气技术是当气井口压力为负压（低于大气压）时采用的采气技术。应用该项技术，可以加快开采速度和提高最终采出程度，使有限的能源得到充分利用。然而因为建设增压系统投资较大，负压采气是否可行，取决于实施系统抽吸降压后，可以增加多少经济可采储量。根据式(9-1)，负压采气主要适用于弹性产率较高的气藏。对于具体气藏，主要取决于可以形成多大的地层压力降。

$$\Delta N_p = R \Delta p_r \tag{9-1}$$

式中 ΔN_p——经济可采储量增量，$10^4 m^3$；

R——气藏弹性产率，$10^4 m^3/MPa$；

Δp_r——地层压力降，MPa。

2. 负压采气选井原则

一般实施负压采气的井应该满足以下要求：

（1）必须是低压气井（井口压力低于集输干线压力）；

（2）必须有良好的完井，气井的垮塌和水窜，都将增加工艺的运行成本；

（3）剩余储量要较为可观，以保证投资的回收和较好的技术经济、社会效益；

（4）地层渗透性要好，应具有可抽性；

（5）最好是无水气田或无水气井，如有气田水，必须同时上排水工艺，方能实施负压采气工艺技术。

负压采气的实质就是在低于大气压下对气井进行抽放。表 9-1 为评价产层透气性的可抽放指标，透气性的可抽放性指标为：渗透率大于 0.25mD 时可以抽放。

表 9-1 评价产量透气性的可抽放指标

抽放指标 难易程度	地层渗透性系数 $m^2/(MPa^2 \cdot d)$	换算成渗透率 mD	百米钻孔涌出量 m^3/min
可以抽放	>0.1	>2.5×10^{-1}	>0.3
勉强抽放	0.1~0.001	2.5×10^{-1} ~ 2.5×10^{-3}	0.3~0.1
难以抽放	0.001	<2.5×10^{-3}	<0.1

国内低渗透气藏的特征参数大多数能满足甚至优于国外实施负压采气工艺钻孔井的指标。因此，对国内低渗透、低压力、低产量气井实施负压采气工艺技术是可行的。

3. 技术问题

虽然负压采气为低压气的利用提出了一种新的思路和方法，但目前存在的问题仍很多。因此，要使负压采气广泛地应用到低压气藏的采气工艺中，仍有许多技术问题需要解决。

1) 氧气污染

氧气污染是负压集输工艺中存在的最大问题，它可以引起一系列连锁反应、导致整个系统处于危险的状态，甚至瘫痪。整个系统要求一定的真空度，但井口设备（阀和管件）泄漏、计量设备（配管、测温嘴、阀门等）泄漏、法兰连接处泄漏、井套管和油管泄漏、压缩机填料泄漏、操作管理不善、管道腐蚀穿孔等原因都能够引发系统漏气，使氧气进入系统，引发污染。

2) 真空泵

真空泵对低压气的液体、固体含量敏感，因此进入泵之前应尽量减少液体和固体杂质的含量，一旦固体、液体、杂质进入真空泵，将会严重影响其正常运行，导致后续工艺处于瘫痪状态。另外一旦氧气混入真空泵中，与天然气混合成爆炸性的气体，会严重影响整个工艺系统的安全性。因此,必须研发高效的分离过滤装置或者对固体和液体杂质不再敏感的新型真空泵。

3) 压缩机

由于集气系统存在一定的真空度,压力低,因此要求压缩机气缸的直径很大。一般需508mm以上的气缸才能满足负压采气、集气的要求,而这样的压缩机价格昂贵,大大增加了投资和运行成本。

压缩机进口前利用分离过滤装置过滤天然气,如果分离过滤装置达不到工艺要求,将有可能使阀过度磨损甚至失效。低压气的压力低,一般的分离器已经不能满足工艺要求,需要研发新型分离器。

4) 管道腐蚀

低压气的压力低、流量小、流速慢、持液量少,凝析液会在管道的低洼处聚集,从而引起管道腐蚀。

二、负压采气工艺设计

1. 工艺流程设计

负压采气工艺流程如图9-2所示,首先应尽量采用油套管合采工艺,以最大限度降低井口装置对气流的压力损失。从油套管出来的天然气分两路(一路进入真空泵抽吸泵入;另一路走旁通直接进入)进入分离器,将天然气中所带凝析水、真空泵部分循环水及少量固体微粒分离干净,然后通过缓冲稳压罐进入压缩机增压、计量装置,输入集气干线。

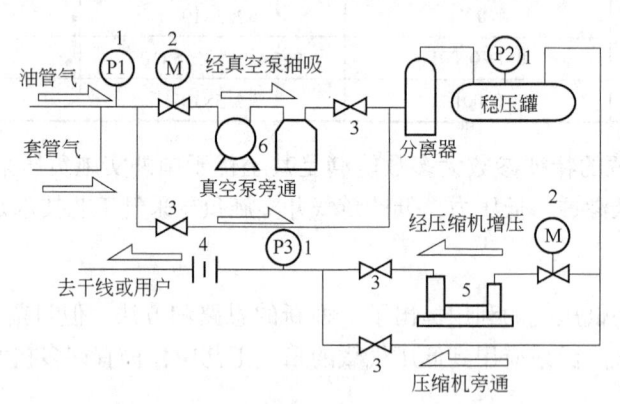

图9-2 自动连续负压采气工艺流程图
1—压力传感器;2—电动阀;3—单向阀;4—计量装置;5—压缩机机组;6—真空泵机组

2. 流程设备配置及作用

(1) 真空泵:使气井井口的压力降到负压,实现负压采气;

(2) 压缩机:将真空泵输出的0.1MPa的天然气增压达集输气干线的压力,以便输给用户;

(3) 稳压罐:真空泵和压缩机串联匹配时自动控制反应时间的调节;

(4) 分离器:分离天然气中的液体和固体杂质;

(5) 计量装置:对工艺采气的计量;

（6）自动控制系统：对真空泵、压缩机串联匹配的自动控制和全套工艺设备运行数据进行采集处理及运行的安全自动保护。

由于低压气井分布较为分散，大多水源、电源缺乏，故建议真空泵、压缩机采用天然气发动机驱动，所有附属设备的动力均由驱动真空泵和压缩机的天然气发动机来提供。真空泵、压缩机运行参数采集及两机匹配的自动控制和生产照明、部分动力用电均由天然气发动机附轴驱动的小发电机提供。

冷却系统用闭式循环冷却。天然气发动机与真空泵、天然气发动机与压缩机采用一个组合式冷却器，该冷却器冷却它们的循环水和被它们输送的天然气；循环水泵和冷却器的风扇均由天然气发动机来驱动。

所有设备实现撬装化，结构紧凑，搬运、安装方便。对于含硫的低压气井，采用此项工艺，还应备有干法脱硫器，为天然气发动机提供净化后的燃料。

3. 方案设计步骤

1）低压气井负压采气依据论证

根据气井地质状态，计算出剩余储量、无阻流量及该状态下井口的压力，判明气井有无气田水，分析气井天然气性质数据；选择适合实施该工艺的气井；查清现有采气工艺状况和生产情况；调查水电讯现状。

2）工艺参数的确定和管线设备的设计选择

（1）确定合理的井口负压和排气量（即生产规模）。

（2）据干线最大工作压力和生产规模、天然气性质选择真空泵及压缩机。选配适当的燃气发动机与真空泵和压缩机配套，并进行撬装设计，搞好真空泵和压缩机的串联匹配。

（3）自动控制方案设计。

（4）计量装置选用。

（5）据现场环境状况选择合理的设计温度。进行工艺配备集输管、分离器、稳压罐设计。其强度设计按集输干线最大工作压力来计算；通径或容积按各自在负压采气工作状态下的压力和允许流速计算。

（6）设备基础设计。

（7）环保和消防设计。

第二节 压裂新技术

利用地面高压泵将压裂液挤入油（气）层，使油（气）层产生裂缝或扩大原有裂缝，然后再挤入支撑剂，使裂缝不能闭合，从而提高油（气）层的渗流能力，这种工艺措施称为压裂。自1947年美国第一次水力压裂以来，经过70多年发展，压裂技术从理论研究到现场实践都取得了惊人的发展，常规的水力压裂按工艺原理分类可分为笼统压裂、分层压裂（视频9-1）、限流法压裂、投球法压裂、脱纱压裂、保护隔层压裂、重复压裂、复合压裂、泡沫压裂、空逢高压裂、防砂压裂等。

随着压裂工艺技术不断发展，也逐渐衍生出新的压裂方式，本节简要介绍低伤害复合压裂、纤维防砂压裂、活性水携砂指进压裂及 CO_2 压裂技术。

视频9-1
气井分层压裂

一、低伤害复合压裂

1. 低伤害复合压裂基本概念

低伤害压裂技术是非常规天然气压裂改造的方向，它是在低伤害或无伤害压裂材料的发展上建立起来的。而低伤害压裂技术的核心是低伤害压裂液技术，因此，形成了以复合压裂液为背景的低伤害复合压裂技术。该技术是指以低伤害为前提条件的一种复合压裂技术。此处的"复合"是指低黏活性水或线性胶与高黏度冻胶压裂液的混合注入模式。一般低黏压裂液造缝，高黏压裂液携砂，且在压裂的不同阶段，基于裂缝温度场的变化逐渐调整压裂液的稠化剂浓度及黏度。因此，可兼顾造缝效率、控缝高、低伤害及提高支撑剂远井支撑效率等多方面的因素。

该技术应是目前致密气常用的"滑溜水+胶液"混合压裂技术的前身，只不过在低黏压裂液造缝期间，至多加些小粒径支撑剂段塞技术打磨消除近井筒弯曲摩阻，而没有加小粒径支撑剂。在高黏压裂液阶段才正式加砂，且主要为一种大粒径的支撑剂。该技术的主体思路还是追求单一裂缝的低伤害和高导流。

2. 低伤害复合压裂技术优势

（1）低伤害。由于前置液采用低黏度压裂液，如活性水或线性胶，稠化剂浓度相对较低，因此，水不溶物含量及残渣等相对较低，对裂缝导流能力的伤害相对较低。此外，高黏度携砂液的稠化剂浓度也随裂缝内温度的逐步降低而逐步降低，既满足了携砂性能要求，又满足了全程低伤害的要求。

（2）缝高控制程度好。由于前置液阶段的压裂液黏度相对较低，因此，在同等排量下的缝高控制程度好，可使缝尽最大限度地覆盖有效的储层厚度范围。

（3）支撑剖面较为理想。由于携砂液阶段为高黏度的压裂液，支撑剂运移距离相对较远，且支撑剂沉降比例相对较低，利于提高支撑效率。裂缝整体而言，支撑剖面相对理想。

二、纤维防砂压裂

在压裂开发历程中，川西气井由于强调快速放喷，支撑剂回流出砂问题比较突出，约有50%以上的井（层）存在不同程度的出砂，出砂量一般大于$1m^3$，甚至有个别井的出砂量达到$2\sim10m^3$以上。致密砂岩气藏气井压力高、产量高、流速快，支撑剂回流出砂对井口及地面流程管线的冲蚀破坏作用相当强烈，已经严重影响到气井的正常生产、安全生产。为了防止支撑剂回流，降低气井排液及生产过程中的安全隐患，逐渐形成了一种新型的纤维支撑剂加砂压裂工艺技术，有效解决上述难题，提高了致密砂岩气井的采收率。

1. 纤维防砂压裂技术原理

将拌有纤维的携砂液注入裂缝后，通过纤维缠绕来包裹支撑剂颗粒。压裂施工结束，裂缝闭合时，裂缝中的支撑剂因承受侧限压力，颗粒间以接触的形式相互作用而达到力学平衡。压裂液返排时，流体流动的冲刷使颗粒间的平衡受到破坏，支撑剂颗粒发生塑性剪切形变，形成一系列的砂拱结构，包裹颗粒的纤维使一盘散砂变成了一个个整体。支撑剂在裂缝中不易被返排出，大大降低了裂缝的应力敏感性。

排液过程中，砂拱剪切变形引起纤维变形，将纤维轴向力分解为切向、法向两部分，切向分量直接抵抗砂拱剪切变形，法向分量增加侧限压力，进而增大支撑剂间的摩擦力，间接抵抗砂拱剪切变形，从而提高砂拱的稳定性和压裂液的临界返排速度，有效防止支撑剂的返出，且压裂液快速返排在一定程度上避免了水相圈闭对储层的伤害。

纤维防砂压裂技术依靠"硬纤维"与"软纤维"的双重作用来达到防砂的目的，当地层流体携带细粉砂流入井筒时，被带正电支链的"软纤维"所吸附，形成细粉砂结合体。这种细粉砂结合体与粒径大的砂粒被相互缠绕的"硬纤维"三维网状结构束缚，从而被阻挡流入井筒，起到稳砂和挡砂的双重作用，解决了地层出砂的难题。

2. 纤维防砂压裂工艺设计要点

1）控制射孔长度，形成短粗裂缝

压裂充填后形成的高导流能力裂缝和短宽缝突破近井污染带可实现较好的增产及降低注气压力，并降低对岩石骨架的破坏，减轻生产流体对地层砂的冲刷和携带及支撑剂对地层砂的桥堵。

在裂缝中形成一条高导流能力的渗滤带，有效地将地层压力传至井底，从而降低生产压差，减小原油和天然气的渗流阻力，达到增产和防砂的目的。

2）全程拌注纤维

在加砂压裂过程中全程拌注纤维，能提高支撑剂铺置效率，增加有效支撑缝长，同时起到防止支撑剂回流和地层出砂的作用。该方法具有以下优点：

(1) 提高压裂液在破胶降黏过程中的携砂性能；
(2) 提高支撑剂在裂缝中的铺置效率，防止支撑剂做无效充填；
(3) 有效预防因提前破胶导致的砂堵、砂卡；
(4) 有利于形成填砂裂缝从而保持更高的长期导流能力；
(5) 抑制缝高过度延伸；
(6) 有效控制残渣伤害。

3）使用端部脱砂工艺

端部脱砂指在裂缝达到设计长度时，在裂缝的前端形成脱砂砂桥，后续压裂裂缝主要向缝宽方向延伸，使缝宽增加一倍左右，形成较宽的高浓度砂的支撑裂缝。

利用端部脱砂工艺，在人工裂缝内形成纤维和支撑剂的高砂比团束状混合物，既能保持人工裂缝足够的导流能力需要，也能对岩石颗粒的运移起到防止和减缓的防护墙作用。

三、活性水携砂指进压裂

上述所总结的致密砂岩气藏的压裂改造主要以低伤害、低成本、深穿透和高导流为目标，但常规的活性水压裂或冻胶压裂只能实现部分上述目标，且往往顾此失彼。为此，蒋廷学等提出了活性水携砂指进压裂技术。该技术既克服了活性水压裂的低砂比和纵向支撑效率低的缺点，又克服了冻胶压裂的破胶问题对裂缝导流能力造成的影响，可以说活性水携砂指进压裂技术既利用了活性水压裂和冻胶压裂的优点，又同时避免了他们的缺点，这对提高国内致密砂岩气藏的压裂增产改造效果、稳产期及采收率具有重要的借鉴和指导作用。

1. 活性水携砂指进压裂基本概念

活性水携砂指进压裂是指在加砂时，采用常规压裂的注入排量，用活性水替代常规的交联冻胶，利用活性水与作为前置液的交联冻胶的黏度差异（100∶1以上），活性水携带的支撑剂会呈指状分布在冻胶中，而不会像常规活性水加砂压裂那样沉降在缝底，最终形成了类似全悬浮的输砂剖面。由于少用了本来应该用的冻胶，导流能力可得到进一步提高，而成本可进一步降低。其核心原理是活性水和交联冻胶黏度差形成的黏滞指进效应，室内实验研究证明，只要这种黏度比达到60∶1以上，黏滞指进效应会非常显著。常规活性水的黏度就在1mPa·s左右，交联冻胶的黏度经常在100mPa·s以上甚至更高。因此，压裂现场条件具备充足的实现黏滞指进的可能性。正是由于这种黏滞指进效应，虽然活性水在常规压裂排量下的携砂性能相对较低，但最终仍可形成接近全悬浮的输砂剖面。

活性水携砂时的滤失性是需考虑的关键因素。由于前置液造缝及滤饼的形成，当加砂改注活性水时，由于黏滞指进效应，活性水很难有机会直接接触裂缝壁，即使部分活性水能接触到裂缝壁，由于滤饼的遮挡及滤失与时间平方根间的反比关系，裂缝壁附近活性水的滤失仍是非常小的，况且致密气藏本身的滤失性就非常小，除非出现天然裂缝发育的情况。但即使出现天然裂缝发育的情况，活性水的滤失仍不占主导，因为大部分活性水已呈指状分布在交联冻胶中。

作为前置液的冻胶量的设计也是值得关注的重要问题。如冻胶量偏少，则活性水携带支撑剂时可能会突破冻胶的移动前缘，会有部分被活性水携带的支撑剂沉降缝底，有可能造成早期脱砂的现象。

缝高的上下延伸情况及井筒中支撑剂的沉降现象也需深入研究。因为，如缝高太大、过度上下延伸，则黏滞指进效应将会主要发生在垂向的缝高方向，而水平向的缝长方向则可能是次要的，使接近全悬浮的支撑剖面难以实现。况且，在纵向上即使黏滞指进效应非常显著，活性水携带的支撑剂仍会大部沉降在缝底；而井筒中活性水携带支撑剂的沉降情况也会影响到压裂施工的正常进行，在某些特殊或极端情况下，可能造成砂埋射孔段的情况发生。

2. 活性水携砂指进压裂技术优势

（1）降低携砂液用量。在加砂的前几个低砂液比段，用活性水替代了部分高黏度的携砂液，既降低了压裂液的成本，又降低了压裂液残渣对裂缝导流能力的伤害。

（2）增加支撑缝长。由于黏滞指进效应，活性水携带的支撑剂能快速推进到高黏压裂液造缝前缘。

（3）支撑剖面较理想。低黏度活性水虽然黏度低、携砂能力差，但由于黏滞指进效应，其携带的支撑剂在高黏前置液中可以悬浮，远井裂缝支撑剖面没有受到任何不利影响。

（4）裂缝导流能力更高。由于活性水对裂缝导流能力的保持率接近100%，而常规的携砂液只能达到10%~50%，因此，部分替代了高黏度携砂液后，裂缝的总体导流能力是提高的。

四、CO_2压裂

1. CO_2压裂基本概念

由于CO_2特有的物理化学性质，CO_2压裂相对常规水力压裂增产效果明显，特别是对于低孔低渗透的致密砂岩储层，CO_2压裂可提高压后返排效率，降低储层伤害，提高单井产量，在现有无水压裂技术中脱颖而出，并成功应用于现场实践。

CO_2压裂技术是一种采用CO_2部分或全部替代水作为携砂液，进行储层压裂增产改造的技术。与常规压裂形成的双翼缝相比，采用 CO_2 压裂后可形成复杂的裂缝网络，同时在地层温度下 CO_2 快速气化，可以显著提升地层压力。当储层中 CO_2 过饱和时，能改变流体与毛细管或岩壁的接触角、毛细管的直径及地层孔隙的化学吸附，能够有效地改变毛细管参数，有利于压裂液的返排。同时 CO_2 具有与地层配伍性好、改善储层渗流通道的特点，可以极大地降低液体对储层的伤害。基于以上特点，CO_2 压裂技术成为一种高效的储层改造技术。

2. CO_2 压裂造缝机理

测试表明，采用液态和超临界 CO_2 时，流体压力的响应曲线差异较大，而最终的破裂压力比较接近。流体压力的响应曲线主要受流体的压缩系数和黏度共同影响。注入初期，岩石内部压力小，与外部的压差也小，压力增长的速度主要由压缩系数控制，低压下液态 CO_2 的压缩性高，因而压力增加较缓慢；压力逐步增加，岩石与外部的压差也相应增大，此时压力增长速率主要由黏度控制，与清水相比，CO_2 黏度低得多，流体滤失高，因而流体压力增长慢。

CO_2 的增压范围远大于清水压裂，天然裂缝内流体压力的增加促使应力状态逐步逼近莫尔破坏包络线，使天然裂缝的稳定性越来越差。随着压裂的继续进行，流体压力持续增加，越来越多的天然裂缝趋向于产生剪切破坏，随后转变为人工裂缝，并最终形成复杂的人工裂缝网络；而对于清水压裂，一方面原位地应力差较大，使水力裂缝直接穿过大部分天然裂缝，另一方面清水的黏度相对超临界 CO_2 而言要大很多，导致压裂液滤失进入天然裂缝相对困难，因而最终形成相对简单的水力裂缝网络。

3. CO_2 压裂技术分类

CO_2 压裂作为致密砂岩气藏储层增产技术主要有三种分支技术，即前置 CO_2 增能压裂技术、CO_2 泡沫压裂技术、CO_2 干法压裂技术。

1) 前置 CO_2 增能压裂技术

前置 CO_2 增能压裂是指在正式压裂前，采用一定排量纯液态 CO_2 压开地层，并注入一定体积的液态 CO_2，然后再开展常规水力压裂。该工艺施工方便，安全性高，压后能实现一次喷通产气，返排率比常规压裂提高 15% 以上，投产时间缩短 5~8 天，助排效果明显。实践表明，前置 CO_2 增能压裂在致密储层具有很好的适应性。

CO_2 增能压裂的优点在于：

(1) 对于后续注入压裂液类型没有要求；
(2) 不影响压裂加砂规模、施工排量及后续工艺选择；
(3) CO_2 使用量不受限制；
(4) 施工简单、方便。

2) CO_2 泡沫压裂技术

CO_2 泡沫压裂是施工过程中将液态 CO_2 作为一种组分与常规水基压裂液进行充分发泡，形成稳定的泡沫体系，携带支撑剂进入地层，实现储层的充分改造。为了保证泡沫结构的稳定，通常要求液态 CO_2 混合比例大于 52%。采用该工艺后，CO_2 在地层温度下快速气化，可以显著提升地层压力，有利于压裂后液体的返排，可以有效地减小储层伤害，提高投产效率。但 CO_2 泡沫压裂液流体结构是由细小泡沫致密排列而成的非牛顿流体，泡沫结构在剪切作用下会发生破裂、衰减，导致流动过程中能量耗散显著增强，表现为流体管流摩阻较高。CO_2泡沫压裂主要针对水敏性强的储层增产改造，存在携砂能力有限、施工摩阻较高等缺点，因此施工排量和加砂规模受限。

3) CO_2干法压裂技术

CO_2干法压裂也称为纯液态CO_2压裂，是一种以纯液态CO_2作为携砂液进行压裂施工的工艺技术，压后CO_2能快速、彻底返排出地层，是一种真正意义上的无伤害压裂工艺。从工艺实施上，国外已开展数千次CO_2干法压裂作业，技术比较成熟；国内开展了数十例不加砂压裂试验，在工艺参数上还处于摸索阶段。目前存在的问题主要是密闭混砂装置不完善，加砂规模有待进一步提高。纯液态CO_2压裂技术在致密砂岩气藏有非常好的应用前景。

第三节　人工智能在气井开发中的应用

随着信息技术的飞速发展，以"云大物移智"（云计算、大数据、物联网、移动互联网、人工智能）为代表的新一波数字技术浪潮席卷全球。油气行业也处在数字化转型的重要时期，正在迈向以数字化、智能化为主要特征的第五次技术革命。数字化已成为油气行业实现转型发展的重要战略机遇。因此，石油业内人士正致力于研究人工智能、数字分析、机器学习等技术在石油领域的应用，以提高操作的效率、生产力、可靠性和可预测性。本节简单介绍人工智能技术在气田开发中应用和发展，期望实现大幅度提高气田开发作业效率和质量，降低成本和风险，提升气藏的开发水平。

一、灰色神经网络压裂参数优化

灰色系统理论是20世纪80年代发展起来的一门新学科，其灰色模型GM（1，1）、GM（2，1）和SCGM（1，1）等预测模型可在小数据量情况下对非线性、不确定系统的数据序列进行预测，已广泛应用于工程技术、社会、经济、农业、生态、环境等各种系统的预测。灰色系统着重于外延明确、内涵不明确的对象。灰色系统建模方法是着重于系统行为数据间、内在关系间挖掘量化的方法，是内涵外延和外延内涵均取的方法。灰色系统建模实际上是一种以数找数的方法，从系统的一个或几个离散数列中找出系统的变化关系，建立系统的连续变化模型。

目前，灰色系统理论已形成了以灰色关联空间为基础的分析体系、以灰色GM模型和SCGM模型为主体的模型体系、以灰色过程和生成空间为基础与内涵的方法体系，以及以数据处理、系统分析、建模、预测、决策、控制、评估为纲的技术体系，并正在努力形成以灰朦胧集为基础的灰数学体系。灰色系统理论的蓬勃生机和广阔前景正日益广泛的为国际、国内各界所认识和重视。但是，灰色系统本身没有很强的并行计算能力，系统的轻微变化都将导致重新计算。另外，灰色预测模型预测误差往往偏高，特别是当系统中出现突变、切换、故障或大扰动等特殊情况时，对预测序列的干扰会出现异常数据，从而破坏了预测数据的平稳性，预测误差会大幅上升。

与灰色预测模型相比，人工神经网络由于具有强大的学习功能，能够通过对可预测的突变数据进行学习，从而可以对某些特殊情况的出现进行预测。因此，灰色神经网络将灰色系统与神经网络有机结合、取长补短来提高系统的并行计算能力和可用信息的利用率，将黑箱建模方法与灰色方法有机结合起来,达到提高系统建模的效率与模型的精度和采收率的目的。

1. 灰色系统与神经网络融合方式

目前,关于神经网络与灰色系统结合的研究有了一定的进展,但还有待进一步深入。从灰色系统与神经网络的融合的可行性及其融合的可能方法进行分析与研究,可将灰色系统与神经网络技术从简单结合到完全融合划分为以下几种形式:

(1)神经网络与灰色系统简单结合。在复杂系统中,可同时使用灰色系统方法和神经网络方法对灰色特点明显且没有分布并行计算的部分使用灰色系统方法来解决,而对于无灰色、特征属黑箱的部分用神经网络解决,两者之间无直接关系。

(2)串联型结合。灰色模型与神经网络在系统中按串联方式连接,即一方的输出为另一方的输入。具体思路为:由 GM(1,1)模型预测每个时间步上不同数据个数的目标系统,并将预测结果输入神经网络中,用神经网络训练收敛于期望的目标系统,最后,调用基于已训练神经网络的 GM(1,1)模型来预测目标系统。

(3)用灰色系统辅助构造神经网络。由于灰色系统的信息结构分为确定性信息与不确定性信息,用神经网络技术求解灰色系统时,可用灰色系统中的确定性信息来辅助构造神经网络,由确定性信息指导神经网络结构,改进神经网络的学习算法。

(4)用神经网络增强灰色系统。灰色系统建模的宗旨是将数据列建成微分方程模型,由于信息时区内出现空集(即不包括信息的定时区),因而只能按近似的微分方程条件建立近似的、不完全确定的灰微分方程,而在实际应用中难以直接使用灰微分方程,因此,可构造一个 BP 网络对灰微分方程的灰参数进行白化。构造的 BP 网络中要包括灰微分方程的参数,从灰色系统已知的数据中提取样本对 BP 网络进行训练,当 BP 网络收敛时,可从中提取出白化的灰微分方程参数,得到满足一定精度的确定的微分方程,实现系统的连续建模。

(5)神经网络和灰色系统的完全融合。神经网络与灰色系统的完全融合,对不同的神经网络采取不同的方式。在 Hopfield 网络中,对灰色信息部分构造灰色神经元,而对确定性信息部分构造一般神经元,并根据灰色系统动力学特征改进其网络构造方法和能量函数。对于 BP 网络,按照灰色系统动力学特征及其中的确定性信息,在其前加上一个灰化层对输入的信息进行灰化处理,在其后加上一个白化层对经过处理的灰色输出信息进行白化处理,以得到确定的输出结果。

2. GNNM(1,1) 灰色神经网络模型

灰色神经网络模型(Grey Neural Network Model,GNNM)是将灰色系统方法与神经网络方法有机地结合起来对复杂的不确定性问题进行求解所建立的模型,记为 GNNM(n,h),其中 n 为微分方程的阶数,h 为参与建模的序列的个数。

灰色系统建模中最基本、最常用的是 GM(1,1)模型,它是对原始序列 $X^{(0)}$ 经过一次累加生成序列 $X^{(1)}$ 而建立的模型,其灰微分方程为

$$X^{(0)}(k) + aZ^{(1)}(k) = b \tag{9-2}$$

式中,a、b 为待定参数,$Z^{(1)}(k) = 0.5x^{(1)}(k) + 0.5x^{(1)}(k-1)$。

式(9-2)相应的白化方程为

$$\frac{\mathrm{d}x^{(1)}(t)}{\mathrm{d}t} + ax^{(1)}(t) = b$$

对其求解得

$$x^{(1)}(t) = \frac{b}{a} + Ce^{-at}$$

当 $t=0$ 时，$x^{(1)}(0) = \frac{b}{a} + C$，解得 $C = x^{(1)}(0) - \frac{b}{a}$。得到原方程的时间响应函数为

$$x^{(1)}(t) = \left[x^{(1)}(0) - \frac{b}{a}\right]e^{-at} + \frac{b}{a} \tag{9-3}$$

时间响应函数把所有的数据视为连续变化的符合某个函数变化规律的一组特殊数据，利用这些有限的离散数据拟合出一个函数或微分方程形成数据的一种变化规律，按照这一规律能预测出数据的发展趋势，显示出灰色系统中的少数据建模的优势。

设参数已经确定，将时间响应函数式(9-3)作为 GNNM(1,1) 的时间响应函数，记为

$$y(t) = \left[x^{(1)}(0) - \frac{b}{a}\right]e^{-at} + \frac{b}{a}$$

模型中，记原始数列中元素的个数为 N，若 t 对应于离散时间序列 $\{k\}$，$k = 0, 1, \cdots, N-1$，则对应 (9-3) 式的离散时间响应函数记为

$$x^{(1)}(k) = \left[x^{(1)}(0) - \frac{b}{a}\right]e^{-ak} + \frac{b}{a} \tag{9-4}$$

对式(9-4)两边同乘以 $\frac{1}{1+e^{-ak}}$，整理后有

$$x^{(1)}(k) = \left\{\left[x^{(1)}(0) - \frac{b}{a}\right] - x^{(1)}(0) \times \frac{1}{1+e^{-ak}} + 2 \times \frac{b}{a} \times \frac{1}{1+e^{-ak}}\right\} \times (1+e^{-ak}) \tag{9-5}$$

将式(9-5)映射到神经网络中得到 GNNM(1,1) 网络结构，如图 9-3 所示。

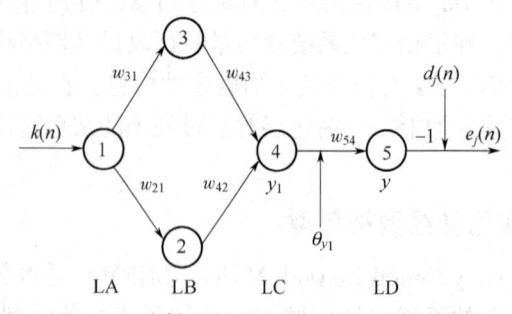

图 9-3 映射出的 GNNM(1,1) 网格结构

为了清楚起见，对各神经元编号，记 $k(n)$ ($k=0,1,\cdots,N-1$) 为输入样本值，N 为样本的个数，n 为网络训练次数，w_{ij} 为神经元 i 与神经元 j 之间的权值，d_j 表示神经元 j 的输出实测值，y 为网络输出的模拟值，e_j 为输出误差。相应的网络权值赋值如下：

$$w_{31} = a, w_{21} = b, w_{43} = -x^{(1)}(0)$$

$$w_{42} = \frac{2b}{a}$$

$$w_{54} = 1 + e^{-ak} \tag{9-6}$$

y_1 的阈值为

$$\theta_{y1} = \frac{b}{a} - x^{(1)} \tag{9-7}$$

由式(9-5) 得 LB 层神经元激励函数取 Sigmoid 型函数：

$$f(x) = \frac{1}{1+e^{-x}}$$

该函数为 S 型函数，存在一个高增益区，能确保网络最终达到稳定态，其他层激励函数取线性函数。

3. 压裂效果预测模型建立

国内外已建立了多种压裂效果预测进而计算采收率预测的模型，有支持向量机模型、回归模型、模糊理论模型、灰色模型和神经网络模型等，但由于水平井压裂效果的影响因素比较复杂，具有非线性和动态性，单一的模型难以全面地反映各因素对压裂效果的真实影响程度，精确性和稳定性欠佳。灰色关联分析是一种多因素统计分析方法，可求解未知的非线性问题中各影响因素灰色关联度。灰色关联度能够反映各影响因素对目标函数的重要性，从而确定各影响因素的权重值，但灰色系统预测模型体现不出各影响因素之间的相互促进或制约的关系，不能准确预测压裂效果；BP 神经网络模型具有并行计算、分布式信息存储、容错能力强、自适应学习功能等优点，在非线性问题的模拟方面比较有优势，但是存在学习收敛速度慢、不能保证收敛到全局最小点等缺陷，其权值通常用梯度法来确定，经常经过多次反复实验却很难找到最优的权值。因此，可将两种方法结合，先利用灰色关联分析确定各影响因素的权值，在解空间中找出一个较好的搜索空间，然后利用 BP 算法在这个较小的解空间搜索出最优解，这样能够更好地防止搜索陷入局部极小值，有效地提高了神经网络的性能，使其预测效果更加精确和稳定。

1) 压裂效果地质参数影响因素分析

（1）单因素分析。通过对地质影响因素进行整理分析，筛选出了Ⅰ类储层长度、Ⅱ类储层长度、Ⅲ类储层长度、Ⅰ+Ⅱ类储层占比、含气饱和度、孔隙度、渗透率、泥质含量、伽马值、水平段长、电阻率、补偿中子孔隙度、声波时差、全烃净增值共 14 项地质参数，开展单因素线性相关性分析，按照皮尔森相关系数的大小进行排序，其中Ⅰ类储层长度、含气饱和度、孔隙度和渗透率对无阻流量的影响较大，皮尔森相关系数分别为 0.831、0.831、0.769、0.744。

（2）偏相关分析。由于影响水平井压后效果的因素较多，仅采用单因素分析往往难以获得变量间的真实相关性，偏相关分析剔除了其他相关因素的影响计算变量间的关联程度，是单因素分析方法的有效补充。对以上 14 项地质参数再次开展偏相关分析，排除其他因素影响后，Ⅰ类储层长度、含气饱和度、声波时差对无阻流量影响程度较大，偏相关系数分别为 0.655、0.579、0.445。

（3）多重线性回归分析。综合单因素分析和偏相关分析结果，纳入了 4 个自变量（Ⅰ类储层长度、含气饱和度、声波时差、孔隙度）和因变量（无阻流量）作多重线性回归，这 4 个参数的显著性平均小于 0.05，也就是说，Ⅰ类储层长度、含气饱和度、声波时差和孔隙度与无阻流量存在多重线性相关性，可以作为重要的影响因素，建立线性函数表达式：

$$y_{AOF} = 0.044x_{IL} + 0.433x_{SG} - 0.291x_{AC} + 3.028x_{POR} + 33.214 \tag{9-8}$$

式中 y_{AOF}——无阻流量，$10^4 m^3/d$；

x_{IL}——I类储层长度，m；

x_{SG}——含气饱和度，%；

x_{AC}——声波时差，μs/m；

x_{POR}——孔隙度，%。

2) 压裂效果工程参数影响因素分析

（1）单因素分析。通过对工程影响因素进行整理分析，筛选出了总砂量、总液量、液氮量、单段砂量、单段液量、单段液氮量、平均排量、平均砂比、最高砂比、压裂段数、段间距、破裂压力、破裂压力梯度、停泵压力、停泵压力梯度、工作压力、压裂簇数、簇间距、施工时间、前3天返排率、累计返排率、累计返排时间、抽汲时间共23项工程参数，开展单因素线性相关性分析，发现工程参数线性相关性较差，其中相关性最高的是累计返排率，其次是抽汲时间、总砂量和压裂段数，皮尔森相关系数分别为-0.575、-0.389、0.325、0.322。累计返排率和抽汲时间对压后无阻流量具有负相关影响，表明对于研究区需要加快压裂液返排，以减少压裂液滞留对储层的伤害，提升压裂改造效果。

（2）多因素线性回归分析。由于累计返排率、抽汲时间为不可控因素，因此选择压裂段数、总液量、平均砂比、液氮量、总砂量等5项压裂设计重要参数进行多重线性回归分析。从分析结果看仅总砂量的显著性小于0.05，满足统计要求，但皮尔森相关系数较低，线性特征不明显，因此不能单独建立工程参数的线性回归方程，需要结合地质参数统一建立定量化评价模型。

3) 压裂效果工程参数影响因素分析

综合以上地质和工程参数分析结果，优选出了对压裂效果具有显著影响的地质参数（I类储层长度、含气饱和度、声波时差、孔隙度）和工程参数（总液量、总砂量、液氮量、平均砂比、压裂段数）共9项参数，以无阻流量为压裂效果考核标准，对该9项参数进行灰色关联分析，确定各影响因素的权重，为建立压裂效果预测模型提供参考依据。各参数与无阻流量之间的灰色关联分析结果如图9-4、图9-5、表9-2所示。

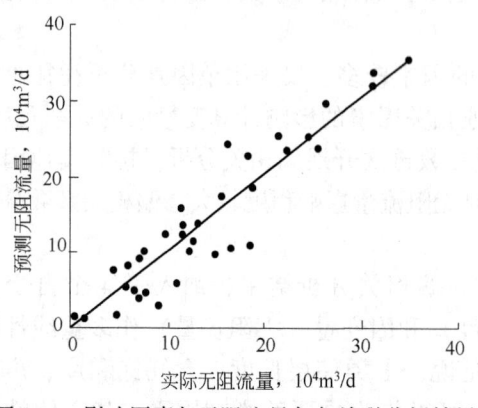

图9-4 影响因素与无阻流量灰色关联分析结果

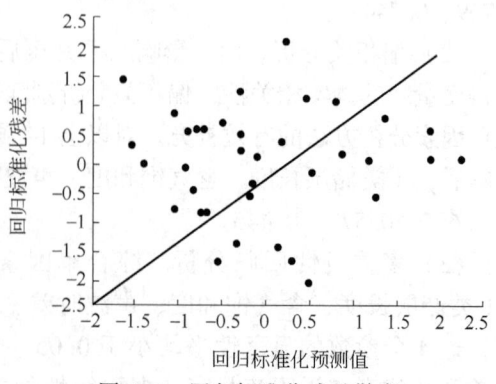

图9-5 回归标准化残差散点

表 9-2　影响因素与无阻流量灰色关联分析结果

影响因素	关联度	权重	排序
Ⅰ类储层长度	1.037	0.1255	1
含气饱和度	0.980	0.1190	2
孔隙度	0.947	0.1153	3
液氮量	0.938	0.1142	4
总砂量	0.929	0.1131	5
声波时差	0.911	0.1111	6
压裂段数	0.899	0.1098	7
总液量	0.886	0.1083	8
平均砂比	0.670	0.0837	9

4）BP 神经网络模型建立

将优选出的对压裂效果具有显著影响的 9 项地质和工程参数（Ⅰ类储层长度、含气饱和度、声波时差、孔隙度、总液量、总砂量、液氮量、平均砂比、压裂段数）作为模型输入参数，无阻流量作为输出参数，隐藏层数 1 层，隐藏层中单位数 2 个，建立了锦 58 井区 BP 神经网络模型（图 9-6）。在该预测模型中，Ⅰ类储层长度、含气饱和度、声波时差、孔隙度等地质参数为不可控制参数，后期需要优化调整的是总液量、总砂量、液氮量、平均砂比、压裂段数等 5 个可控参数。将 42 口井按照 7∶3 的比例进行划分，70% 的井作为培训集共有 30 口井，30% 的井作为测试集共有 12 口井。通过模型的回归验证预测值与实际值线性相关性较好，相关系数 R^2 达到 0.9082（图 9-7），参数影响重要性分布也与灰色关联法计算结果一致（图 9-8）。

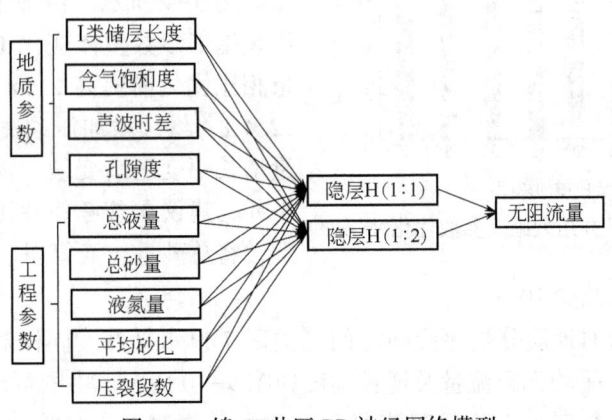

图 9-6　锦 58 井区 BP 神经网络模型

4. 压裂施工参数优化

1）压裂施工参数敏感性分析

通过整体增加及减少原 5 项压裂施工参数的 5%、10%、15% 后，利用建立的 BP 神经网络模型重新预测 42 口井的无阻流量，根据平均无阻流量的变化情况，分析各项施工参数的敏感性（图 9-8）。由图可以看出，总砂量、液氮量、平均砂比和压裂段数对无阻流量具有正相关性影响，总液量对无阻流量具有负相关性影响。总体影响程度的大小依次为总砂量、液氮量、总液量、平均砂比、压裂段数。

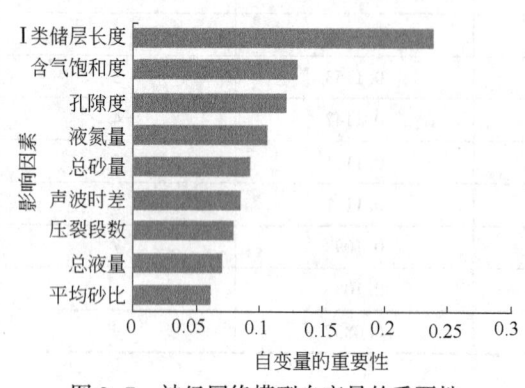

图 9-7　神经网络模型自变量的重要性

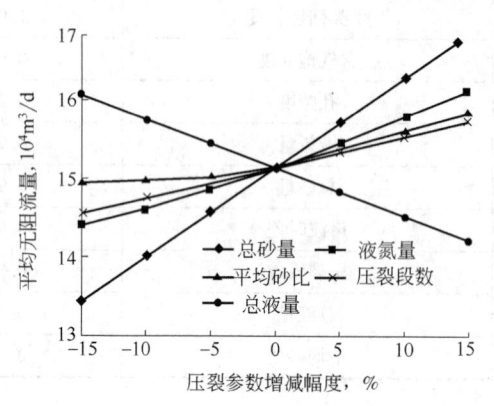

图 9-8　压裂施工参数敏感性分析

2) 压裂施工参数优化

结合压裂施工参数敏感性分析结果，分别针对地质综合分类评价确定的不同分区内的水平井进行压裂施工参数优化分析。

(1) 一类区。针对地质分类评价确定的一类区 28 口水平井，当 5 项压裂施工参数整体变化 5%~40% 时（总砂量、液氮量、平均砂比、压裂段数增加 5%~40%，总液量减少 5%~40%），利用建立的 BP 神经网络模型重新预测各井的无阻流量，其平均值及增长幅度如图 9-9 所示。由图中可以看出，当 5 项压裂施工参数整体变化 10% 时，平均无阻流量相比优化前提高 $2.5 \times 10^4 \text{m}^3/\text{d}$，增长幅度 12.4%；继续增加压裂施工参数时，无阻流量增长幅度逐渐变缓。因此，对于一类区水平井，建议在参考邻井压裂施工参数的基础上，将总砂量、液氮量、平均砂比、压裂段数增加 10%，总液量减少 10%。

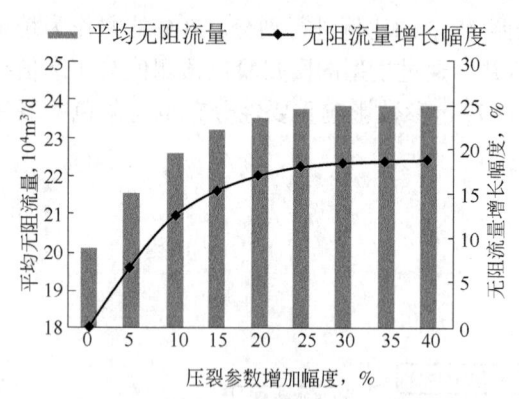

图 9-9　一类区水平井压裂施工参数优化结果

(2) 二类区。针对地质分类评价确定的二类区 7 口水平井，同样对 5 项压裂施工参数整体变化 5%~40%，平均无阻流量及增长幅度如图 9-10 所示。由图可以看出，当 5 项压裂施工参数整体变化 15% 时，平均无阻流量相比优化前提高 $5.1 \times 10^4 \text{m}^3/\text{d}$，增长幅度 75%；继续增加压裂施工参数时，无阻流量增长幅度逐渐变缓。因此，对于二类区水平井，建议在参考邻井压裂施工参数的基础上，将总砂量、液氮量、平均砂比、压裂段数增加 15%，总液量减少 15%。

(3) 三类区。针对地质分类评价确定的三类区 7 口水平井，同样对 5 项压裂施工参数整体变化 5%~40%，平均无阻流量及增长幅度如图 9-11 所示。由图可以看出，当压裂施工参数变化幅度较小时（5%~15%），平均无阻流量反而出现下降趋势，变化幅度增至 20% 后，平均无阻流量仅提高 2%。因此，对于地质综合评价较差的三类区水平井，单纯依靠增大压裂施工参数对压后效果提升不明显，需要进一步创新压裂工艺技术，实现三类区储量的有效动用。

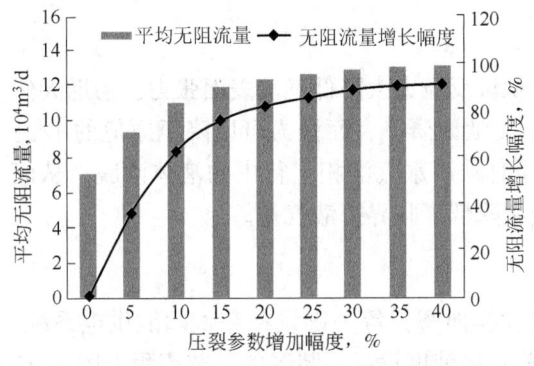

图 9-10　二类区水平井压裂参数优化结果图

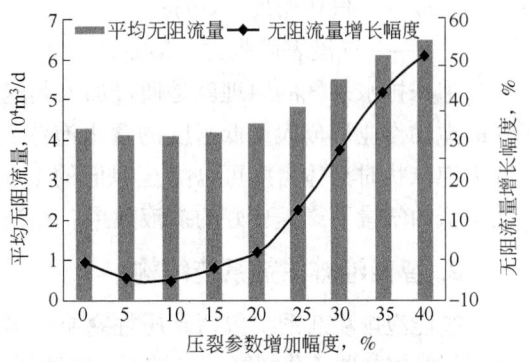

图 9-11　三类区水平井压裂参数优化结果图

3）现场应用

基于上述模型和优化方案，选取一类区和二类区新完钻水平井 2 口进行压裂施工参数优化设计及压后效果预测评价，再与实际求产情况对比，验证模型的可靠性。各井预测无阻流量与实际无阻流量对比见表 9-3。由表 9-3 可以看出，一类区试验井预测无阻流量和实际无阻流量符合率达到 95%，符合率相对较高，压后效果相比邻井提高 41%，增产效果明显；二类区试验井符合率为 89.3%，符合率相对较低，分析原因可能是由于二类区样本数较少导致 BP 神经网络模型预测准确度相对较低，下一步需要利用后续完成试气的新井数据来不断训练模型，以进一步提高模型预测精度。从现场应用效果总体来看，试验井预测无阻流量和实际无阻流量综合符合率达到 92.2%，压后产量相比邻井平均提高 28.4%，模型适用性较好，可为后续水平井压裂施工参数优化设计和提高采收率提供可靠的依据。

表 9-3　试验井预测无阻流量与实际无阻流量对比

储层分区	井号	预测无阻流量 $10^4 m^3/d$	实际无阻流量 $10^4 m^3/d$	符合率 %	邻井无阻流量 $10^4 m^3/d$	产量提升比例 %
一类区	JPH-4X4	22.93	21.79	95.0	15.45	41.0
二类区	JPH-4X6	9.61	8.58	89.3	7.41	15.8
平均	—	16.27	15.19	92.2	11.43	28.4

二、丛式气井智能泡排注剂系统

1. 理论基础

储层流体在从地层进入井筒之后要克服各种压力损失并在气流速度大于临界携液流速的时候将产出液体带到地面。根据李闽模型，气体临界携液流速 v_c 为

$$v_c = 2.5 \times \sqrt[4]{\frac{(\rho_L - \rho_G)\sigma}{\rho_G^2}} \tag{9-9}$$

式中 v_c——气井临界携液流速，m/s；
　　ρ_L——液体密度，kg/m³；
　　ρ_G——气体密度，kg/m³；
　　σ——气液表面张力，N/m。

泡沫排水采气的原理就是通过加入起泡剂与积液反应大大降低气液表面张力，借助天然气的搅动作业形成大量低密度的含水泡沫（根据文献调研，表面张力可以降至原值的1/2，变为泡沫状时液体密度可以降至原值的1/5），同时减小水气混相上行中的液体滑脱，从而在较低的气量下产生更好的携液效果，相当于变相降低了临界携液气量。

2. 智能泡排注剂系统结构

智能泡排注剂系统包括高压柱塞泵、多路阀（换向阀）等关键设备和太阳能供电系统、注剂智能控制器、药剂箱（泡排剂、缓蚀剂、甲醇）等辅助设备，装置的工艺流程如图9-12所示，其中多路阀用于注剂管路的选通，实现一泵对丛式气井多个井口的药剂加注。多路阀出口到各个气井环空的管线上各安装有单流阀，作用为只让泡排剂进入环空，而环空内气体无法回流入高压泵，确保智能注剂系统的安全运行。

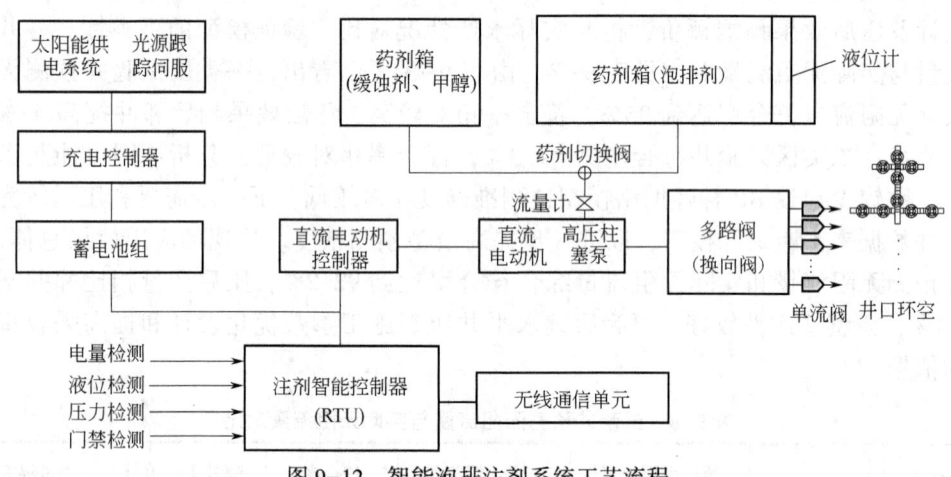

图9-12　智能泡排注剂系统工艺流程

使用前将泡排剂及缓蚀剂（甲醇）加入相应的药箱，在远程控制端的智能泡排控制界面设定注剂量和注剂时间，输入的指令经由GPRS（General Packet Radio Service，通用分组无线服务技术）被井场无线模块接收，通过RTU（Remote Terminal Unit，远程终端单元）处理接收到的指令并自动修改丛式气井智能注剂装置内的加注量，如图9-13所示的核心控制部件内的RTU根据加注量及泵排量，计算出相应井的注剂时间，并通过多路阀选择相应的井，被泵入的泡排剂则沿着相应管线被泵入油套环空，在重力作用下沿着套管壁或者油管壁下行至井筒积液位置，与此同时，RTU将加药记录和药箱剩余液位等数据传输到远程控制终端。

使用数字化气田技术（DGF，Digital Gas Field），单井的油套压、气量和温度数据经过现场传感器采集之后经数据中心处理，实现实时监测气井的生产状态并可以自动生成相关报告。操作人员结合气井的实际生产参数（油压、套压、气量、温度）及时调整注剂量和注剂周期，实现丛式气井智能泡排。

三、致密砂岩气井场智能监控系统

1. 致密砂岩气井场智能监控系统的功能

致密砂岩气井场智能监控系统（简称智能监控系统）由数据采集监控系统、视频监控系统和光伏离网供电系统三部分构成。其中数据采集监控系统由现场仪表、现场 RTU 控制柜和数据云管理中心三层次组成，现场仪表包含撬装流量计、撬装压力计和集气树压力计等，现场 RTU 控制柜包含数据传输模块、嵌入式软件系统和控制器，数据云管理中心采用 SAAS 网络平台操作管理系统。视频监控系统由现场视频监控摄像头和 4G 网络传输系统构成。光伏离网供电系统由太阳能板和蓄电池组成。

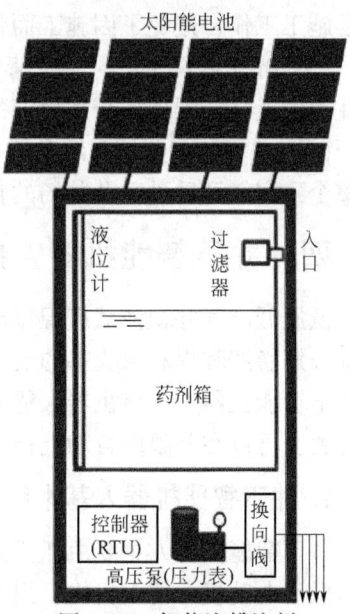

图 9-13 智能泡排注剂系统核心部件图

1）数据采集监控系统

现场仪表具有无限通信功能，如具有短距离低功耗无线远传功能的 Zigbee 模块，将采集所得数据通过 Zigbee 通信实时传输至控制器。撬装流量计和撬装压力计安装在井场致密气采集撬装管道上，集气树压力计安装在井口集气树上。各个集气树采出的气体汇总到计量撬，最后汇集输送到集气站。

无线中继安装在现场 RTU 控制柜中，接收所有现场数据（包含集气树压力计及撬装压力计和撬装流量计等现场仪表）模拟量及数字量，存储到大容量存储器中并通过 RS-485 通信将数据传递给控制器，控制器通过 4G 网络发送数据到数据云管理中心。

数据云管理中心采用 SAAS 平台，通过浏览器登录。任何覆盖网络的地方，都可设立数据云管理中心，通过网络接收控制器的数据。数据云管理中心将长期保存其管辖范围内的所有井场的所有监测数据，并完成数据的显示、查询、分析和打印等。

2）视频监控系统

视频监控系统主要功能为通过高清摄像头实现井场巡逻，安防管理。摄像头可以全方位 360°水平旋转，垂直 -15°~90°；可设置 300 个预置点，实现 8 条定点巡航路线，实现远程一键式巡逻。视频画面 4G 远程传输至数据云管理中心，实现录像主机与球机一体化，减少人工现场巡逻。

3）光伏离网供电系统

光伏离网供电系统根据井场所处的地理位置经纬度及峰值日照时数确定太阳能板最佳倾斜角度，根据负载功率及电压计算所需太阳能板数量，给整个智能化系统供电。

2. 致密砂岩气井场智能监控系统的优越性

（1）致密砂岩气井场智能监控系统的应用在减少人工巡检、降低经营成本的基础上，实现了对井场数据的实时采集、可靠传输和动态监测及整个生产过程的全面监控，符合国家工业信息化建设要求。

（2）智能化系统无线传输方式大大降低了系统功耗，节约能源；减少因供电而产生的现场施工工作；避免了因施工而带来的系统线路故障，避免了二次施工。

（3）光伏离网供电，具有清洁、安全、广泛、长寿命、免维护、资源充足及潜在的经济性等优点，实现现场长期稳定的工作，符合国家能源管理要求。

（4）井场智能监控系统升级改进后还可以根据具体情况控制井底阀门开停情况，实现对整个致密气开采过程及井场的自动化监控。

四、井下智能机器人排水采气技术

低压低产气井积液减产现象严重，而泡排、柱塞、液氮气举等常规排水采气工艺难以满足其长期稳产和提高采收率的要求，为此，基于柱塞气举工艺原理，研制了一种新型排水采气井下智能机器人，该机器人能实时监测与追踪井筒动液面位置，自动控制装置内部中心流道开关，可以在井眼内自动上行，从而实现气井分段、逐级定量排水。

1. 井下智能机器人基本结构

井下智能机器人主要由抓捞头、扶正器、高能锂电池、主控系统、高精度压力温度传感器、微型电动机、传动机构、出水窗、中心流道开关阀、自适应性皮囊、引导头等部分组成（图9-14）。其中，核心部分的主要功能为：

（1）高精度压力温度传感器能实时感应、采集流体压力和温度数据，识别井筒积液情况。

（2）主控系统主要用于实时储存和处理采集到的井筒流体压力、温度数据，并以电信号方式传输至地面控制系统，从而实现井下智能机器人的实时定位和工艺参数的智能调整。

（3）井下动力与传动控制系统主要包括微型电动机、传动机构和中心流道开关阀，当主控系统发出关闭指令后，微型电动机带动传动机构向下运动，堵塞中心流道，从而实现中心流道开关阀关闭。

（4）自适应性皮囊具有软体、变径、自充压的特点，当中心流道开关阀关闭时，皮囊内部充满了流速几乎为零的高压流体，但是皮囊外壁与油管内壁存在微小缝隙，当有高速流体通过时，就会在皮囊外壁与油管内壁间产生低压区，此时皮囊会因内部与外部的压差而发生膨胀，从而贴紧管壁，阻止液体滑脱回流，起到柱塞作用。当皮囊内部储集的大量高压流体产生的向上推力大于皮囊与油管间的摩擦力和机器人自重时，机器人就会向上运动。

（5）高能锂电池主要为主控系统的信号传输、数据存储及微型电动机正常工作提供动力。

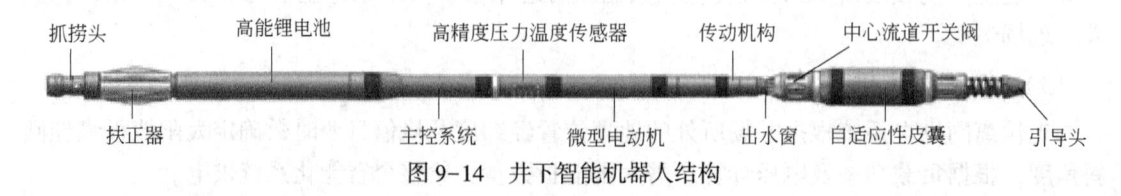

图9-14 井下智能机器人结构

2. 井下智能机器人工作原理

井下智能机器人的基本工作原理是，按照事先编制的程序控制装置内部中心流道的开关阀，利用气井自身能量实现该机器人的上行作业，继而达到气井分段、逐级定量排水的目的。

机器人下行：地面设置好井下智能机器人排采制度（包括周期排水高度和开关阀时间），打开中心流道开关阀，机器人在自身重力作用下缓慢下行。

机器人上行：当井下智能机器人下行至设计井深（由周期排水高度和井口油管压力确定）时，主控系统发出指令，将中心流道开关阀关闭，使中心流道不通，皮囊在内外压差作用下扩张，阻断机器人外壁与油管间的环形通道，迅速蓄能增压，在地层压力作用下推动井下智能机器人及上部液柱向上运动至井口，实现定量排水。

井下智能机器人到达井口后，重新自动采集井口油管压力，并自动计算下一周期的预定井深，打开中心流道开关阀，然后机器人依靠自重再次下行，如此不断往复行走，将井筒积液分段、逐级排出。

3. 井下智能机器人主要优点

（1）井下智能机器人易于通过内径不规则的油管，不易出现遇阻遇卡等井下故障。

（2）井下智能机器人的皮囊充压扩张后可在举升气和采出液之间形成密封界面，起到柱塞作用，能贴紧管壁，阻止液体滑脱回流，举升效率远高于常规泡排工艺。

（3）井下智能机器人排水采气工艺能不关井、依靠气井自身能量实现连续生产，不需改变现有井口采气流程，且安装简便、管理难度小，可实现无人值守。

（4）井下智能机器人可实时识别井筒积液情况，根据气井自身携液能力灵活设定周期排水量，保证排水量与产出量平衡，从而彻底排除井筒积液。

（5）井下智能机器人具有无线测试功能，在排水的同时可实现井筒流体压力和温度的动态监测。

思考题

1. 什么是负压采气技术？简述负压采气技术的工艺原理。
2. 简述低伤害复合压裂、纤维防砂压裂、活性水携砂指进压裂及 CO_2 压裂技术的基本概念。
3. 灰色系统与神经网络融合的优点是什么？

参 考 文 献

[1] 白云云，胡衡. 苏里格气田采气工艺技术研究 [J]. 榆林学院学报，2015，25（4）：7-9.
[2] 欧世兴. 海上气田降压开采技术方案研究 [D]. 成都：西南石油大学，2018.
[3] 蒋长春. 负压采气新工艺改进 [J]. 天然气工业，1996（5）：86-87.
[4] 刘祎，王登海，杨光，等. 苏里格气田天然气集输工艺技术的优化创新 [J]. 天然气工业，2007，27（5）：3.
[5] 徐忠树，胡元军，安小东. 负压采气技术在红台凝析气田的应用 [J]. 化工设计通讯，2019，45（2）：53.
[6] 王焰东. 负压采气技术在苏里格气田实施的可行性论证 [D]. 西安：西安石油大学，2009.
[7] 陈智勇，甘德顺，唐兴波，等. 老气田数字化转型升级关键控制技术应用与探索 [J]. 化工管理，2022（2）：82-84.
[8] 刘洪，马力宁，黄桢. 集成化人工智能技术及其在石油工程中的应用 [M]. 北京：石油工业出版

社,2008.
- [9] 李凌川,刘威,张永春,等.东胜气田锦58井区压裂施工参数优化[J].大庆石油地质与开发,2020,39(2):48-55.
- [10] 战永平,付春丽,段晓飞,等.基于BP网络分析大牛地气田山西组气井压裂效果影响因素[J].长江大学学报(自科版),2017,14(19):85-89,120.
- [11] 翟中波,舒笑悦,陈刚,等.丛式气井智能化泡沫排水采气工艺在延北项目的应用[J].天然气技术与经济,2021,15(2):16-20,45.
- [12] 江涛,范旭,黄秋忆,等.致密砂岩气井场智能监控系统及应用[J].中国煤层气,2020,17(1):31-34.
- [13] 周舰.低压低产气井井下智能机器人排水采气技术[J].石油钻探技术,2020,48(3):85-89.